"十二五"国家重点出版规划
精品项目

先进航空材料与技术丛书

高温防护涂层技术

何利民 等编著

国防工业出版社

·北京·

内 容 简 介

本书按照技术研究方向分为6章,全书重点在高温防护涂层技术与应用的研究成果与分析,并对涂层的工艺基础知识和技术发展历程进行了综述,对涂层技术的发展趋势进行了展望。同时对近十年来高温防护涂层制造新技术与基础研究新进展进行了系统展示。

全书包括高温防护涂层基础;热障涂层技术及其应用;封严涂层技术;高温抗冲蚀涂层技术;涂层的去除与再涂覆技术;高温防护涂层技术的发展趋势与展望。

本书可供从事高温防护涂层应用与制造的设计、生产人员和研发人员参考。

图书在版编目(CIP)数据

高温防护涂层技术 / 何利民等编著. —北京:国防工业出版社,2012.2
（先进航空材料与技术丛书）
ISBN 978 - 7 - 118 - 07893 - 0

Ⅰ.①高… Ⅱ.①何… Ⅲ.①航空材料 - 防高温 - 涂层技术 Ⅳ.①V25②TB43

中国版本图书馆 CIP 数据核字(2012)第 008691 号

※

*国防工业出版社*出版发行

(北京市海淀区紫竹院南路 23 号　邮政编码 100048)
北京嘉恒彩色印刷有限责任公司
新华书店经售
*

开本 710×960　1/16　印张 14½　字数 298 千字
2012 年 2 月第 1 版第 1 次印刷　印数 1—3000 册　定价 48.00 元

(本书如有印装错误,我社负责调换)

国防书店:(010)88540777　　　发行邮购:(010)88540776
发行传真:(010)88540755　　　发行业务:(010)88540717

序

一部人类文明史从某种意义上说就是一部使用和发展材料的历史。材料技术与信息技术、生物技术、能源技术一起被公认为是当今社会及今后相当长时间内总揽人类发展全局的技术，也是一个国家科技发展和经济建设最重要的物质基础。

航空工业领域从来就是先进材料技术展现风采、争奇斗艳的大舞台，自美国莱特兄弟的第一架飞机问世后的 100 多年以来，材料与飞机一直在相互推动不断发展，各种新材料的出现和热加工工艺、测试技术的进步，促进了新型飞机设计方案的实现，同时飞机的每一代结构重量系数的降低和寿命的延长，发动机推重比量级的每一次提高，无不强烈地依赖于材料科学技术的进步。"一代材料，一代飞机"就是对材料技术在航空工业发展中所起的先导性和基础性作用的真实写照。

回顾中国航空工业建立 60 周年的历程，我国航空材料经历了从无到有、从小到大的发展过程，也经历了从跟踪仿制、改进改型到自主创新研制的不同发展阶段。新世纪以来，航空材料科技工作者围绕国防，特别是航空先进装备的需求，通过国家各类基金和项目，开展了大量的先进航空材料应用基础和工程化研究，取得了许多关键性技术的突破和可喜的研究成果，《先进航空材料与技术丛书》就是这些创新性成果的系统展示和总结。

本套丛书的编写是由北京航空材料研究院组织完成的。19个分册从先进航空材料设计与制造、加工成形工艺技术以及材料检测与评价技术三方面入手，使各分册相辅相成，从不同侧面丰富了这套丛书的整体，是一套较为全面系统的大型系列工程技术专著。丛书凝聚了北京航空材料研究院几代专家和科技人员的辛勤劳动和智慧，也是我国航空材料科技进步的结晶。

当前，我国航空工业正处于历史上难得的发展机遇期。应该看到，和国际航空材料先进水平相比，我们尚存在一定的差距。为此，国家提出"探索一代，预研一代，研制一代，生产一代"的划代发展思想，航空材料科学技术作为这四个"一代"发展的技术引领者和技术推动者，应该更加强化创新，超前部署，厚积薄发。衷心希望此套丛书的出版能成为我国航空材料技术进步的助推器。可以相信，随着国民经济的进一步发展，我国航空材料科学技术一定会迎来一个蓬勃发展的春天。

2011 年 3 月

前　言

高温防护涂层技术是军工武器装备中使用最为广泛的表面工程技术,国内外航空、航天、舰船、兵器等军工产品普遍而大量地使用高温防护涂层技术以达到提高性能、提高可靠性和延长使用寿命的目的。以航空涡轮热端部件为例,有涡轮叶片表面热障涂层;有叶片内腔抗氧化、抗热腐蚀涂层;有涡轮环所用的封严涂层;有涡轮叶片叶尖所用的耐磨涂层等。所采用的工艺包括物理气相沉积(PVD)、化学气相沉积(CVD)和热喷涂等。

随着我国航空发动机性能的不断提高,对高温结构材料的服役性能要求越来越高,由于涂层对提高材料的综合服役性能方面有着得天独厚的优势,以热障涂层技术为代表的高温防护涂层技术已成为研制先进航空发动机的关键技术之一。目前我国在研的先进航空发动机以及大型军用运输机和商用大飞机航空发动机等对高温防护涂层的需求越来越迫切,特别是针对涡轮叶片的热障涂层工程化应用技术。

北京航空材料研究院自1956年建院就设置了高温腐蚀与防护专业,经过几十年应用基础和工程化研究的洗练,已经造就了一支“敢打硬仗,能打硬仗”、锐意进取的科研团队。从 Al – Si 渗层、MCrAlY 包覆型涂层到陶瓷热障涂层,北京航空材料研究院在高温防护涂层技术领域一直处于国内领先水平,是我国主要从事高温防护涂层研制的专业化研究单位。

北京航空材料研究院迄今已开发了四代高温防护涂层并获得了广泛应用。第一代高温防护涂层为单一 Al 涂层;第二代高温防护涂层是以 Al – Si、Al – Cr 和 Pt – Al 为代表的改性铝化物涂层,已成功应用于高温合金涡轮叶片表面防护;第三代为 MCrAlY 系包覆性涂层,采用真空电弧镀工艺制备,已批量应用于目前在役和在研的多个型号发动机;在此基础上开发了第四代高温防护涂层——热障涂层。

北京航空材料研究院是国内最早从事航空发动机热障涂层技术开发的单位之一。“八五”期间,我院在国内率先利用磁控溅射技术在叶片上制备出了热障涂层。“十一五”期间,突破了 MCrAlY/YSZ 双层结构涂层的关键材料和技术问题,满足了我国航空发动机发展的重大需求。

本书囊括了北京航空材料研究院高温腐蚀与防护专业成立五十多年来,在高温防护涂层技术基础研究、应用研究和工程化方面取得的成果,着重对近十年来的创新性成果进行了系统展示,重点在技术与应用研究成果与分析。

参加本书撰写的人员有何利民、李建平、牟仁德、许振华、贺世美、蔡妍、黄光宏和常伟等。第 1 章由何利民、李建平、许振华撰写,第 2 章由何利民、许振华、牟仁德、贺世美、黄光宏撰写,第 3 章和第 4 章由许振华、常伟撰写,第 5 章由李建平、蔡妍撰写,第 6 章由许振华撰写,全书由何利民研究员统稿。

北京航空材料研究院高温防护涂层技术的发展离不开各相关航空发动机厂所和其他从事涂层研发、生产单位同行们的鼎力协助,愿借此书出版之际,向各地各单位的同行们致以诚挚的谢意。

由于编写者水平有限,如有错误或疏漏之处,衷心期望读者不吝指正。

作 者

2011 年 10 月 8 日于北京

目　录

第1章　高温防护涂层基础

1.1　概述

20 世纪 50 年代以来,人们研究了各种各样的高温防护涂层,已经取得了很大的成果。从传统意义上的铝化物涂层发展到今天的热障涂层以及智能型涂层,从单层涂层发展到多层的梯度涂层,从合金涂层发展到目前的陶瓷涂层以及复合型涂层。另外,用于高温涂层的材料也得到了很大的拓展,从金属材料发展到现在的多元复合材料,并通过添加活性元素使其性能得到进一步的改善和提高。可以说高温防护涂层的发展与耐热材料的发展,尤其是与涡轮喷气发动机涂层材料性能的改进密不可分。涡轮是飞机和航天飞机喷气发动机的关键部件,它在非常严酷的环境下运转,易受到高温氧化和热腐蚀。在组成涡轮的零部件中,叶片的工作温度最高,受力最复杂,也最容易损坏。为了保护这些热端部件在高温下免受氧化腐蚀和延长其使用寿命,人们对高温结构材料和高温涂层进行了大量的研究,并取得了一些可喜的成果。

1.1.1　高温防护涂层的历史发展

第一台 Whittle 发动机于 1941 年生产,它装有奥氏体不锈钢叶片,具有约 4500N 的推动力,其涡轮机进口温度大约为 700℃,具有优良抗蠕变性能的叶片的使用温度达到 700℃ ~ 750℃。而现代的气体涡轮机已经将进口处的温度提高到 1500℃,同时推动力相应提高到了 225kN,而通过改善涡轮机的使用方式和引进混合空冷系统等方式,叶片的使用温度也提高到了 1100℃。

当镍基高温合金取代奥氏体不锈钢后,研究性能更优良的叶片成为期望。第一种 Ni – 20Cr 耐热合金已经具有较好的耐热腐蚀性能,但其强度有限。其中耐腐蚀性能是由连续的保护性 Cr_2O_3 膜引起的,且当 Cr 含量 $w(Cr)$ 达到 20% 时,足以抵抗氧和硫酸盐的热腐蚀。但是耐硫酸盐热腐蚀的机理到目前仍没有得到全面的认识,需进一步深入全面地研究。

为使合金具有高温强性能,设计者只得采取降低 Cr 含量,同时提高形成相的 Al 含量和降低 Ti 含量的方法。在这种趋势下,Cr 含量 $w(Cr)$ 最少为 8%,而 $w(Al)$ 最多为 6%。尽管在理论上它具有优良的抗氧热腐蚀性能,但实际上在没

1

有涂层时,很容易发生硫酸盐热腐蚀,甚至在航空发动机中叶片出现这样的现象。元素 Mo 和 W 的加入试图使合金具有较高的固溶强度,但结果却使得合金的耐腐蚀性能下降。

在这些易腐蚀合金投入使用之前,已经出现通过附加涂层来延长叶片使用寿命的想法,目的是利用涂层来阻止飞机机翼周期性的氧化剥落。在美国,是首先使用于 Allison 或 Curtiss Wright 发动机上的浸渍铝(Dip aluminized)涂层,到 1957 年,人们开始研究渗铝技术是否能延长 Co 基机翼和叶片的使用寿命。

到 20 世纪 60 年代时,各种在机翼上使用的需要镀覆扩散涂层的耐蚀性能较差的 Inco 713、IN100、B1900 等高温合金开始发展起来。到 70 年代时,涂层制备技术几乎完全由渗镀技术(Pack cementation)取代。同时存在的其他改进方法还有美国的气相增强渗铝技术和英国的脉冲渗铝技术。在 20 世纪 70 年代早期,美国应用渗铬技术,使扩散涂层的抗热腐蚀性能得到很大的提高。

实际上,在 20 世纪 60 年代后期,就已出现了使用该技术沉积的各种 MCrAlY(M = Fe,Co,Ni)包覆涂层,并发现通过向涂层中添加质量分数为 0.1% ~ 0.9% Y 增加了热循环过程中 Al_2O_3 的粘附性。为了满足提高涡轮机效率同时兼具更长使用寿命的要求,Pratt 和 Whitney 首先利用了电子束沉积技术。然而,直到 20 世纪 80 年代 MCrAlY 涂层才大量使用电子束沉积技术,同时低压等离子体喷涂技术也迅速发展起来。

MCrAlY 涂层首先是被应用在航空发动机上,随后在工业发动机和军事航天器上也开始使用。而随着它的不断发展,涂层成分逐渐多元化,出现了 Ni – Co – Cr – Al – Hf – Si – Y 涂层。

1975 年,在军用发动机上关于 CoCrAlY 涂层的低温硫酸盐腐蚀性能研究促进了其他一些涂层的发展,这一结果使得 MCrAlX 涂层系统的设计更易于使用在特殊环境中。

为适应低档次燃料和恶劣的服役环境,具有更高的氧化腐蚀抗性的 MCrAl 系和 MCrSi 系涂层逐渐成为发展的主流。

欧洲在 20 世纪 60 年代和 70 年代早期就已将防护性能良好的涂层使用在陆地用燃气轮机上,这种局面到 70 年代后期发生了改变,高温防护涂层体系由渗铬、渗硅而逐渐发展到等离子喷涂 Ni – Cr – Si 等。

在 20 世纪 70 年代欧洲涂层领域的研究还有另外一个重要发现,他们认为在渗铝涂层中添加少量的 Pt 会明显提高涂层的性能。尽管对关于 Pt 能提高抗氧化和耐腐蚀性能的机理不甚了解,但在陆用发动机和军用发动机上的使用非常成功。

苏联关于 CoCrAlY 系高温防护涂层的使用和发展的文献较多且较为分散，先进的电子束蒸发技术被用于 CoCrAlY 涂层的实验室研究，但是关于实际应用的最早使用时间却无从考证。

在 20 世纪 70 年代开始出现热障涂层(Thermal Barrier Coatings,TBCs)，热障涂层是由陶瓷隔热面层和金属粘结底层组成的涂层系统。热障涂层采用金属结合底层的目的是为改善陶瓷面层和基体合金的物理相容性能以及抗氧化保护基体的作用。热障涂层能够降低气轮机燃烧器部件的服役温度，延长使用寿命。这类涂层几乎都采用等离子喷涂方法制备，先用 Ni - Cr 或 Ni - Al 作为涂层底层，再涂覆某种形式的 ZrO_2 陶瓷涂层。1976 年美国国家航空航天局称，热障涂层能够满足提高燃气轮机燃料的利用率和延长叶片的使用寿命。

尽管如此，各种涂层在陆用和船用发动机使用环境下的实验结果还是不能令人满意。实际上，气轮机零部件上镀覆防护涂层的主要目的就在于通过提高抗热腐蚀性来达到延长零部件的使用寿命。但是，研究发现，尽管高温涂层改善了热腐蚀性能，却常常导致高温合金的其他性能下降，特别是蠕变性能和疲劳性能。在多晶铸态 Ni 基高温合金中(多晶铸造工艺，即让熔融的合金在铸型中逐渐冷却凝固，一开始就产生无数的晶粒，随着温度降低，晶粒不断长大，最后充满整个叶片。由于合金冷却时散热的方向未加控制，晶粒的长大是随意的，因此得到的晶粒形状接近球形，也称为等轴)，一定条件下的蠕变断裂和低周疲劳裂纹均起源于表面上的晶界处，但合适的热处理能提高涂层对这些失效模式的阻力；同时，大量的实验研究证实，当多晶铸态 Ni 基高温合金遭遇氯离子(如 NaCl)时，涂层的抗蠕变断裂和低周疲劳断裂性能会显著下降。所有这些都意味着，高温防护涂层的研究还有很长的路要走，还有很多工作要做。

简单总结起来，高温防护涂层的发展经历了四个发展时期:20 世纪 60 年代研制应用的 NiAl 基铝化物涂层属于第一代涂层。70 年代开发的改进型的铝化物涂层，应属于第二代涂层，其目的是设法减少涂层与基体的互扩散，加强扩散障以提高涂层的使用温度，这些涂层在航空发动机上得到广泛应用。第三代涂层是 80 年代发展起来的可以调整涂层成分，能在更高温度下起到抗氧化作用的 MCrAlX 包覆涂层，它克服了传统铝化物涂层与基体之间互相制约的弱点，在涂层中加入 X(Si、Hf 或 Y)等元素进一步提高了基体金属抗氧化的能力。第四代涂层是 90 年代利用物理气相沉积方法研制开发的陶瓷热障涂层，通过薄薄一层陶瓷涂层能够起到显著的隔热效果。但由于陶瓷材料脆性大，与基体金属材料热膨胀不匹配等原因，通常在陶瓷与基体间加一层粘结层，以改善陶瓷与基体间的物理相容性。

1.1.2　高温防护涂层的作用

　　高温合金一般要求必须同时具备两方面的性能要求,即优异的高温力学性能和抗高温腐蚀性能。但实际上对同一种合金,这两方面的性能之间有时是相互矛盾的,不可能同时达到最优化。要解决二者之间的矛盾,仅仅靠高温合金基体材料本身的工艺改进是不能满足现代航空航天飞机发展的性能要求的,必须通过高温防护涂层即在合金表面沉积合金涂层,及在合金涂层表面再施加氧化物陶瓷涂层来解决。通常涂层都较薄,主要起保护基体金属不受高温腐蚀的作用。而对高温强度的要求则主要由基体合金本身来承担。由于基体合金和防护涂层可以单独地设计,所以施加防护涂层的合金部件就可以既保持合金足够的高温强度而表面又具有优异的耐高温腐蚀性能。一般将高温涂层分为三种,即扩散涂层、覆盖涂层以及后来发展起来的热障涂层[1]。

　　通过与基体接触并与其内的确定元素反应,从而改变了基体外层的涂层称为扩散涂层。这类涂层的典型代表是在镍基、钴基合金上热扩散渗铝,分别获得NiAl、CoAl涂层。扩散涂层制备技术是目前应用最广的一种高温防护涂层技术。它是基于在镍、钴、铁基合金表面经热扩散渗过程形成金属间化合物,从而提高涂层的附着力和基体合金的抗氧化性。最常见的扩散元素为铝、铬、硅等。以渗铝涂层为例,在镍、钴、铁基合金表面热扩散渗过程形成 $\beta-NiAl$、$\beta-CoAl$、FeAl 等金属间化合物,涂层与基体合金是冶金结合,这样不仅提高了涂层的附着力,而且这些金属间化合物在氧化过程中能够形成致密的膜,从而提高了基体的抗氧化性能。

　　扩散渗铝涂层已经在各种航空燃气轮机上大量使用。而对于陆用和船用涡轮机,只是在热腐蚀严重的部位如机翼和叶片上开始使用。且在降低腐蚀倾向的研究中,可以通过在扩散铝涂层中添加 Cr 和 Pt 来改善其抗硫酸盐的腐蚀性。

　　对碳化物晶界敏感的超耐热合金表面的扩散铝涂层能使其蠕变强度明显降低。Catell 和 Willett 等人发现,锻造的 Udimet 520 就存在着严重的蠕变强度下降,而且热处理对此也起不到改善作用,还称蠕变强度的下降与涂层扩散区附近的晶界处脱碳有关。在扩散区内,Cr、Mo、W 的含量较高,通常以稳定的碳化物形式存在。有报道称,相似的现象在铸态多晶合金中也有发现。

　　对于低周疲劳开裂不是从晶界处开始的凝固合金和单晶超耐热合金,扩散铝涂层和其他涂层有希望不会导致低周疲劳和热疲劳性能下降。实际上,在非镀覆涂层合金的实际使用过程中,也同样存在着严重的热腐蚀现象。

　　在美国,大批适用于工业和军用发动机上的现代涂层是应用在航天器辅助气体涡轮机上的 CoCrAlY 涂层。带有 CoCrAlY(其中含有质量分数为 15% ~

20% Cr,12% Al)涂层的航空机片,在金属温度达到 800℃～1100℃时的使用寿命比带有扩散铝涂层的要长。但当金属温度达到 700℃～750℃时,在低压气氛中运行的发动机还会发生严重的硫酸热腐蚀,这区别于高温下发生的 Type Ⅰ 热腐蚀,被称为"低温"热腐蚀或 Type Ⅱ 热腐蚀,在英国的发动机试验和钻探机试验中就明确了 Type Ⅱ 热腐蚀的存在。

随着航空燃气轮机向高流量比、高推重比、高进口温度的方向发展,燃烧室中的燃气温度和压力不断提高。为适应这一恶劣的工作环境,发展了热障涂层。热障涂层是由陶瓷隔热面层和金属粘结底层组成的涂层系统。热障涂层采用金属结合底层的目的是为改善陶瓷面层和基体合金的物理相容性能以及抗氧化保护基体的作用。粘结底层的厚度一般为 0.1mm～0.2mm,它的成分多为 MCrAlY,因为 MCrAlY 具有良好的抗高温腐蚀性能。由于陶瓷层热导性差,在陶瓷层内形成一温度梯度,这样就降低了基体表面的温度。陶瓷层厚度大约在 0.1mm～0.4mm 范围。根据涂层结构及厚度的不同,有热障涂层比无热障涂层的基体表面的温度可降低 50℃～170℃,这种热障涂层体系具有抗氧化与隔热作用,且有结构简单、耐热能力强等优点。

热障涂层的作用主要在于:①在导致冷却器件蠕变性能下降的同时,降低金属的温度,延长其使用寿命;②大大降低疲劳应变,延长其使用寿命;③降低发动机叶片冷却所需要的空气体积,从而提高其使用效果,延长其使用寿命。

继 20 世纪 70 年代出现的扩散铝涂层和 CoCrAlY 涂层之后,各种 ZrO_2 基涂层开始出现,其中 MCrAlY(M = Ni,NiCo) 和 ZrO_2 双层涂层表现出最佳的性能,而更加稳定的 MgO、Y_2O_3 也开始出现。尽管各种热障涂层纷纷出现,但其抗热腐蚀性能普遍较差。这是因为,腐蚀液硫酸盐中的 SO_3 与涂层中的氧化物发生反应,生成了相应的硫酸盐,从而失去腐蚀抗力,如 $MgO - ZrO_2$。

1.2　高温防护涂层的制备与性能要求

防护涂层主要起着保护基体合金免受高温氧化的作用,涂层材料本身必须具有优良的抗高温氧化性能。根据相关合金氧化机理的研究,涂层材料完全可参照那些具有良好抗氧化性的合金来设计。但还应注意到,涂层作为薄膜材料,它是依附于合金表面起作用的。涂层与合金材料的最大不同是涂层会发生退化,即由于涂层与基体合金在界面处发生的互扩散,容易使涂层内的抗氧化性元素较快地消耗掉。其次,涂层与基体合金界面的结合要牢固,它必须能在合金表面稳定地存在。此外,涂层制备的难易程度也是实际应用时必须考虑的重要方面。

1.2.1　高温防护涂层的分类及制备技术

习惯上,将高温防护涂层分成两种:扩散涂层(Diffusion coatings)和包覆涂层(Overlay coatings)。通过与基体接触并与其内确定元素反应从而改变了基体外层形成的涂层为扩散涂层。这类涂层的典型代表是在镍基、钴基合金上热扩散渗铝,分别获得 NiAl、CoAl 涂层。在钼和钨上热扩散渗硅,则分别得到 $MoSi_2$ 和 WSi_2 涂层。因 NiAl、CoAl 氧化形成 Al_2O_3,而 $MoSi_2$ 和 WSi_2 氧化形成 SiO_2,所以这类涂层具有良好的抗氧化性能[2]。

在基体表面沉积含保护性金属元素的涂层为包覆涂层。利用各种物理的或化学的沉积手段在合金表面直接制备一层保护性薄膜,这层薄膜就是包覆涂层。制备包覆涂层的技术多种多样,并随现代科技的发展而呈快速发展的势头。

依赖于所制备的涂层材料的种类不同,常用涂层技术也有多种选择。这些技术在工艺、成本、效率、涂层微观结构及涂层与基体合金结合强度等方面都存在差别。关于这些技术在薄膜或表面技术的参考书籍中都有详细介绍,本节只概括说明。

1. 扩散涂层

这类涂层的制备技术主要是热扩散渗,是目前应用最广的一种高温防护涂层制备技术。利用热扩散技术制备的涂层,与基体合金冶金结合,因而涂层的附着力好。

扩散涂层是基于在镍、钴、铁基合金经扩散渗过程表面形成金属间化合物来提高合金的抗氧化性。最常见的扩散元素为铝、铬、硅等。以渗铝涂层为例来说明扩散涂层的形成原理。在镍、钴、铁基合金经扩散渗铝过程表面形成金属间铝化物,如 β – NiAl、β – CoAl 或 FeAl 等。由于这些金属间化合物氧化时形成 Al_2O_3,基体合金因为有了这层扩散涂层,从而具有了好的抗氧化性能。

铝化物涂层是在 20 世纪 50 年代发展起来的,到目前仍被广泛应用,并占整个高温防护涂层中的 90%。制备铝化物涂层的扩散渗铝工艺成熟,方法多样化。主要的渗铝方法有固体粉末渗铝、热浸镀铝、料浆渗铝、气体渗铝、喷镀渗铝、电泳渗铝、电解渗铝、快速电加热渗铝、化学气相沉积(Chemical Vapor Deposition,CVD)渗铝等多种。其中,固体粉末渗铝工艺最为成熟。下面着重介绍固体粉末渗铝、热浸镀铝和 CVD 渗铝三种工艺的原理。

1)固体粉末渗铝

固体粉末渗铝又称为包装渗铝。渗铝时,将渗铝工件埋在粉末状的渗铝剂中,然后加热到850℃～1050℃,保温数小时即可。渗铝剂一般由三部分组成:

（1）铝粉或铁铝合金粉，是提供铝原子的原料；

（2）氧化铝，是一种稀释填充剂，又兼有防止金属粉末粘结的作用；

（3）氯化铵，是一种催渗剂（活化剂）。

以钢的渗铝为例来说明渗铝的原理。渗铝过程中发生如下系列反应：

$$2NH_4Cl \xrightarrow{\hspace{1cm}} 2HCl + N_2 + 3H_2 \qquad (1-1)$$

$$6HCl + 2Al \xrightarrow{\hspace{1cm}} 2AlCl_3 + 3H_2 \qquad (1-2)$$

$$Fe + AlCl_3 \xrightarrow{\hspace{1cm}} FeCl_3 + [Al] \qquad (1-3)$$

即在高温下，NH_4Cl 分解释放出 HCl 气体。HCl 和铝粉或 FeAl 粉中的铝反应形成气态 $AlCl_3$。$AlCl_3$ 扩散向渗件表面，并和基体元素铁反应，铝原子被置换出来。反应式（1-3）在通常情况下几乎不会发生，但在金属表面作催化剂的条件下是有可能发生的。在较低温度下，渗剂中铝的活度较高，涂层的生长主要以铝元素向内扩散为主，因而称为内扩散或高活度渗铝。反之，温度较高时，铝的活度相对于铁的活度较低，基体中的铁向外扩散，在表面和铝形成化合物相。这种渗铝被称为外扩散或低活度渗铝。

一般常见的渗铝温度为 850℃~1050℃。温度太低，渗铝速度会急剧下降；温度太高，则渗铝件的晶粒急剧长大而使材料的力学性能变坏。

渗铝层的厚度可通过调整渗铝时间和温度来控制。但为获得较厚的渗层，延长渗铝时间远没有提高温度那样效果显著，因为在保温一定时间后，合金表面的铝已达到饱和状态，此后渗铝层的厚度将完全取决于铝的扩散速度，即使再延长时间，渗铝层厚度也不会有很大的增加。

固体粉末渗铝的优点是设备简单，操作方便，特别适用于机械的零部件。其缺点是渗剂容易被氧化，工件尺寸受限制，对工件表面粗糙度有一定影响。

2）热浸镀铝

热浸镀铝主要用于钢铁件表面，提高其耐蚀性和抗氧化性。它是把预处理过的工件浸入熔融的铝液中，经保温一定时间取出，使其表面渗入一层铝。

具体地，在钢的热浸镀铝过程中，当液态铝与铁接触时，由于铁和铝的相界面反应，首先在铁—铝的分界面上形成铁铝合金层，并产生 $FeAl_3$ 相化合物。此后，随着铝原子向铁内扩散的同时，铁原子也通过合金层与熔融铝反应，使 $FeAl_3$ 相层厚度增加。由于浓度的起伏，在表面的 $FeAl_3$ 层中出现了浓度相当于 Fe_2Al_5 化合物的微小区域。当熔体中铝原子浸入 $FeAl_3$ 层继续向内扩散时，则形成 Fe_2Al_3 相。这种相变重结晶从 $FeAl_3$ 相开始，并使 Fe_2Al_5 相沿扩散方向长大，形成横跨若干晶粒的粗大柱状晶体。热浸镀铝层形成过程示意图如图 1-1 所示。

因此，钢铁件热浸镀铝后，所得渗层基本分为两层：最外层为渗铝层，成分与铝液相近；次层为 Fe_2Al_5 相，同时含有很少量的 $FeAl_3$ 相。Fe_2Al_5 相质硬而脆，机

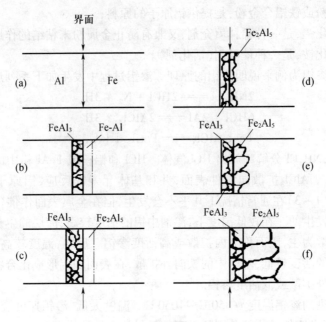

图 1-1 热浸镀铝层形成过程示意图

械强度差,从而使渗铝层的韧性和粘附强度下降。所以,在钢的热浸渗铝时,应设法抑制 Fe_2Al_5 相的生长。一般地,Fe_2Al_5 相层厚度控制在整个热浸铝层厚度的 1/10 为好。

作为耐蚀用涂层,热浸镀铝层不必进行扩散退火,即可直接使用。而作为抗高温氧化涂层,则需要经过一次扩散退火。其目的是使渗层表面形成 FeAl 相。FeAl 相熔点比铝高很多,氧化时可形成 Al_2O_3,从而可作为高温防护涂层。

热浸镀铝工艺一般采用"改进的森吉米尔法",即让经过酸洗、洗涤和干燥后的钢铁件首先通过 900℃~1000℃ 的氢气炉,然后再浸入 705℃~760℃ 的铝浴中。保温时间一般为 10min~20min。为改善渗铝层的韧性和表面质量,可以往铝液中加入一定量的钼、锰、锌、钠及稀土元素等。

3）CVD 渗铝

利用 CVD 技术渗铝具有极大优越性。这是一种非接触扩散渗铝技术。渗铝时,一种确定成分的气体可以预先在渗铝炉外制取,然后被导入炉内的腔体里,并与工件表面反应形成涂层。

CVD 渗铝比粉末包装渗铝优越的最主要一点是能够在膜冷涡轮发动机翼形叶片的内冷通道制备涂层。渗铝气体被压缩通过内通道,形成相对均匀的涂层。相比之下,粉末包装法有一个非常有限的穿透能力。同时,CVD 法化学成分易调整,这是因为气体形成过程与金属和气体反应过程是完全分开的。

CVD 法也常被用来沉积除铝之外的其他元素,如铬和硅。此外,铂和钯等贵金属元素也可以用 CVD 法沉积在基体合金的表面上,这是制备 Pt – Al 或 Pd – Al 涂层时的先前步骤。

2. 覆盖涂层

覆盖涂层按材料属性可分成金属涂层、陶瓷涂层两类。

1) 金属涂层

制备这类涂层可选择的技术手段有多种,包括物理气相沉积(Physical Vapor Deposition,PVD)、热喷涂、电镀、化学镀、激光熔覆等。

其中 PVD 和热喷涂应用最多。PVD 是利用热蒸发或辉光放电、弧光放电等物理过程,在基材表面沉积所需涂层的技术。它包括真空蒸发镀膜、离子镀膜和溅射镀膜。溅射和电子束—物理气相沉积(EB – PVD)是制备 MCrAlY 涂层的主要手段。

热喷涂是利用热源将喷涂材料加热熔化或软化,靠热源自身的动力或外加的压缩气流,将熔滴雾化或推动熔粒成喷射的粒束,以一定速度喷射到基体表面形成涂层的工艺方法。热喷涂可分成三种类型:气体火焰喷涂、等离子喷涂(Plasma Spraying,PS)和电弧喷涂。其中,等离子喷涂技术在高温氧化领域应用较多,可用以制备 MCrAlY 涂层和陶瓷涂层。等离子喷涂是采用刚性非转移型等离子弧为热源,以喷涂粉末材料为主的热喷涂方法。它是将金属(或非金属)粉末通入等离子弧焰流中加热到熔化或半熔化状态,并随同等离子弧焰流以高速喷射并沉积到经过表面预处理后的工件上。近 20 年来,等离子喷涂技术有了飞速发展,已开发出常压等离子喷涂、低压等离子喷涂、水稳等离子喷涂、超声速等离子喷涂的设备,以及一系列新的喷涂用粉末材料和功能涂层。

2) 陶瓷涂层

已知,SiO_2 和 Al_2O_3 具有良好的抗氧化性。如果直接在合金表面制备一层 SiO_2 或 Al_2O_3 膜,也可以起到隔离气体介质、降低合金氧化速度的作用。但是,SiO_2 或 Al_2O_3 必须十分致密。另外,一般抗氧化合金表面沉积 Al_2O_3,由于 Al_2O_3 涂层/合金界面的氧分压降低,可以促进合金的选择性氧化,对合金的抗氧化性起有利作用。但由于氧化物与基体合金的线膨胀系数相差较大,合金表面直接制备的氧化物涂层在温度循环条件下容易破裂,如当涂层较厚时,在制备过程就会发生这种情形,因此,SiO_2 或 Al_2O_3 作为防护涂层使用时,往往用于短时间需要防护的场合。

事实上,复合氧化物陶瓷涂层应用更普遍。例如,$ZrO_2 + 8\% Y_2O_3$(质量分数),即 Y_2O_3 部分稳定的 ZrO_2 涂层,是热障涂层的重要组成部分;$3Al_2O_3 \cdot 2SiO_2$,即莫来石(Mullite)涂层等。除氧化物陶瓷外,非氧化物陶瓷涂层也得到开发,如 SiC 及 Si$_3$N$_4$涂层等。

这类涂层的制备方法有 EB – PVD、反应溅射、射频溅射、等离子喷涂、化学气相沉积、溶胶—凝胶法(Sol – Gel 法)、自蔓延(Self-Propagation High-Temperature Synthesis,SHS)、微弧氧化法等。

EB – PVD 是近些年才发展起来的技术。制备涂层的过程包括三个步骤:

(1) 用电子束来蒸发、汽化涂层材料;

(2) 通过稀薄气氛把蒸气从靶输运到基体上;

(3) 涂层材料蒸气在基体上冷凝形成涂层。

制备包覆涂层时,应用最广的是 PVD,这里特别加以说明其技术特点。与其他制膜方法相比,PVD 可制备各种金属、合金、氧化物、氮化物、碳化物等涂层,也能制备金属、化合物的多层或复合层;涂层附着力强;工艺温度低,工件一般无受热变形或材料变质的问题;涂层纯度高,组织致密;工艺过程主要由电参数控制,易于调节和控制;对环境无污染。其缺点是设备较复杂,一次投资较大,涂层生产成本高。

1.2.2 高温防护涂层性能要求

涂层的氧化机理与金属的完全类似。除气体、温度等环境因素外,其氧化机理主要由涂层的成分、显微结构、晶粒大小等决定。因此,从成分上考虑,抗氧化涂层必须是那些含有足够量铝、铬或硅的材料,氧化时表面能形成完整的Al$_2$O$_3$、Cr$_2$O$_3$ 或 SiO$_2$膜。

当考虑涂层的使用环境、保护的合金对象、涂层制备成分、生产工艺的复杂性等因素时,发展了各种类型的抗氧化涂层体系,以适应对性能的不同要求。

总结起来,高温防护涂层应尽可能满足以下要求[3]:

(1) 优良的抗氧化和抗热腐蚀性能。涂层在实际使用过程中,表面能形成完整而致密的氧化膜,保护合金基体免受高温腐蚀。

(2) 良好的组织稳定性。高温下,涂层的组织结构稳定,使用过程中不易发生相变退化,并且在与基体的界面处不形成有害相。

(3) 良好的结合力。涂层与基体合金之间有相近的线膨胀系数,避免涂层在热应力作用下开裂。为保证涂层与基体间有良好的结合力,基体合金必须进行严格的预处理,包括除污、脱油、表面喷丸等。

(4) 涂层内缺陷少以及制备工艺简单。在涂层制备与使用中,涂层内都会产生缺陷,例如金属夹杂物、内部孔洞、微裂纹、界面分离、组分变化等。涂层内的缺陷使得涂层在高温环境中易发生局部破坏,进而使整个涂层丧失保护作用。改进工艺,使涂层缺陷降至最低,是涂层研究的一个重要方面。简单的制备工艺

10

可使涂层成本降低。

（5）涂层具有低的韧脆转变温度（Ductile-to-Brittle Transition Temperature，DBTT）。许多种类的高温腐蚀保护涂层属金属间化合物或陶瓷，室温下塑性差，但在一定温度范围内会发生韧脆转变，见图 1－2。DBTT 是衡量涂层力学性能的重要指标。涂层免于机械破坏必须满足两个条件：① 涂层应当能承受一定的拉应力；② 涂层应具有一定的韧性来抵抗瞬时的冲击载荷。

如果涂层在一温度下不发生脆性到韧性的转变，则难免被破坏。也就是说，在涂层为脆性的温度区间，涂层很脆，非常小的应变足以使其开裂，并使裂纹贯穿到基体中。而在 DBTT 以上，涂层具有相当的韧性，受力时不易破裂，并且对基体的力学性能几乎没有影响。但有时涂层对基体的疲劳性能却有显著影响，往往使疲劳强度下降。因此，为使涂层在服役期间不发生开裂，涂层的韧脆转变温度应尽可能低些。

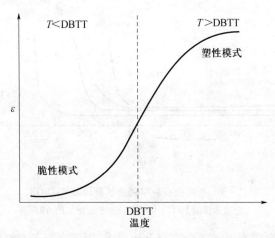

图 1－2　涂层典型的开裂应变随温度的变化曲线，表面涂层发生韧脆转变

韧脆转变温度受许多因素的影响，如涂层成分、涂层应用程序、涂层厚度、表面精饰和应变速度等。由于化学成分可以控制，MCrAlY 包覆涂层的 DBTT 一般比扩散涂层的低。铝化物扩散涂层的 DBTT 是铝含量的函数，随铝含量增加而升高。铂的添加也会使铝化物涂层的 DBTT 增加。图 1－3 示出了包覆涂层和铝化物扩散涂层的 DBTT。

NiCrAlY 包覆涂层的 DBTT 要比 CoCrAlY 涂层的高。而这两种涂层的 DBTT 随它们中铬或铝含量的增加而增大。含 20% ~26%（质量分数）钴的 NiCoCrAlY 的韧性明显优于 NiCrAlY 和 CoCrAlY 的韧性。铝化物涂层的韧脆转变温度一般较高。贫铝的 NiAl 相 DBTT 为 760℃，富铝的 NiAl 相的 DBTT 为 980℃。

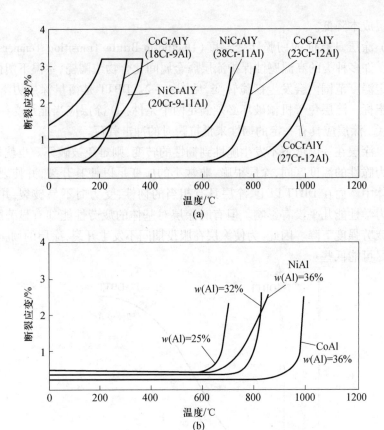

图1-3 包覆涂层和铝化物扩散涂层的DBTT

（a）包覆涂层的DBTT；（b）铝化物扩散涂层的DBTT。

　　实际制备的涂层不可能完全符合上述要求,因而在制备高温防护涂层时,首先考虑要保证涂层的抗氧化和抗热腐蚀性能,其次再考虑尽可能满足其他方面的要求。

1.3　典型高温防护涂层

　　在高温氧化领域,习惯上按高温涂层的发展历史,将涂层分为下列4类[4]：

　　（1）铝化物涂层（第一代涂层）；

　　（2）改性的铝化物涂层（第二代涂层）；

　　（3）MCrAlY包覆涂层（第三代涂层）；

　　（4）热障涂层（第四代涂层）。

铝化物涂层及改性的铝化物涂层属扩散涂层,而 MCrAlY 及热障涂层属包覆涂层。下面就上述4种典型高温防护涂层的相、结构及抗氧化性能等分别作介绍。

1.3.1　铝化物涂层

以纯镍和镍基合金为例来说明渗铝层的相与结构。在 Ni – Al 二元体系中,随铝含量升高可形成4种化合物相:$\gamma' – Ni_3Al$、$\beta – NiAl$、$\delta – Ni_2Al_3$ 以及 $NiAl_3$。其中,$NiAl_3$ 熔点仅为854℃,通常情况下涂层中不形成该相。

(1) $\gamma' – Ni_3Al$:铝的质量分数为 13.2% ~ 14.9%,属面心立方结构。它的熔点为1400℃。

(2) $\beta – NiAl$:铝的质量分数为 23.5% ~ 36%,属体心立方结构。符合化学计量的 β 相的熔点为1638℃。当铝的原子分数大于50%时,为富铝的 β 相;当镍的原子分数大于50%时,为富镍的 β 相。富铝的 β 相和富镍的 β 相在多种性能上有差别,例如,DBTT 相差可达 200。特别是,NiAl 相中的扩散系数随成分显著地变化。富铝的 NiAl 相中,$D_{Al}/D_{Ni} > 1$;而富镍的 NiAl 相中,$D_{Al}/D_{Ni} < 1$;在接近化学配比时,$D_{Al}/D_{Ni} \approx 1$,如图1 – 4所示。

(3) $\delta – Ni_2Al_3$:铝的质量分数为 55% ~ 60%,晶胞呈棱方点阵。它的熔点

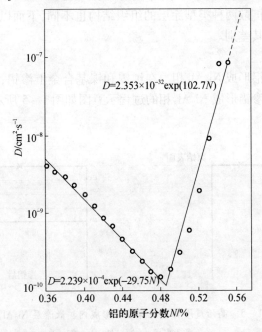

图1 – 4　NiAl 相在1100℃时成分与互扩散系数之间的关系

为 855℃~1133℃。常温下,该相组成的涂层极脆,受外力时易碎。采用高温扩散,可将其转变为 NiAl 相。

当铝含量很低时,铝固溶到镍中,形成 γ – Ni 的固溶体。在所有 Ni – Al 形成的固溶体和化合物相中,β – NiAl 抗氧化性能最好。γ′ – Ni₃Al 抗氧化性能介于 β – NiAl 和 γ 固溶体之间。但 β – NiAl 和 γ′ – Ni₃Al 的抗热腐蚀和抗硫化性能都比较差。

铝化物涂层的结构取决于渗剂中铝的活度、渗铝温度、基体合金成分及后处理工艺等。如果铝的活度比镍的活度高,渗铝过程中铝穿过初始形成的 NiAl 表层内扩散速度高于镍向外扩散速度,那么涂层的生长主要靠铝的内扩散,由此形成内扩散型涂层。这种类型又称做高活度渗铝。

如果铝的活度相对镍的活度较低,涂层的生长主要靠镍向外扩散,由此形成外扩散型涂层。这种类型又称做低活度渗铝。

温度对渗铝过程中铝的活度有决定性影响作用。在相对较低温度范围,如 700℃~800℃,铝的活度往往较高,扩散反应过程为内扩散型。而温度较高时,如在 980℃~1090℃之间,铝的活度往往较低,获得的涂层为外扩散型。

其次,渗剂中的铝含量及活性剂比例对渗铝的活度也有影响。当渗剂中铝含量低或活性剂比例低时,常常形成外扩散型涂层。

内扩散和外扩散两种类型涂层的组织结构也不同,下面以镍和镍基合金上渗铝为例来说明其差别。

1. 内扩散型

内扩散型渗铝形成 Ni₂Al₃ 相。在纯镍和镍基合金上渗铝,涂层的结构有所不同。在纯镍上渗铝形成 Ni₂Al₃ 相的过程示意图如图 1 – 5 所示。

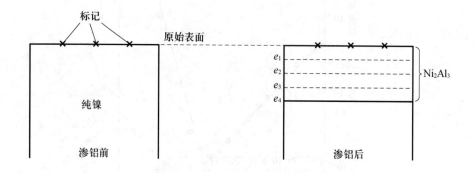

图 1 – 5　高活度渗铝—纯镍渗铝形成内扩散涂层 Ni₂Al₃ 相

(首先形成 e_1,然后是 e_2、e_3 等)

可以看出,涂层具有如下一些特点:

(1) 试样原始表面对应于 Ni_2Al_3 相表面;

(2) 不产生柯肯德尔(Kirkendall)孔洞;

(3) 渗剂中的 Al_2O_3 颗粒不能进入 Ni_2Al_3 相。

Ni_2Al_3 相扩散退火形成 NiAl 相过程见图 1-6。由于界面处镍和铝的互扩散,NiAl 相首先在界面处形成。以后,随着时间延长,NiAl 相区逐渐扩大。转变完成后,所得 NiAl 层厚度要大于先前的 Ni_2Al_3 相层厚度。因此,镍上低温高活度渗铝并经扩散退火后生成单层 NiAl 相涂层。

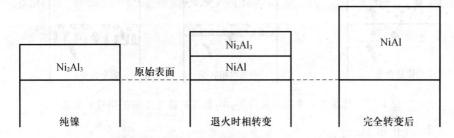

图 1-6　纯镍渗铝形成的 Ni_2Al_3 相经扩散退火生成 NiAl 相涂层

镍基合金上生成 Ni_2Al_3 相的过程如图 1-7 所示。与纯镍不同之处在于涂层中包含有各种沉淀相和杂质。这是因为镍基合金本身含有多种强化相,例如碳化物。这些强化相都比较稳定。当 Ni_2Al_3 向内生长的前沿经过这些碳化物时,它们就被包裹在了涂层中。另外,合金中通常含有相当量的铬,而铬在 Ni_2Al_3 相中的溶解度很小,结果形成了合金元素的富铬沉淀相。

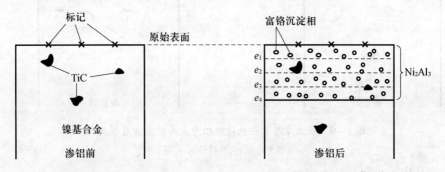

图 1-7　高活度渗铝—镍基合金渗铝形成内扩散涂层 Ni_2Al_3 相

(首先形成 e_1,然后是 e_2、e_3 等)

镍基合金上形成的 Ni_2Al_3 退火转变成 NiAl 相的过程示意如图 1-8 所示。最后形成的 NiAl 涂层分成三个区:外层、中间层和内层。外层几乎与原来的

15

Ni_2Al_3 相厚度相同,含有退火处理前 Ni_2Al_3 相中的各种沉淀相。中间层没有沉淀,但固溶有合金元素。内层有沉淀相。从 NiAl 相以上特征看来,退火过程中发生了 Ni_2Al_3 相中的铝向内而合金中的镍向外扩散,反应首先在 Ni_2Al_3/基体界面附近发生,因此最终会形成一个比较干净的 NiAl 中间层。过程中,同时也发生铝向外扩散,NiAl 相区向合金内延伸,最后形成了内层。而原来的 Ni_2Al_3 相中,由于铝扩散离开该相区,Ni_2Al_3 相就逐渐变成 NiAl 相。

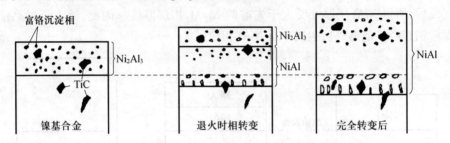

图 1-8　镍基合金渗铝形成的 Ni_2Al_3 相经扩散退火生成 NiAl 相涂层

2. 外扩散型

同样地,以镍及镍基合金为例来说明渗铝涂层的结构。外扩散型或低活度渗铝直接形成 NiAl 相,其形成过程分别示于图 1-9 及图 1-10 中。

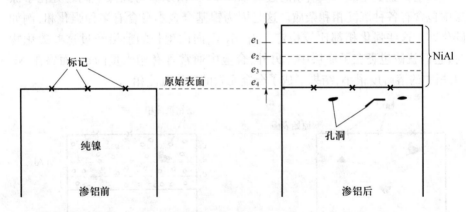

图 1-9　低活度渗铝—纯镍渗铝形成外扩散涂层 NiAl 相
(首先形成 e_1,然后是 e_2、e_3 等)

纯镍上渗铝的特点如下:

(1) 纯镍的原始表面对应于 NiAl/Ni 界面;

(2) 在靠近界面的镍一侧产生柯肯德尔效应留下的孔洞;

(3) 对于包埋渗,惰性填料 Al_2O_3 颗粒会镶嵌到 NiAl 相中。

在镍基合金上生成 NiAl 相的特征与纯镍上的不同,主要差别在于:

16

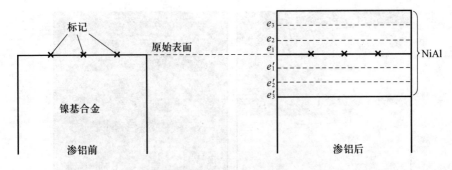

图 1-10 低活度渗铝—镍基合金渗铝形成外扩散涂层 Ni_2Al_3 相

（首先形成 e_1，然后是 e_2、e_3 等）

（1）试样的原始表面位于涂层中间。试样的原始表面不再位于涂层/基体界面，而是位于涂层中间。涂层分为两个区：外区和内区。外区 NiAl 相与纯镍上形成过程一样，$D_{Al}/D_{Ni} > 1$，涂层向外生长。NiAl 相中固溶有合金元素。内区 NiAl 相是由于合金中的镍向外扩散，铝浓度上升形成富镍的 NiAl 相，合金中的元素由于在 NiAl 相中的溶解度很小，析出沉淀相分散在内层。

（2）一般不易形成柯肯德尔孔洞。

（3）包埋渗的 Al_2O_3 颗粒只镶嵌在外层。

镍基合金的外扩散型涂层结构如图 1-11 所示。

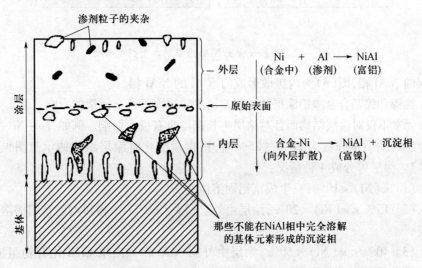

图 1-11 镍基合金上外扩散型 NiAl 涂层的结构

图 1-12 是镍基合金上 NiAl 涂层的典型微观结构。图（a）为内扩散形成的 Ni_2Al_3 相；图（b）为 Ni_2Al_3 相在 1080℃加热处理后的结构；图（c）为外扩散形成的

17

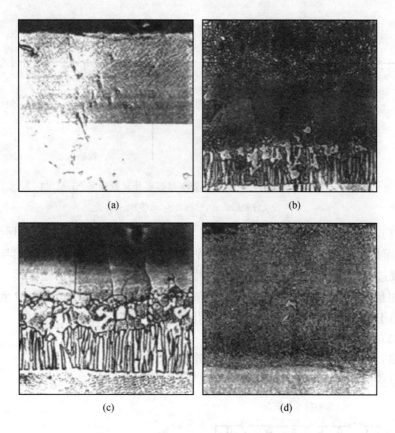

图 1 - 12   镍基合金上 NiAl 涂层的典型微观结构

富镍的 NiAl 相;图(d)为内扩散形成的富 Al 的 NiAl 相。

纯镍和镍基合金渗铝涂层结构的差别主要起因于合金元素的影响。事实上,合金元素不仅对涂层结构而且对涂层生长速度也有极大影响。例如,Fe - Ni - Cr 合金中铬的质量分数为 20% ~ 25% 时,镍含量变化时涂层结构的示意图见图 1 - 13。涂层可分成 4 种情况:

(1) $w(Ni) < 10\%$,只生成富铝固溶体;

(2) $15\% < w(Ni) < 20\%$,涂层由外层(Fe、Cr、Ni)Al 相和内层富铝固溶体组成;

(3) $40\% < w(Ni) < 50\%$,涂层由外层 NiAl 相和内层 CrNi 化合物组成,CrNi 可起到扩散障作用,阻止涂层退化;

(4) 镍含量极高,铬含量较低,涂层由外层 NiAl 相和内层 Ni_3Al 相组成,铬含量不同对 NiAl 相的生长速度有影响。

18

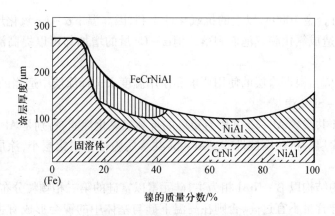

图 1 – 13 基体中镍含量对渗铝涂层结构的影响示意图

（铬的质量分数保持在 20% ~ 25% ）

1.3.2 改性的铝化物涂层

β – NiAl 涂层抗氧化性能好，但它仍存在不少缺点，例如，涂层脆性大，易开裂和剥落；涂层 – 基体易发生互扩散，涂层退化速度快；富镍的 NiAl 相易发生马氏体相变；不耐硫化和热腐蚀等。为改善单渗铝涂层的性能，发展了多元共渗，形成改性的铝化物涂层，即在单渗铝的基础上，在铝化物涂层中加入铬、硅、钛、铂及稀土元素等，达到改善其性能的目的。

1. Al – Cr 共渗

Al – Cr 共渗具有显著的优点：

（1）涂层内层富铬，形成扩散障，减轻涂层与基体的互扩散；

（2）Al – Cr 共渗能提高涂层的抗热腐蚀能力；

（3）β 相中含 2% （质量分数）的铬，可以防止富镍 β 相在快冷中发生马氏体转变，而这种转变会加速涂层退化；

（4）铬的存在促进选择性氧化形成 Al_2O_3 膜。

Al – Cr 共渗通常采用两步法，即先在合金表面渗铬，然后再渗铝。也可以采用一步法进行 Al – Cr 共渗。一步法共渗时，首先配制复合渗剂，然后进行保温处理。一种简单共渗工艺如下：共渗剂成分为 40% 铬铁粉 + 59% 铝铁粉，外加 1% NH_4Cl；温度在 950℃；保温时间 15h。试验表明，在铝铬共渗剂中，渗剂含铝量大时，则共渗层较厚，且表现出渗铝层的特点。当含铬量较多时，则表现为渗铬层的特点，共渗层较薄。

Al – Cr 共渗时，主要形成 NiAl 相，铬固溶于 NiAl 相中。但铬在 β – NiAl 相中的固溶度较低，当铬的质量分数超过 4% ~5% 时，就会以 α – Cr 相析出。这

些 $\alpha - Cr$ 对合金 1000℃ 以上的抗氧化性不利,因高温下 $\alpha - Cr$ 氧化形成挥发性 CrO_3,容易造成氧化膜气泡而剥落。但 $\alpha - Cr$ 量的增加却可以提高涂层的抗热腐蚀性能。

因此,应当根据涂层的使用要求和使用温度来选择涂层中适当的铬含量。

2. Al – Si 共渗

Al – Si 共渗较 Al – Cr 共渗有更好的抗高温氧化性能,特别是 Al – Si 共渗后亦可提高涂层的抗热腐蚀性能。Al – Si 共渗层脆性比渗铝层小,涂层不易开裂和脱落。

涂层的结构以 $\beta - NiAl$ 相为主,硅元素以富硅的第二相颗粒分布于涂层中。涂层中的硅含量不宜过高,否则在高温下硅与基体中的镍会形成有害的低熔点相,并使涂层变脆,在氧化过程中易于发生脱落。

制备 Al – Si 涂层的最常用方法是料浆法。渗剂由 90% 铝粉(粒径不小于 0.039mm) +10% 硅粉(粒径不小于 0.033mm)组成。粘结剂的配比为 20mL 硝基清漆 +80mL 醋酸异戊酯。渗剂和粘结剂以 1:3 的配比调制成料浆。将调制好的料浆用喷枪均匀地喷射在预处理过的工件上,待自然干燥后挂入密闭的加热炉内。在氩气氛下 1000℃ ~ 1080℃ 保温 4h ~ 6h。渗层厚度一般为 0.025mm ~ 0.09mm。

料浆法对料浆喷射厚度、均匀度要求很严,渗层厚度与料浆厚度成正比。料浆层薄而致密,渗后表面粗糙度较低。

3. Al – Cr – Si 三元共渗

铝铬硅共渗层兼备铝铬渗层与铝硅渗层的特性,是抗高温氧化与抗含硫燃气腐蚀性能较全面的渗层。

在镍基、钴基合金上可采用粉末法进行 Al – Cr – Si 共渗,其工艺与一般粉末法相似。此外,铝铬硅共渗也可以在铬硅共渗后再渗铝,或者是镀铬后再铝硅共渗。

4. 铝—稀土共渗

这是利用稀土的活性元素效应来改善涂层的抗氧化性、抗硫化性和抗热疲劳性能的方法。

铝—稀土共渗方法有固体粉末渗和电泳渗两种。固体粉末渗时,使用含稀土元素的粉末渗铝剂,在真空炉或通氢(或氩、氦)保护性气氛下,于 955℃ 同时渗铝和稀土。

合金经铝—稀土共渗后,所得涂层一般分为三层:表面层较薄,富含稀土元素;次层主要为 Ni_2Al_5 相;底层则为 NiAl 相。

5. Al – Ti 共渗

Al – Ti 共渗也称做 Al – Ti 渗层夹嵌陶瓷工艺。

20

以 Ti – Al 中间合金粉作为渗剂,在 1000℃ ~ 1100℃的保护性气氛中渗铝,获得 Al – Ti 共渗层。但这样获得的涂层中含大量的钛,涂层耐蚀性反而降低。因此,在渗剂中加入碳来降低钛的活度,从而控制涂层中钛和铝的含量。在制备涂层以前,如果先在样品表面涂覆一层含 Al_2O_3、TiO_2 颗粒的料浆,经过 Al – Ti 共渗后,涂层中含有 10% ~ 20%(质量分数)的氧化物颗粒。这种夹带 Al_2O_3 离子的铝钛渗层具有非常优良的抗高温氧化和抗热疲劳性能,同时还具有很高的抗磨损和抗冲蚀能力。

6. 镀铂渗铝

在所有改性铝化物涂层中,Pt – Al 涂层的效果最显著。涂层中加入铂可以显著提高涂层表面 Al_2O_3 的抗剥落及自愈合性能;能够增强涂层的组织稳定性,降低涂层与基体之间的互扩散,使涂层在很长时间内维持较高的铝浓度;并能够抑制合金中的钨、铝等难熔金属元素向涂层中扩散。

Pt – Al 涂层制备工艺是,首先在合金基体上电镀一层铂,镀铂层厚度至少为 7 μm。然后进行退火处理。退火后进行固体粉末渗铝。依据不同的工艺条件,所获得的涂层有两种结构类型。一种为单一的 $PtAl_2$ 相,这种涂层脆性较大。另一种为 $PtAl_2$ + NiAl 双相组成。这两种涂层都已在工业燃气轮机叶片的表面防护上得到应用[5]。

由于铂价格昂贵,Pt – Al 涂层制作成本高。用钯代铂来降低成本是一个发展方向。

除了上述几种类型的改性铝化物涂层外,多元共渗还包括:Al – Mn 共渗,可提高抗热腐蚀和硫化能力;Al – Cr – Ta 共渗,由于钽与碳在涂层内形成 TaC 扩散障,可阻止涂层与基体合金间的互扩散,提高涂层寿命。

1.3.3 MCrAlY 涂层

早在 20 世纪六七十年代,随着溅射、低压等离子喷涂、电子束蒸发沉积技术的发展,成功地研制出一种较为理想的高温防护涂层——MCrAlY 涂层。它不仅具有很好的抗高温氧化和抗热腐蚀性能,而且有很好的韧性和抗热疲劳强度。MCrAlY 涂层的优点在于它成分选择的多样性,即可以根据不同的工作环境和不同基体材料选择合适的涂层成分。为防止涂层退化,可在涂层与基体间增设扩散障,制成 Pt – MCrAlY 和 TiN – MCrAlY 涂层。

MCrAlY 涂层通常是多相的。如果铝浓度不高,NiCrAlY 和 CoCrAlY 主要由 γ 固溶体和弥散的 β – NiAl 或 β – CoAl 相组成。而实际使用的 MCrAlY 涂层的结构比较复杂,除 γ 和 β 相外,还可能有 γ′、σ 和 Y_2O_3 相。这类涂层中加入铝,是为了形成保护性 Al_2O_3 膜。加入铬,不仅可改善涂层抗热腐蚀性能,而且能促

进 Al_2O_3 膜的形成。钇的加入起活性元素效应,提高氧化膜的粘附性。

MCrAlY 涂层的制备主要采用两种方法:物理气相沉积和等离子喷涂。

1. 物理气相沉积

物理气相沉积方法包括 EB – PVD 和溅射。EB – PVD 方法制备 MCrAlY 涂层在真空中进行,沉积速率高,可达到 25 μm/min 左右。这种方法制备的涂层为垂直于基体表面的柱状晶结构,柱状晶之间存在非冶金结合的界面。在制备涂层时,将基体合金加热,可使涂层与基体之间产生一定的互扩散,从而增加涂层的结合力。有时为了改善涂层性能,对 EB – PVD 方法制备的 MCrAlY 涂层进行喷丸或后续热处理,以消除涂层中非冶金结合界面,提高涂层强度。但利用 EB – PVD 技术时,涂层成分不容易按设计要求精确控制,原因是,涂层中各组元的蒸气压差别较大,特别是涂层中含有较多难熔金属时,涂层成分和靶材成分差别明显。

当涂层成分比较复杂或熔点比较高时,溅射方法制备涂层有明显优越性。这是因为,溅射时涂层成分与靶材成分几乎没有差别。溅射涂层的组织形态与基体材料的温度有关。如果基体材料的温度很低,溅射涂层为几十到几百纳米的柱状微晶结构。当基材温度达到 $0.5T_m \sim 0.8T_m$(熔点)时,涂层为粗大柱状晶结构。但这种技术的沉积效率较低,难以实用化。

2. 等离子喷涂

早期采用常压等离子喷涂制备的涂层孔隙率高,氧化物夹杂多,涂层结合力差。现在采用低压等离子喷涂方法制备的 MCrAlY 涂层性能有极大提高。低压等离子喷涂是在充有少量惰性气体的真空中进行的。在低压真空腔中,金属颗粒运动速度很高。因此,等离子喷涂 MCrAlY 涂层的沉积效率高,涂层成分易于控制。但低压等离子喷涂涂层的表面粗糙度高,需经表面抛光处理。

无论是物理气相沉积,还是等离子喷涂都存在设备昂贵和成本高,难以涂覆尺寸大和形状不规则工件的缺点。因而其他成本低廉的技术也一直受到人们的重视,如激光熔覆、电泳反应烧结及复合电镀等。

1.3.4 热障涂层

随着航空燃气轮机向高流量比、高推重比、高进口温度的方向发展,燃烧室中的燃气温度和压力不断提高。为适应这一恶劣的工作环境,发展了热障涂层。其作用为降低热端部件的工作温度,防止部件的高温腐蚀。

热障涂层是由陶瓷隔热面层和金属粘结底层组成的涂层系统,其构造和工作原理如图 1 – 14 所示。

热障涂层采用金属粘结底层的目的是为改善陶瓷面层和基体合金的物理相容性以及抗氧化保护基体的作用。粘结底层的厚度一般为 0.1mm ~ 0.2mm,它

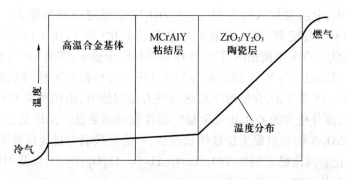

图 1 - 14　双层结构的热障涂层的构造和工作原理示意图

的成分多为 MCrAlY,因为 MCrAlY 具有良好的抗高温腐蚀性能。由于陶瓷层热导性差,在陶瓷层内形成一温度梯度,这样就降低了基体表面温度。陶瓷层厚度大约在 0.1mm～0.4mm 范围。根据涂层结构及厚度的不同,有热障涂层比无热障涂层的基体表面温度可降低 50℃～170℃。这种热障涂层体系具有抗氧化与隔热作用,且有结构简单、耐热能力强等优点。但高温合金的线膨胀系数一般为 $18 \times 10^{-6}/℃ \sim 20 \times 10^{-6}/℃$,陶瓷面层氧化锆的线膨胀系数为 $8 \times 10^{-6}/℃ \sim 10 \times 10^{-6}/℃$,两者相差较大。当温度变化时,涂层内产生较大的热应力,往往会导致涂层破裂或脱落。于是在热障涂层系统中又设计出多层系统和梯度系统。多层系统一般是由粘结层、陶瓷阻挡层、抗腐蚀层和扩散阻挡层组成,每一层都起着不同的作用。但这种多层涂层系统制备工艺复杂,尚未投入实际应用。梯度涂层系统是指金属粘结层到陶瓷层的成分或结构是连续过渡的。两者界面消失,可避免金属与陶瓷线膨胀系数不匹配造成的陶瓷层过早剥落。这种梯度涂层构造被认为是在保证设计寿命条件下提高隔热效果的最佳方案。本节分两方面介绍双层结构的涂层体系[6]。

1. 陶瓷面层成分的选择

ZrO_2 是研究最多的热障涂层成分,因为它既具有较高的熔点又具有较低的导热系数,可对金属部件起绝热作用。然而,ZrO_2 存在几种不同的结构形式,它们之间会发生如下马氏体相变,并存在较大的滞后:

$$单斜 ZrO_2 \xrightarrow[1100℃ \sim 1190℃]{加热} 四方 ZrO_2 \xrightarrow[950℃ \sim 850℃]{冷却} 单斜 ZrO_2$$

单斜相向四方相转变刚好落在燃气轮机使用温度范围内。由于单斜相(相对密度 5.31)的比体积比四方相(相对密度 5.72)的大,这一相变伴随着约 8% 的体积变化。加热时,四方相在单斜相内生成,陶瓷层受张应力;冷却时,单斜相在四方相内生成,陶瓷层受压应力。较大应力作用容易导致涂层破坏。为了避免相变,ZrO₂中需要加入稳定组元,使 ZrO₂ 完全稳定或部分稳定。早期采用 CaO、MgO 作为稳定剂,现在采用 Y₂O₃ 或复合氧化(如 Y₂O₃ + CeO₂)作为稳定剂。从 Y₂O₃ – ZrO₂ 平衡相图得知,要使单斜相完全稳定,需要 17%(质量分数)的 Y₂O₃。实际上,当 Y₂O₃ 的质量分数为 12% 时,单斜相可保持到室温(亚稳定)。图 1 – 15 是 Y₂O₃ 含量对涂层热循环寿命的影响,由图可见 6% ~ 8%(质量分数)的部分稳定的 ZrO₂ 比完全稳定的涂层性能更佳。原因是,采用部分稳定,可使 ZrO₂ 在相变时发生少量体积改变,可恰好抵消与过渡层热膨胀差造成的体积变化。其他稳定剂如 TiO₂、CeO₂、Yb₂O₃、Er₂O₃、Dy₂O₃ 以及 HfO₂ – Y₂O₃ 二元稳定剂的研究也有报道[7]。

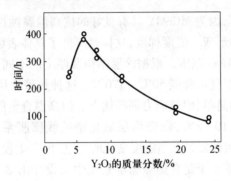

图 1 – 15　Y₂O₃ 含量对涂层热循环寿命的影响

2. 热障涂层的结构与性能

热障涂层的双层结构的设计是为保证涂层具有隔热、抗氧化、抗热腐蚀、抗热震等方面的性能。涂层的性能与其微观结构有极大的关系。

目前,制备热障涂层的主要技术手段有两种:等离子喷涂和 EB – PVD。由等离子喷涂制备的涂层为等轴晶,而 EB – PVD 则获得柱状晶。由于柱状晶间结合差,这种柱状组织更能有效地承受热应力,其抗热震性能明显更好。

对部分稳定的氧化锆(ZrO₂ + 8%(质量分数)Y₂O₃)陶瓷涂层的研究表明,在陶瓷层厚度为 0.5mm 以下时,对粘结层的氧化不产生阻挡作用。在等离子喷涂的热障涂层中,由氧化引起陶瓷/粘结层界面处体积膨胀,结果在粘结层上形成的 Al₂O₃ 膜与陶瓷层形成的界面处产生裂纹,裂纹横向扩散使陶瓷层剥落,如图 1 – 16 所示。但在 EB – PVD 制备的热障涂层中,很少出现上述裂纹,原因是柱状晶组织易容纳适量变形,最终氧化铝/粘结层界面上出现裂纹。

热障涂层的抗氧化性取决于过渡层,其成分主要为 NiCrAlY 或 NiCoCrAlY。此外,粘结层的微观结构也会直接影响陶瓷层与金属层的结合性能。

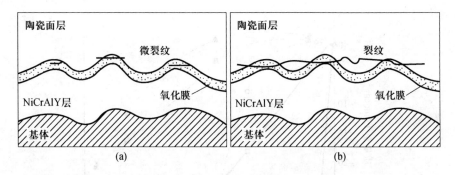

图 1 - 16　热障涂层失效机制
（a）粘结层上形成的 Al_2O_3 膜中产生微裂纹；（b）裂纹沿界面横向扩展使陶瓷层剥落。

1.4　涂层的退化

　　高温合金表面施加防护涂层,特别是形成 Al_2O_3 的涂层体系后,可大大提高合金的抗氧化性能。图 1 - 17 是 IN - 738 和 MAR - M200 两种高温合金以及施加渗铝及铝—铂共渗涂层后在 1200℃ 下的循环氧化动力学曲线。可以看出,施加涂层后改善作用明显,铝—铂共渗涂层效果尤其显著。图 1 - 18 是 CMSX - 4 和 CM 186LC 两种合金施加不同类型涂层后在 900℃ 下含 1% 硫 $+ 10^{-3}$% 盐（质量分数）的燃气中热腐蚀失效时间对比图。CMSX - 4 为镍基单晶高温合金,而 CM 186LC 为镍基定向凝固高温合金。同样表明,施加涂层后可大幅度提高合金的抗热腐蚀性能。

　　但是,当涂层长期暴露于氧化环境中时,涂层仍会发生性能退化,以致最后失去抗氧化作用。涂层退化是由于涂层中抗氧化性元素不断消耗的结果。涂层中的元素损失有两种途径:一是向外扩散氧化,生成表面氧化膜;二是涂层与基体合金的互扩散。当涂层中形成氧化物元素的浓度下降很多时,以致这种氧化物不能生长,涂层失去保护作用。

　　以铝化物涂层为例来说明涂层的退化机制。铝化物涂覆的高温合金氧化类似于抗氧化性强的高温合金本身,只是铝在表面的含量较高,氧化时形成 Al_2O_3 膜。由于铝的氧化消耗,涂层表面的铝含量下降。随氧化进行,铝持续消耗,涂层表面发生铝的贫化,β - NiAl 转变为 γ' - Ni_3Al,最终形成 γ - Ni 固溶体。当铝的质量分数降至约 4% 时,不能生成 Al_2O_3 膜,迅速氧化就会发生,涂层失效。另一方面,涂层/基体界面首先发生互扩散,铝扩散进入合金,而合金中的其他元素扩散进入涂层,靠近界面的涂层中铝量下降。随时间延长,涂层中的贫铝区不

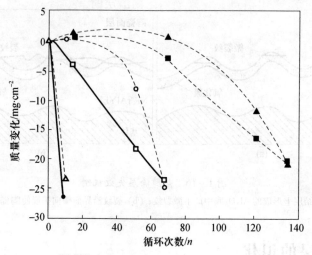

△ IN-738
● MAR-M200
○ IN-738(渗铝涂层)
□ MAR-M200(渗铝涂层)
▲ IN-738(Pt-Al涂层)
■ MAR-M200(Pt-Al涂层)

图1-17 IN738和MAR-M200合金以及施加渗铝及铝—铂
共渗涂层后在1200℃下的循环氧化动力学

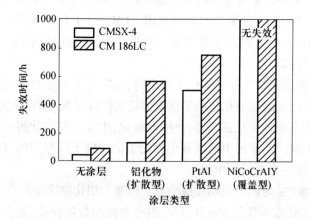

图1-18 CMSX-4和CM 186LC合金施加不同类型涂层后
在900℃下含1%硫+10⁻³%盐(质量分数)的燃气中热腐蚀失效时间

断扩大。如果涂层较薄,由互扩散引起的贫铝区在相对较短时间内到达涂层表层,致使涂层失效。在氧化膜保持完整的前提下,由于涂层与基体的互扩散速度比氧化膜中的扩散速度快得多,涂层的退化主要由互扩散控制。

表 1 - 1 给出了几种高温合金上铝化物涂层的氧化寿命。基体合金的成分对涂层性能起重要作用。几种合金上涂层寿命有较大差别应归因于基材的铝含量不同,它影响铝扩散除涂层的速度;也归因于一些基材中其他元素的含量的差别,它们在氧化过程中扩散到涂层表层,从而提高(铬或一定量的铪和钽)或降低(钛、钒、钨、钼)涂层的抗氧化能力。

表 1 - 1　几种高温合金上铝化物涂层的氧化寿命

合　金	在 1190℃ 下涂层寿命/h[①]
X - 40	23
CMSX - 3	85
René 80	100
Rene 125	300
① 1.0Ma 气体速率,空气,1 周/h;通过目测和金相分析确定的涂层贯穿寿命	

如果在涂层与基体间形成另外一层沉淀物,这层沉淀物能阻碍互扩散,从而可延缓涂层的退化。例如镍基合金渗铝时,在 β - NiAl 相与基体的界面处产生 CrNi 相沉淀,它起到阻碍 NiAl 相与基体互扩散的作用,称为扩散障。起到与铬类似作用的元素还有钼和铌。含有较高钼和铬的镍基合金渗铝,可形成致密的 CrMo(Ni)扩散障层,而铌以碳化物形式弥散分布在扩散障层中。扩散障层不仅可以通过基体元素形成,还可以通过改进涂层的成分来实现,如 Al - Cr 共渗、Al - Ta 共渗。铂虽在 NiAl 相中溶解度高,不可能生成扩散障层,但铂仍可以阻碍铝在 NiAl 相中的扩散。这是由于铂同铝一起扩散,从而改变扩散的其他参数,如改变了各成分的活度。更重要的是,铂提高了 NiAl 相上氧化铝膜的附着力。

除氧化和互扩散能引起涂层退化外,氧化膜及涂层的力学破坏也会造成涂层提前失效。由于氧化膜、涂层及基体力学性能的差异,从镍基合金→NiAl 合金→Al_2O_3 膜,塑性下降,脆性增大,线膨胀系数减小,强度下降。在实际使用环境中,由于冷热循环,涂层受热应力作用或热疲劳作用,容易发生开裂和剥落。涂层表面氧化膜性能对涂层寿命也有决定性影响作用。如果氧化膜发生剥落,使得涂层中铝量损失,就会加快涂层退化。因此,改善涂层表面氧化膜的粘附性,也是延长涂层使用寿命的重要手段。例如,涂层中添加稀土元素。

1.5　表面处理提高合金抗氧化性

为提高合金的抗高温氧化性能,表面上制备涂层是一种经济有效的途径。除了涂层外,实际应用中还大量地使用各种表面处理技术,以使合金表层改性,达到提高合金抗氧化性能的目的。

前面已了解到,材料表面冷加工可促进合金元素的选择性氧化。特别是材料的微晶化,对合金选择性氧化的促进作用尤为明显,同时还可以提高氧化膜的抗剥落性能等。基于微晶化效应,已发展了利用各种高能束(如激光、电子束等)来处理合金表面的技术。此外,还有预氧化、离子注入等处理手段,详细内容一并介绍如下。

1.5.1 预氧化处理

从瓦格纳的内氧化到外氧化转变的临界判据可知,若降低氧分压,则可降低合金元素选择性氧化的临界含量。因此,在低氧分压下氧化时,有利于合金表面选择性氧化形成具有保护作用的氧化膜。以后在大气压力下氧化时,预氧化形成的膜将合金和气体介质隔离开来,合金表面的氧分压低,保护性氧化膜仍可缓慢地生长。

有可能遇到以下两种情况:

(1)合金中铝或铬含量低,通常情况下氧化时形不成单一 Al_2O_3 膜或 Cr_2O_3 膜。如果选择一种氧分压足够低的气氛来处理时,有可能使合金表面形成单一 Al_2O_3 膜或 Cr_2O_3 膜。

(2)合金正常氧化时可形成 Al_2O_3 膜或 Cr_2O_3 膜。但低氧压处理时,如果氧化速度与外界分压有关,那么氧化膜生长速度低,致密性和粘附性都可得到提高。但是,由于预氧化形成的膜往往较薄,预氧化处理对合金抗氧化性的改善作用有限。

除低氧压处理外,可以在一般性环境中进行预氧化,然后用以改善合金的抗硫化或抗热腐蚀性能。图 1 – 19 是 Fe – 25Cr 合金经预氧化后在 H_2 – H_2S 气氛

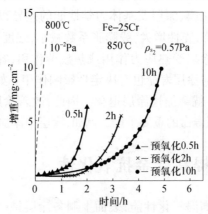

图 1 – 19 Fe – 25Cr 合金经预氧化后在 850℃ 下 H_2 – H_2S 气氛中的硫化动力学曲线

中于850℃的硫化动力学曲线。可以看出,存在一硫化速度较低的孕育期,随后增重急剧增加。孕育期表明预氧化处理后提高了合金的抗硫化能力,处理时间越长,孕育期也越长。

1.5.2 表面细晶化

已知合金晶粒细化有利于合金元素的选择性氧化。对常规晶粒尺寸的合金,表面处理后合金表层晶粒细化,也可以达到块体材料细化同样的效果。

表面细晶化主要是利用高能量密度的激光束、电子束等辐照合金表面。

1. 激光表面重熔

激光表面处理技术发展迅速,工业应用领域范围广。当金属受到激光束的辐照时,金属中的电子得到光子的能量并与晶体点阵中的原子碰撞,从而加热晶体点阵。由于光子穿透金属的能力很低,因而只能使金属表面的一薄层吸收激光能量,然后通过热传导向内部传递。

激光束辐照可使合金表面在极短的时间内加热至熔点以上。当停止加热时,由于加热区域很小,该区域的热向周围快速传导,从而温度急剧降低。这一过程使得熔化区内的金属形核后来不及长大即已降到很低温度,最后熔化区呈细晶组织。

表面重熔后,对材料各方面的性能都有影响。例如,钢铁材料经激光辐射后,如加热温度超过900℃,即温度高于亚共析钢的临界点 Ac_3 时,得到奥氏体,快速冷凝时则获得马氏体,因此碳钢经表面激光处理后硬度大大提高。另外,激光表面强化后,能够造成表面残余压应力,有利于提高钢的疲劳强度。另外,耐磨性和耐蚀性也都可以得到改善。

应当注意的是,当表面重熔的目的是为了提高合金的抗氧化性时,必须选择那些本身就具有较好抗氧化性的材料。否则表面重熔处理后,晶粒细化,加强了发生氧化元素的扩散。而这些元素的氧化物抗氧化性能差,合金的氧化速度反而会增大。

另外,在具体实现整个试样表面的处理时,需要进行激光束扫描。激光表面重熔处理时的具体工艺参数包括输出功率、激光束斑直径、扫描速度等。必须仔细调整工艺参数,否则表面处理层容易形成大量裂纹。

2. 电子束表面处理

电子束是一束集中的高速电子。它的速度取决于加速电压的高低,可达到光速的2/3左右。电子束照射到材料表面,会同材料的原子核及电子发生相互作用。由于电子与原子核间质量差别极大,所以与核的碰撞基本上是弹性碰撞。因此,能量的传递主要是通过与合金中的电子碰撞来实现的。传递给电子的能量立即以热能的形式传给了点阵原子。由于照射过程很短,加热过程可近似地看成是准绝热的,热导效应可忽略不计[8]。

与激光相比,电子束更易被固体金属吸收,其功率可比激光大一个数量级。这种高能量密度的加热,其突出的特点是加热和冷却速度都极高,在合金表层可获得一种超细晶粒组织。电子束处理时,冷却速度可达到 $10^6℃/s$。而激光处理时,冷却速度可达到 $2 \times 10^2℃/s \sim 10^5℃/s$。

电子束表面处理要在真空中进行,因而减少了氧化、氮化的影响,可得到纯净、质量好的表面处理层。但正因为要在低压下进行操作,所以工序复杂化,成本增加。

1.5.3 电火花强化

电火花强化是一种简便易行的金属材料表面处理的特殊工艺。它利用脉冲电流在火花放电时输出的瞬时能量,把硬质合金或其他导电材料涂覆、溶渗到材料表面,形成一层高硬度、耐磨,且具有特殊物理、化学性能的强化层。考虑表面溶渗铝等元素,则可达到改善材料抗氧化性能的目的。电火花强化层是材料表面在电火花放电的作用下,经微区高温冶金过程所形成的合金层,所以,它与基体材料的结合极为牢固。

电火花强化处理具有设备轻巧、操作简单、成本低廉等优点。已有商业化的电火花强化机。

1.5.4 离子注入

离子注入就是将要注入的化学元素的原子经电离后变成离子,并将其在电场中加速,获得较高动能后注入到固体材料表面,以改变该材料表面的物理、化学或力学性能的一种技术。

在离子注入过程中,具有一定动能的离子射入固体后,就与固体表层内的原子核和电子发生随机碰撞。碰撞过程中,离子不断消耗其能量,离子的运动方向不断改变。经过一段碰撞过程后,离子的能量耗尽,就在固体表层内某一部位停留下来。

注入的离子在固体表层内随机地沿深度方向呈高斯分布。整个注入层的厚度由注入离子能量及被注靶材对入射离子的阻止本领决定。而注入剂量(用 $ions/cm^2$ 表示)决定浓度分布中最高峰的值。

显然,入射离子能量越大,注入层的厚度越大。靶材的阻止本领愈大,注入层则愈薄。不同晶体结构的材料有不同的阻止本领。通常,原子排列密度小、排列紊乱的晶体有较大的阻止本领。材料的温度越高,则原子的热运动加剧,对入射离子的阻止作用也越大。一般地离子注入层的厚度只有几十个纳米。

离子注入不受传统合金化规则,如热力相平衡、固溶度等物理冶金因素限制,即可将任何种类离子以任何剂量注入到一种金属中,离子注入可显著改善材料的耐磨性和耐蚀性。当合金中注入 Al^+、Cr^+、Ti^+、Si^+、Y^+、Ce^+ 等时,可提高合金的抗氧化性能。特别是注入稀土元素的离子 Y^+ 或 Ce^+ 等效果明显,应用最多。由于采用离子注入技术可方便地获得不同含量稀土的系列合金,该技术在稀土效应研究时作为一种稀土元素添加手段而得到广泛应用。

离子注入时,由于辐射损伤,在材料表层产生大量缺陷,使表层有可能变成微晶化甚至非晶化结构。应用离子注入技术时,还必须注意到一般的离子注入是直线的,试样形状受到限制。当然,已有全方位离子注入机应用,对复杂形状的工件也可作离子注入处理。

参 考 文 献

[1] Davis J R. Ed. Protective Coatings for Superalloys. In: Heat-Resistant Materials. ASM Specialty Handbook, ASM Internationals, The Materials Information Society, U. S. A. ,1997: 335 – 344.

[2] Pichoir R. In. Materials and Coatings to Resist High Temeprature Corrosion. Holmes D. R. , Rahmel A. ed. London: Applied Science Publishers Ltd. ,1978;271.

[3] 朱日彰,何业东,齐慧滨. 高温腐蚀及耐高温腐蚀材料. 上海:上海科学技术出版社,1995.

[4] 谭昌瑶,王钧石. 实用表面工程技术. 北京:新时代出版社,1998.

[5] 卢燕平,于福洲. 渗镀. 北京:机械工业出版社,1985.

[6] 徐惠彬,宫声凯,陶冶,等. 电子束物理气相沉积热障涂层的研究. 航空制造工程,1995(11): 23 – 25.

[7] 胡传顺,王福会,吴维文. 热障涂层研究进展. 腐蚀科学与防护技术,2000,12(3):160 – 163.

[8] 范玉殿. 电子束和离子束加工. 北京:机械工业出版社,1989.

第 2 章　热障涂层技术及其应用

2.1　热障涂层发展背景

　　航空燃气涡轮发动机既是飞机的"心脏",又是推动飞机快速发展的源动力。它是以连续流动的气体为工作介质带动叶轮高速旋转,将燃料的化学能转变为动能的内燃式动力机械,是一种旋转叶轮式热力发动机[1]。图 2-1 是航空燃气涡轮发动机的结构示意图[2]。其工作原理是卡诺循环,工作过程可以简单描述为:压气机连续从进气道中吸入空气并将其压缩,叶片转动对气流做功,使气流的压力、温度升高;高压气流进入燃烧室与喷出的燃料混合后点火,产生高温高压燃气向后流经高低压涡轮,部分内能在涡轮中膨胀转化为机械能,驱动涡轮旋转;由于高温涡轮同压气机装在同一条轴上,因此也驱动压气机旋转,从而

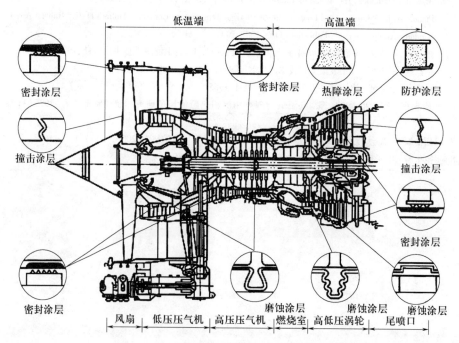

图 2-1　航空燃气涡轮发动机的结构示意图[1]

反复的压缩吸入的空气。从高温涡轮中流出的高温高压燃气,在尾喷管中继续膨胀,以高速从尾部喷口向后排出。这一速度比气流进入发动机的速度大得多,从而产生了对发动机的反作用推力,驱使飞机向前飞行。航空燃气涡轮发动机的热效率可表达为 $\eta = (T_2 - T_1)/T_2$,公式中 T_1 是体系温度,T_2 是航空燃气涡轮发动机燃烧室火焰进口温度。可见,T_2 越高,则航空燃气涡轮发动机的热效率 η 越高。通常燃烧室火焰进口温度每提高 170℃ 可提高发动机推力 5%,提高热效率 1%。

当今,随着航空航天工业的迅速发展,对发动机的性能要求越来越高。燃气涡轮发动机的主要发展方向是提高发动机涡轮前燃烧温度、增加推重比和提升涡轮发动机部件在包括腐蚀和氧化等严酷服役环境下的热效率。随着发动机燃烧温度、推重比和热效率的提高,相应地对发动机热端部件的工作条件,特别是燃烧室中的燃气温度和燃气压力不断提高。从 20 世纪 40 年代到 20 世纪末,燃气压力比提高了近 3 倍,燃气温度已超过 1650℃。为了达到提高效率、节约能源的要求,燃气涡轮发动机的工作温度几乎是以 15℃/年的速率快速上升,预计很快将达到 1930℃。如此高的温度已经超过现有合金的熔点,而新型高温合金耐热性能的增长大约只有 5℃/年。因此,为了达到如此高的燃气温度,必须采用的相应措施有两种:

(1) 采用真空熔炼和精密铸造等先进的制备技术并继续研制新型的高温材料,提高高温合金的耐热性能,如定向凝固合金和单晶合金;

(2) 采用先进的气膜冷却技术,如叶片冷却气膜设计及制造工艺的改进。

航空燃气涡轮发动机用材料的主要发展历程如图 2-2 所示[2]。从锻造合金到单晶合金经历了一个漫长的发展过程。20 世纪 40 年代—70 年代,国内外研究人员研制出了一系列高温合金体系,工作温度也已从 760℃ 提高到 1050℃。在高温合金研究上取得的巨大进步加上发动机设计上的改进,使得发动机的工作温度提高到了 1600℃ 左右,从 20 世纪中期到 20 世纪末,航空发动机的推重比提高 2 倍左右[3]。当前,先进燃气轮机的燃气进口温度已超过 1650℃,而目前用作叶片材料的 Ni-基高温合金的最高工作温度为 1100℃,逐渐接近其初始软化温度(1316℃),而 Ni_3Al 单晶合金的耐温极限也不超过 1200℃。燃气轮机叶片的使用材料逐步接近金属使用温度极限。

20 世纪 70 年代以来,发动机工作温度的进一步提高主要依靠叶片设计上的突破,即依靠叶片气膜冷却技术的应用来实现。该方法是在叶片内腔里面添加冷气通道,并在叶片表面用激光打上小孔。工作时在叶片内部通以冷却气体对材料进行降温,同时部分冷却气体通过叶片表面小孔流出,在叶片表面形成一层稳定的气膜,由于气体是热的不良导体,因此能够有效降低叶片表面温度。实

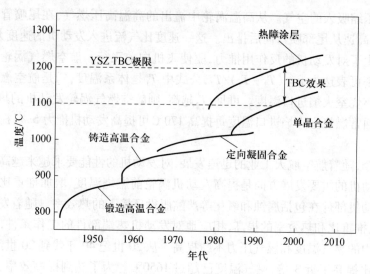

图 2-2 不同年代发动机部件材料的使用温度[2]

践证明,先进的多路多通道内部冷却结合气膜冷却技术是一种非常有效的降温方法,能够达到400℃左右的最大降温效果[4]。但是气膜冷却技术也带来一些负面的影响。首先,气膜冷却技术降低了燃油的效率,大量的热量由于冷却被消耗掉了;其次,由于小孔会造成应力集中,同时打孔过程中伴随着热量传输会产生一个热影响区,势必会对材料的力学性能造成影响。近年来发展起来的飞秒(Femtosecond,10^{-15}s)打孔技术,在非常短的时间范围内产生一个能量高度集中的激光脉冲,能够打出形状十分规则,表面较为光滑的小孔,同时由于打孔时间较短,造成的热影响区较小,能够较好地控制打孔对材料力学性能的影响。但是,气孔的加工使得叶片的成形工艺越来越复杂,成本昂贵。

在过去的50多年,通过改变成分和调整微观织构,Ni基高温合金材料的研究已经取得了很大的进展,使发动机的工作温度提高了近200℃。但是在当前使用的发动机的工作温度下,燃气温度远远超过Ni基合金的熔点。另外,高温合金的发展已进入第五代,进一步提高高温合金的工作温度的潜力已十分有限。通过基体材料本身以及发动机结构设计的改进已经使高温合金甚至单晶高温合金几乎达到其耐热极限,因此要想热端部件、尤其是叶片的工作温度再提高几百摄氏度已经极端困难。研究者们曾经对高温结构陶瓷进行了较多的研究,从长远来看有可能大大提高发动机的工作温度,但由于其韧性问题始终没有很好地解决,因此,近期的应用前景十分渺茫。在这种情况下,为了满足燃气涡轮发动机对材料更苛刻的性能要求,另一种降低叶片工作温度的可行技术——热障涂层技术得到了各国科学家们广泛的重视。

34

热障涂层是由基体合金（Substrate）、金属粘结层（Bond coat）和陶瓷表面涂层（Ceramic topcoat）组成的涂层系统。它是利用陶瓷材料优越的耐高温、抗腐蚀和低导热等性能，以涂层的方式将陶瓷与金属基体相复合，提高金属热端部件的工作温度，增强热端部件的抗高温氧化和耐热冲击能力，延长热端部件的使用寿命，提高发动机效率的一种表面防护技术。热障涂层不仅可以提高发动机的推重比和热效率、减少燃油消耗，而且还可以提高发动机的工作温度和部件的抗腐蚀能力，延长热端部件的使用寿命，它是一种降低叶片工作温度的可行技术。与开发新的高温合金材料相比，热障涂层技术的研究成本较低，工艺技术可行。因此，热障涂层技术已成为未来涡轮发动机热端部件高温防护涂层技术的发展方向。

2.2 热障涂层的研究综述

2.2.1 热障涂层的发展现状

热障涂层的研究起源于 20 世纪 40 年代末 50 年代初。20 世纪 60 年代，美国航空航天局采用 $CaO - ZrO_2/NiCr$ 材料作为 TBCs 成功用于 X－15 火箭飞机喷火管，这是人类历史上首次将 TBCs 用于人造飞行器上。60 年代后期美国开始把 TBCs 用于 JT8D 发动机燃烧室和其他热端部件，后来又用于 JT9D 发动机一级涡轮叶片的防护。20 世纪 70 年代中期 $ZrO_2 - 12Y_2O_3/NiCrAlY$ 材料作为 TBCs 在 J－75 发动机叶片上使用，标志着现代 TBCs 技术的开始。此后，热障涂层技术已成为军用航空发动机发展必不可少的关键技术，同时对在研及在役的军用飞机、民用飞机同样意义重大。

现代热障涂层结构如图 2－3 所示[3]，包括：①面层为厚约 $90\mu m \sim 300$ μm 的陶瓷隔热层，通常采用大气等离子喷涂或电子束物理气相沉积技术制备；②底层为厚约 $25\mu m \sim 150\mu m$ 的金属粘结层，是一层过渡层，通常选用包覆型的 MCrAlYX（M = Ni 和/或 Co，X = Hf，Ta，Si，etc.）或者扩散型的 Pt/Ni－Al 涂层，一般采用低压等离子喷涂或化学气相沉积技术制备，可改善金属基体与陶瓷面层物理相容性及提高基体合金的抗氧化和抗腐蚀性能；③基体合金，通常为定向凝固铸造 Ni 基高温合金或 Ni 基单晶高温合金；④介于陶瓷层与粘结层间厚约 $1\mu m \sim 10\mu m$ 的一薄层，称为热生长氧化物（Thermally Grown Oxide，TGO）层，主要成分为 $\alpha - Al_2O_3$，是 TBCs 在使用过程中粘结层的氧化生成的。

热障涂层应用于高温合金叶片有着明显的经济效益，特别是在气冷叶片上

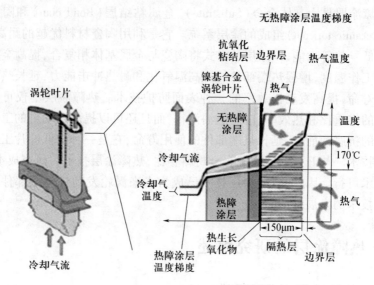

图 2 - 3　热障涂层原理图[3]

的应用可收到显著效益。

（1）提高发动机的涡轮进口温度。从现有的 ZrO_2 - Y_2O_3 涂层使用潜能来看,可以将涡轮进口温度至少提高 110℃,接近推重比 20 发动机要求提高 150℃的目标,即:使涡轮进口温度达到 1575℃ ~ 1675℃。不过目前实际应用研究中提高的效益仅为 17℃ ~ 28℃,还远未发挥其潜力。

（2）延长叶片的寿命。在其他条件不变的情况下,厚 $200\mu m$ 的热障涂层可以使金属温度降低 50℃。研究表明,金属温度降低 30℃ ~ 60℃能使涡轮机部件的服役寿命提高 50%,同时,由于削去了局部或者瞬态的温度峰值,从而消除了大的热机械疲劳损伤。

（3）减少了来自压气机的冷却气流量。$200\mu m$ 的热障涂层可以减少 15%的冷却气流,从而节省约 0.4%的耗油率。

（4）简化冷却通道设计,降低叶片加工成本。物理气相沉积制备的氧化钇部分稳定的氧化锆(YSZ)涂层的导热系数约为 $1.9W/m·K$,等离子沉积涂层的导热系数甚至可达到 $1.1W/m·K$。如此低的导热系数可以有效地阻挡燃气与基体合金之间的传热,减少冷却气流量,从而简化冷却通道的成型工艺,降低叶片加工成本。

在此情况下,热障涂层的开发应用变得尤为关键。可以说,TBCs 的发展推动着高温合金防护工业甚至航空航天事业的进步,TBCs 的研究与开发将是一项意义深远的长期工作。

2.2.2　热障涂层制备技术

自从 20 世纪 50 年代末以来,热障涂层的制备技术已经得到了迅速的发展。从火焰喷涂首先被应用以来,人们在不断探索新的制备方法。目前,热障涂层的制备可以通过多种方法实现:如高速火焰喷涂(High Velocity Oxygen Fuel, HVOF)、爆炸喷涂、磁控溅射、离子镀、电弧蒸镀、激光熔覆、化学气相沉积、离子束辅助沉积(Ion beam Assisted Deposition, IBAD)、等离子喷涂和电子束物理气相沉积等。但是从热障涂层技术的发展及应用来看,涂层的制备技术以 PS 和 EB – PVD 两种为主。

1. 等离子喷涂

20 世纪 50 年代末,燃气涡轮发动机热端部件采用等离子体喷涂热障涂层的研究工作已经开始。图 2 – 4 是等离子喷涂工艺示意图[4],它的工作原理为:工作气体(常用 Ar, N₂, H₂)进入电极腔内,被电弧加热离解成电子和离子的平衡混合物,形成等离子体,温度高达 ~ 1.5×10^4 K,同时处于高压缩状态,具有极高的能量。等离子体通过喷嘴时急剧膨胀形成亚声速或超声速的等离子焰流,材料粉末被气体携带在高温等离子体中被迅速加热、熔化,并通过焰流高速沉积到经预处理的工件表面上,并快速冷却凝固,形成沉积层。

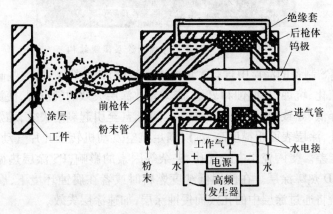

图 2 – 4　等离子喷涂原理示意图[4]

用于 TBCs 制备的等离子喷涂包括以下三种形式:

(1) 常规等离子喷涂又称大气等离子喷涂(APS),它利用 N₂(或 H₂)和 Ar 等离子体提供 4400℃ ~ 5500℃ 的粉末加热区,将金属或非金属粉末粒子加热至熔融或半塑性状态,并加速喷向工件,粒子变形堆积,形成涂层。APS 一般功率为 30kW ~ 80kW,典型的喷涂速率为 0.1kg/(h·kW)。

(2) 高能等离子喷涂(HEPS)的功率范围为 100kW ~ 250kW,等离子体的出口温度可达 8300℃。由于功率大,等离子射流速度高,可使粉末完全熔化,并具有高的粒子碰撞速率,得到的涂层结合强度高、致密,且污染少。

(3) 低压等离子喷涂(LPPS)的功率范围为 50kW ~ 100kW,低压室压力为 10kPa ~ 50kPa。由于压力低,等离子束径粗而长,速度快,氧含量低,加上基体温度高,所以形成的涂层氧含量低,并且相当致密。涂层质量好,但设备昂贵。

PS 工艺特点是操作简单,加热温度高,对涂层材料的要求宽松,沉积率高,制备成本低。PS 涂层的组织呈片层状,孔洞较多,孔隙率大,隔热性能好,典型等离子喷涂涂层的微观结构如图 2 - 5 所示。目前,PS 制备的热障涂层在航空发动机加力燃烧室火焰筒、鱼鳞板、涡轮导向叶片、导弹上以及航天领域等均有应用。

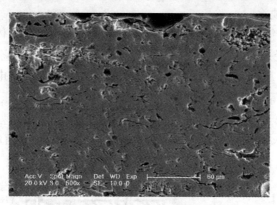

图 2 - 5　典型等离子喷涂涂层微观结构

但是,PS 制备的涂层中含有大量熔渣、夹杂物和微裂纹等,这些缺陷在高温时会导致硫化、坑蚀、盐腐蚀和氧化,成为导致涂层失效的裂纹源,使涂层与基体结合强度降低、导致 PS 涂层的抗热震性能差,甚至引起剥落失效,缩短涂层服役寿命。此外,涂层表面粗糙度高,难以满足航空发动机转子叶片气动性要求,抗热冲击性能差。受陶瓷层中的气孔、夹杂等因素的影响,PS 涂层热循环性能不如 EB - PVD 热障涂层。在使用低纯度燃料时或者在腐蚀环境下,腐蚀性气体和腐蚀熔盐将通过涂层中的孔穴而侵蚀涂层,加速涂层失效。

2. 电子束物理气相沉积

从 20 世纪 80 年代以来,美国、英国、德国和苏联等国开始把注意力转移到物理气相沉积法制备热障涂层上来,早期 EB - PVD 技术主要应用于 MCrAlY 涂层的制备,与等离子喷涂技术相比,由于设备价格昂贵,制备成本较高,使得对 EB - PVD 技术的开发曾一度停止。80 年代初美国的 Airco Temescal 公司(现已更名为 Electron Beam Vacuum Coatings)首次在实验室采用 EB - PVD 技术得到了重现性良好的、高质量的热障涂层。到 80 年代中期,Pratt & Whitney,General

Electric 等公司研制的航空燃气涡轮发动机开始采用 EB – PVD 技术制备的热障涂层来保护转子叶片和导向叶片。同期,俄罗斯和乌克兰也用 EB – PVD 技术成功地在转子叶片上制备了热障涂层,并已应用在军用飞机上。90 年代中期,随着乌克兰 Paton 焊接研究所的低成本 EB – PVD 设备(成本约相当于西方国家同类设备的 1/5 ~ 1/3)在美国和欧洲的推广,更是掀起了 EB – PVD 热障涂层技术开发的新一轮热潮。

EB – PVD 技术,是电子束与物理气相沉积技术相互渗透而发展起来的先进表面处理技术。电子束物理气相沉积工艺示意图如图 2 – 6 所示[5],它是以电子束作为热源的一种蒸镀方法,其蒸发速率较高,几乎可以蒸发所有物质,而且涂层与工件的结合力非常好。电子束物理气相沉积设备的工作原理首先是将设备真空度通过真空泵抽取真空,达到一定的真空度要求后,电子枪在高压作用下开始发射电子束,电子束通过磁场或电场聚焦在水冷坩埚中被蒸发的锭子上,利用电子束的能量加热并汽化蒸发源材料。在真空的低气压环境中,蒸发源材料在熔池上方汽化形成云状物,气相原子通常是以直线从熔池表面运动到工件表面并沉积在工件表面形成涂层。在制备涂层时,为了提高涂层与工件的结合力,对工件通常进行加热。由于坩埚通常采用水冷,因此避免了高温下蒸镀材料与坩埚发生化学反应,还可以避免坩埚放气而污染膜层。电子束功率易于调节,束斑尺寸和位置易于控制,有利于精确控制膜厚和均匀性。

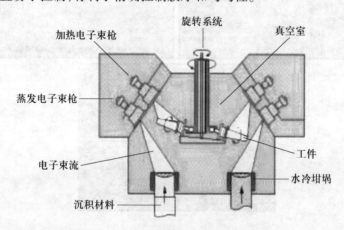

图 2 – 6　电子束物理气相沉积设备示意图[5]

EB – PVD 的工艺特点是,涂层的界面以化学键结合为主,结合力显著提高。一般来说,EB – PVD 先形成一层细的等轴晶,然后在其上面形成织构及柱状晶。其显微组织是由许多彼此分离的柱状晶体组成,且每个柱状晶体又与底层牢固结合。柱状晶结构能提高涂层的应变容限,使涂层抗剥落寿命比等离子喷涂层高约 7 倍。由于涂层制备过程都是在真空下进行的,因此可以防止涂层被污染和氧化。在控制好工艺和蒸发源材料成分的前提下,可以使涂层与加工材料的元素含量和相结构保持一致。PS 制备的 TBCs 粗糙度达 7μm,而 EB – PVD 可重现原来底层的粗糙度,无需处理就可满足叶片的气动要求。EB – PVD 比 PS 的 TBCs 抗磨损性能高两倍。与等离子喷涂相比,EB – PVD 法还有与切口表面的粘结力好,抗冲蚀性好,冷却通道不易堵塞,需要控制的涂层制备工艺参数较少等优点。典型的 EB – PVD 热障涂层的微观结构如图 2 – 7 所示[6]。EB – PVD 热障涂层技术代表了目前和未来更高性能 TBCs 制备技术的发展方向。因此,各主要工业国都开展了对该项技术的研究。20 世纪 90 年代中期,有许多关于 EB – PVD 热障涂层研究的国际间长期合作项目建立,如普惠公司与 Paton 国际电子束中心合作成立了 EB – PVD 热障涂层技术的研发及生产中心。欧洲也成立了基于 EB – PVD 热障涂层技术的 Interturbine 研究组。随着设备及使用成本的下降,其应用范围正逐步向各民用领域扩展。

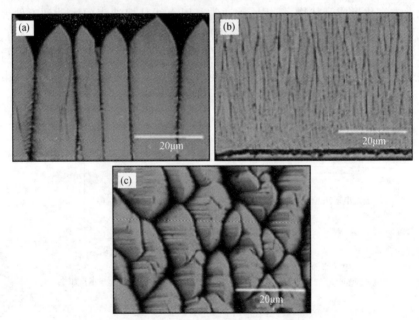

图 2 – 7　典型电子束物理气相沉积涂层微观结构[6]

EB – PVD 在 TBCs 制备中的应用也存在一定的不足,其沉积速率较低,涂层的热导率高。受各元素饱和蒸气压影响,当涂层材料成分复杂时,材料的成分控制较困难。采用 EB – PVD 技术制备 TBCs 时,受预热温度的限制,工件尺寸不能太大。对于形状复杂的工件,EB – PVD 存在所谓的"阴影"效应。此外,高能电子束设备及大尺寸真空室运行成本较高,原材料利用率较低,目前只用于军用燃气涡轮发动机转子叶片等服役环境特别恶劣的部位。

EB – PVD 热障涂层的导热系数略高于等离子喷涂层,是由于柱状晶生长与热流方向平行,晶界对热流的阻挡作用较弱。但柱状晶间的密闭气孔、平行于界面的微裂纹、微孔洞能对热量传递产生有效的阻碍,加上一般的热障涂层材料的本征热导率很低,因此,EB – PVD 涂层能满足高温合金的隔热要求。同时,为了降低 EB – PVD 涂层的热导率,牟仁德等采用非连续沉积工艺制备了微叠层结构热障涂层,如图 2 – 8 所示;Jaslier[7]等通过控制真空室主气中周期性引入不纯辅气,对柱状晶的生长进行调节,形成层状结构,如图 2 – 9 所示;Schulz[8]和 Gu[9]等通过控制沉积过程中工件的旋转速度和蒸气入射角度,涂层最终形成"之"(zig – zag)字形微观结构,柱状晶间孔道倾斜取向,可以起阻碍热流的作用,如图 2 – 10 所示。为了提高 EB – PVD 的沉积效率,在沉积过程中引入高速气流聚焦粒子流,这种技术简称电子束直接气相沉积(EB – DVD)。它可直接操作载气、可引入多个靶源、可进行反应沉积等潜在的优点。采用 EB – DVD 制备的涂层微观结构呈"之"字形,热导率显著降低,接近 APS 涂层。

图 2 – 8　EB – PVD 微叠层结构

图 2 – 9　EB – PVD 层状结构[7]

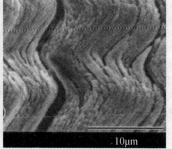

图 2 – 10　EB – PVD"之"字形结构[8,9]

3. 热障涂层的其他制备技术

1）爆炸喷涂

一般认为，爆炸喷涂（Detonation Spraying, D – Gun）是当前热喷涂领域内最高的技术。爆炸喷涂因涂层质量好，受到了各行业广泛的重视和认同，目前国内外已经进行了大量的研究。它在许多材料上成功应用，其涂层材料的研究也得到了发展，较成功的涂层主要有耐磨涂层和热障涂层。爆炸喷涂的工作原理是利用气体爆炸产生高能量，将喷涂粉末加热加速，使粉末颗粒以较高的温度和速度轰击到工件表面形成涂层。图 2 – 11 为爆炸喷涂工艺示意图[10]。爆炸喷涂的过程为：喷涂材料被加热熔化向前喷射，具有一定温度和速度的颗粒以一定的动能强烈冲击工件表面，产生变形并呈扁平状粘结在工件表面。喷涂的粒子束不断地冲击工件表面，变形颗粒与工件表面之间，以及颗粒与颗粒之间互相交错地粘结在一起，从而形成涂层。

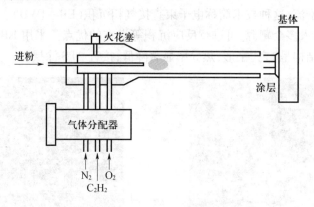

图 2 – 11　爆炸喷涂设备示意图[10]

当爆炸喷枪被点燃时，瞬间爆炸温度可以高达 3000℃ 以上，在强大的爆炸冲击波推动下，粉末粒子以 600m/s ~ 1000m/s 的速度飞离枪口，如此高的喷射速度决定了爆炸喷涂涂层良好的结合性能和致密的组织结构。而较高的加热温度使涂层材料的选择范围很广，可以由普通合金到陶瓷。

爆炸喷涂与其他喷涂工艺相比有以下优点：

（1）爆炸喷涂涂层结合强度高、致密、孔隙率低。喷涂时，由于粉末颗粒迅速被加热、加速，半熔粉末对工件的撞击力大，所以涂层结合强度高，喷涂陶瓷粉末可达 70MPa。

（2）工件热损伤小。爆炸喷涂时脉冲式喷涂，热气流对工件表面作用时间短，因而工件的温升不高于 200℃，不会造成工件变形和组织变化。

（3）涂层均匀，厚度易控制，工件加工余量小。

（4）涂层硬度高、耐磨性好。涂层材料相同时,爆炸喷涂形成的涂层硬度更高、耐磨性更好。

（5）爆炸喷涂可用微机控制,易于实现自动化。

但是爆炸喷涂也存在一些缺点,如产生的噪声大(高达180dB),需要在专门的隔音室中进行,并由设在隔音室外的微机控制,喷涂时产生粉末飞散现象,使爆炸喷涂的使用受到一定的限制,爆炸喷涂频率为2次/s～10次/s,每次只能形成直径约小于25mm的涂层,效率较低,爆炸喷涂的喷涂粉末从喷枪中喷出,只能以直线行进,所以喷涂受工件形状限制较大,对于形状复杂的工件很难喷涂。

2）化学气相沉积

PS和EB‑PVD技术均是视线工艺过程,除非使用复杂的自动运转工作台,否则它们只能用于简单形状部件涂层的制备。除此之外,对于有遮蔽的区域,如喷管内部和转子叶片内腔,也很难甚至不能沉积,上述PS和EB‑PVD的不足,促使人们研究新的方法。新方法应能既保持EB‑PVD热障涂层的质量,又能降低成本,且适用于复杂部件。美国、德国、意大利、瑞士和英国的研究人员开发的化学气相沉积(Chemical Vapor Deposition,CVD)技术已具有满足上述要求的潜力。CVD的优异沉积能力使其可以沉积形状复杂工件的热障涂层。

图2‑12为化学气相沉积工艺示意图[11]。化学气相沉积的原理是利用气态物质在固体表面进行反应生成固态沉积物的过程,是一种在高温下利用热能进行热分解和热化合的沉积技术。它一般包括三个步骤:①产生挥发性物质;②将挥发性物质输送到沉淀区;③在基体上发生化学反应而生成固态物质。它可以利用气相间的反应,在不改变工件基体材料的成分和不削弱基体材料强度的

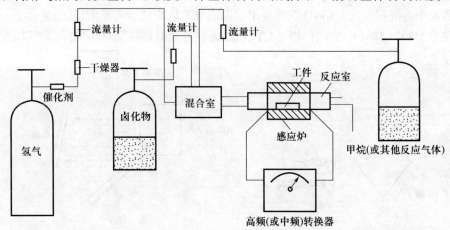

图2‑12　化学气相沉积设备示意图[11]

条件下,赋予工件表面特殊的性能。

采用 CVD 技术制备 TBCs 时,由于对反应气体的强制导流可使涂层元素到达复杂形状或内腔中的任何部位,包括冷却孔和复杂气体通道,所以该技术的最大特点:①表面涂覆率极高;②CVD 技术便于实现微叠层或具有成分梯度的涂层制备,没有堵孔和涂覆后的清理问题,涂层厚度和成分的均匀性及可控性好,涂层与工件结合牢固,涂层显微结构类似柱状晶;③涂层制备成本较低,尤其适合工业燃气涡轮机叶片和导向器之类的复杂大型构件上 TBCs 的沉积制备。

常规 CVD 技术制备 TBCs 最大的不足:沉积速率低,约 $0.5\mu m/min \sim 20\mu m/min$;反应温度较高。高的反应温度有利于增加沉积速率,但是涂层与工件的粘结会因反应温度的升高而变差,改善涂层应变容限的柱状晶结构也会消失。为了克服 CVD 的这些缺点,研究者们发展了沉积效率相对较高、成本低于 EB - PVD 的等离子体增强化学气相沉积(PE - CVD)和激光化学气相沉积(LCVD)。等离子体能极大地提高原材料的反应活性,因此能大幅度提高沉积速率和降低反应温度。激光不但可以提高原材料的反应活性,还可以直接加热工件。通过移动光斑和工件,LCVD 法可以在很大的工件表面快速沉积 TBCs,沉积速率可以达到 EB - PVD 甚至 APS 的水平。

3) 离子束辅助沉积

离子束辅助沉积(IBAD)技术是近些年出现的一种新型材料制备技术。它把 PVD 和离子束轰击结合在一起,在沉积的同时,利用高能离子轰击沉积表面,影响表面环境,从而改变沉积薄膜成分、结构。典型的 IBAD 系统可分为两种类型(见图 2 - 13[12]):第一种以离子溅射方式作为沉积方法;第二种采用电子枪蒸发作为沉积方法。IBAD 系统所用辅助离子源均为低能离子束,其能量大小一般为 5keV ~ 10keV,它的作用是在沉积层表面造成局部高温高压,与蒸发气相发

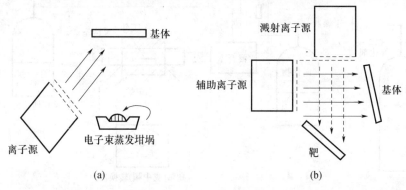

图 2 - 13　IBAD 工艺基本类型[12]

(a) 蒸发型; (b) 溅射型。

44

生物理和化学变化,在工件上形成薄膜。

通过一系列的物理和化学作用,IBAD 工艺可以提高 EB - PVD 工艺的沉积速率,准确控制涂层成分,降低预热温度,起辅助轰击作用的荷能离子与沉积原子的级联碰撞效应,增加了原子的迁移能力,减轻或消除了蒸发或溅射离子沉积时的“阴影”效应,减小涂层制备残余应力,增加可喷涂材料的尺寸。总之,IBAD可以在较低温度甚至室温下沉积出均匀性强、聚集密度高、层间结合好的高质量热障涂层,也可以控制 TBCs 的密度变化、增加热障界面,从而实现多层、梯度或微叠层等新结构 TBCs 的制备。

由于 IBAD 技术的研究起步较晚,设备及工艺发展还不够成熟。概括起来主要包括以下几个方面:

(1)辅助离子源的开发研制有待深入。IBAD 技术的发展要求未来的辅助离子束源能够实现宽能、大束流、低气耗、低污染和可自动控制。目前应用最为广泛的霍耳等离子体源还不能很好地满足上述要求。除此之外,辅助离子源的工作稳定性也是目前该领域有待解决的问题。

(2)IBAD 沉积 TBCs 的工艺还处于探索研究阶段,工艺稳定性及实施范围有待进一步研究,急需制定相关工艺规范和行业标准,以满足工程化应用要求。

(3)涂层晶体组织及微观结构研究不够全面,涂层形成过程及晶体学机理等方面还需系统研究。

(4)由于蒸发离子束、溅射离子束及辅助离子束均为“视线”工艺过程,虽然辅助离子束增加了沉积原子的绕射性,能在很大程度上减轻 EB - PVD 技术中存在的“阴影”效应,但仍然不能完全消除。因此对于形状特别复杂的零部件,IBAD 技术的应用仍然有一定的局限性。

到目前为止,在实际生产中用于制备 TBCs 的方法仍然只有 PS 和 EB - PVD两类。其他方法都处于理论研究阶段,它们制备涂层的速度低、涂层综合性能远不如前面两类方法,因此有关的报道也很少。

2.3 热障涂层结构体系

热障涂层主要包括双层系统、多层系统和梯度系统三种结构体系(见图 2 - 14)[13]。这三种结构体系各有特点,针对不同的环境要求,可以采用不同结构体系。

2.3.1 双层结构涂层

目前实际工程应用的热障涂层普遍采用双层结构。该结构表层是以 ZrO_2

为主的陶瓷层,起隔热作用;陶瓷层与基体合金之间为(Ni,Pt)Al 或 MCrAlY 粘结层(M 为过渡族金属 Ni,Co 或 Ni 与 Co 的混合),起着改善基体与陶瓷层物理相容性和抗氧化腐蚀的作用,见图 2-14(a)。双层结构制备工艺简单、隔热能力强。因此,针对发动机叶片用的热障涂层以双层结构热障涂层为主。但由于涂层热膨胀系数在界面跃变较大,在热载荷下,将在涂层内积聚较大的应力。因此,抗热震性能有待进一步提高。

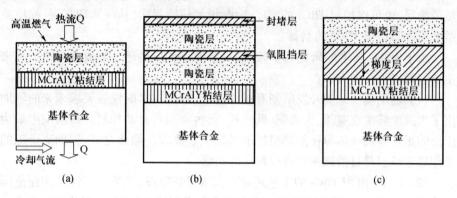

图 2-14 热障涂层的主要结构系统[13]
(a) 双层结构;(b) 多层结构;(c) 梯度结构。

2.3.2 多层结构涂层

燃气涡轮发动机热障涂层实际服役中可能遭遇如下问题:热应力、机械应力、腐蚀和侵蚀。为了缓解涂层内的热应力不匹配,提高涂层的整体抗氧化及抗腐蚀能力,发展了多层结构系统,图 2-14(b)表示一种多层结构热障涂层体系,其每一层都具有各自的特定功能,外层的封堵层主要用于阻挡燃气腐蚀产物 SO_3,SO_2,V_2O_5 等的侵蚀,侵蚀防护层的实现不仅可以通过在热障层表面沉积抗侵蚀涂层实现,而且也可以通过热障层表层密封来实现,一方面可以通过化学途径,采用铝酸盐(磷酸铝、异丙醇铝、氢氧化铝)等常用的无机密封剂对热障涂层密封处理;另一方面可以通过后期处理实现密封。后期处理包括:激光、电子束表面重熔或合金化,热等静压,高温化学沉积,金属有机化学气相沉积等。氧阻挡层通常为低氧扩散系数材料沉积的薄层,如采用 CVD、EB-PVD 或 Sol-Gel 技术沉积的 $\alpha-Al_2O_3$、稀土硅酸盐、玻璃陶瓷涂层等,主要目的在于降低氧原子向涂层内扩散的速率,同时提高它与底热障涂层(又称热应力控制层)之间的结合强度。热应力控制层可以降低热障涂层的热应力并阻止发源于热障涂层内断裂的扩展。此外,Su 等[14]利用 $Y_3Al_5O_{12}$(YAG)较低的氧扩散率(比 YSZ 低 10 个数量级),在 YSZ 层表面沉积一层 YAG 充当氧化阻挡层,可以有效地抑制粘结层的氧化,从而提高涂层热循环性能。

实际上,多层体系热障涂层的热力学行为复杂,涂层的制备工艺繁琐,许多技术问题尚未得到解决,限制了其实际应用。许多研究者在多层结构原理的基础上,发展了只比双层结构涂层多一层陶瓷层的多层结构——双陶瓷层(Double-Ceramic-Layer,DCL)热障涂层。DCL 热障涂层仅比传统的经典 YSZ/MCrAlY 双层结构热障涂层多了一层陶瓷层,制备工艺上几乎未增加复杂度。DCL 的两个陶瓷层中的顶陶瓷层要求具有热稳定性、无相变、热导率低、抗烧结和抗腐蚀等特点,因为该层与粘结层间添加了一层陶瓷底层,所以该层材料不要求有大的热膨胀系数和断裂韧性;底陶瓷层要求热膨胀系数大、断裂韧性高、与 TGO 层间化学稳定性好,但可能存在热导率高、高温相变以及较差的热稳定性、抗烧结和抗腐蚀性能等缺点。

目前研究最多的、也是最佳的材料组合是稀土烧绿石或萤石材料($R_2Zr_2O_7$ 或 $R_2Ce_2O_7$,R = 稀土元素)为顶陶瓷层和 YSZ 为底陶瓷层的 DCL 热障涂层,这两种材料的优、缺点能达到较好的互补。典型的微观结构如图 2 - 15 所示[15]。Dai 等[15]采用 APS 制备的 $La_2Zr_2O_7$/8YSZ – DCL 热障涂层,总厚度与传统双层 8YSZ/MCrAlY 厚度相当,当 $La_2Zr_2O_7$ 层厚度 100μm ~ 150μm 时,1200℃以上的热循环测试结果显示其寿命长于单层 8YSZ 涂层。Vassen 等[16]采用 APS 制备了 $La_2Zr_2O_7$/8YSZ 和 $Gd_2Zr_2O_7$/8YSZ 的 DCL 涂层,在超过 1300℃的热循环实验结果表明这两个 DCL 涂层的热循环寿命远远超过 8YSZ 涂层,而且涂层使用温度较 8YSZ 涂层至少提高了 100℃。Cao 等[17]采用 APS 法分别以 $La_2Zr_2O_7$ 或 $La_2(Zr_{0.7}Ce_{0.3})_2O_7$ 为顶陶瓷层、以 $La_2Ce_{3.25}O_{9.5}$ 为底陶瓷层制备了 DCL 涂层,在 1250℃的热循环寿命较这三种材料的单陶瓷层涂层有所提高。Wilden 等[18]采用 APS 法将 CeO_2(顶陶瓷层)与 8YSZ(底陶瓷层)组合形成双陶瓷层热障涂层,研究结果表明可以显著提高热障涂层的抗热震性能。Xu 等[19]采用 EB – PVD 法制备了双陶瓷层 $La_2Zr_2O_7$/8YSZ 热障涂层,1100℃炉内热循环测试的结果表明其热循环寿命不仅远远超过单层 $La_2Zr_2O_7$ 涂层,而且还比传统的 8YSZ 涂层寿命长。Bobzin 等[20]采用 EB – PVD 制备的 $La_2Zr_2O_7$/8YSZ 双陶瓷层热障涂层热循环寿命不仅远远超过单层 8YSZ 涂层,而且比梯度的 La_2Zr_2O – 8YSZ 涂层的寿命还长。Ma 等[21]采用 EB – PVD 法制备了 $La_2Ce_2O_7$/8YSZ 双陶瓷层热障涂层,1200℃以上的热循环寿命大幅超过单层 $La_2Ce_2O_7$ 涂层,还较单层 8YSZ 涂层延长 30%。热循环寿命显著提高可归因于:以 8YSZ 为底陶瓷层的 DCL 设计,降低了 $La_2Ce_2O_7$ 与粘结层在低温区热膨胀不匹配所产生的热应力;有效避免了 $La_2Ce_2O_7$ 与 TGO 之间的化学反应。Lee 等[22]采用 EB – PVD 法制备了

$Gd_2Zr_2O_7/8YSZ$ 双陶瓷层涂层,发现双层涂层有利于减小涂层中的应力;通过有限元模拟计算得出,当 $8YSZ$ 层与 $Gd_2Zr_2O_7$ 层厚度相同时,有利于减小体系的应力,延长涂层的热循环寿命。

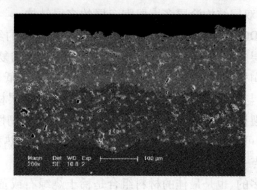

图 2 – 15　双陶瓷层热障涂层的典型微观结构[15]

双陶瓷层 TBCs 仅比传统的 $8YSZ/MCrAlY$ 双层结构 TBCs 多一层陶瓷层,该设计结合了顶层和底层材料的各自优点而避开了各自的缺点,从以上研究结果来看,双陶瓷层 TBCs 不仅能延长涂层的热循环寿命,而且在与传统双层结构 $8YSZ/MCrAlY$ 厚度保持相等的情况下,能进一步提高涂层的表面耐热温度。

2.3.3　梯度结构涂层

功能梯度材料(Functionally Graded Materials,FGM)是 20 世纪 80 年代开发出来的新型多元复合功能材料。它以缓和热应力、耐热和隔热为目的,其设计思想是使材料的构成要素(组成、结构等)从一侧向另一侧连续变化,从而得到功能相当于组成和结构的变化存在渐变的非均质材料。对金属—陶瓷梯度功能材料而言,它的梯度结构可大大缓和金属与陶瓷之间的热应力,从而解决金属与陶瓷的结合强度问题。上述结构可直接引入到热障涂层系统中,将梯度结构应用于热障涂层,称为功能梯度涂层(Functionally Graded Coatings,FGC),如图 2 – 14 (c)所示。目前,FGC 的研究主要包括以下几种:

1. YSZ/MCrAlY 梯度 TBCs

如图 2 – 14(c)原理图所示,该结构是在 MCrAlY 粘结层与 YSZ 陶瓷层间形成组分梯度变化的结构,以缓和陶瓷/粘结层界面及其附近的热应力。Movchan 等采用 EB – PVD 法借助两把电子枪同时蒸发 MCrAlY 和 YSZ,使它们共同沉积在基体合金上面,通过合理地控制各自电子枪的沉积能量和蒸发速率,可实现由 MCrAlY 向 YSZ 过渡的组分梯度,沉积完成后,经高温扩散处理,使 MCrAlY 部分扩散进入高温合金基底,得到消除内界面、组分梯度变化的功能梯度涂层。Khor

等采用 PS 法通过控制喷涂时 MCrAlY 和 YSZ 的体积比,制备了 MCrAlY 在 YSZ 中的阶梯性组分梯度变化的功能梯度涂层。这两种制备方法得到的具有组分梯度变化的涂层均消除了内界面,实现了热膨胀系数的连续变化,在一定程度上避免了双层结构体系界面处的物理性能的突变,使涂层的力学性能从基体到 YSZ 层逐渐过渡,缓解了热载荷下产生的热应力,涂层的结合强度有所改善,抗热震性能也得到提高。但进一步的研究表明,高温(>800℃)环境下,梯度涂层内弥散分布的 MCrAlY 金属组元的氧化急剧地降低了涂层寿命。YSZ 中弥散分布的 MCrAlY 氧化造成局部体积增大,导致涂层开裂,而且氧化物分布不连续,进一步加速了金属组元的氧化急剧地降低了涂层的寿命。因此,YSZ/MCrAlY 梯度热障涂层目前主要应用于中低温场合或非氧化环境,如汽车发动机部件上,要在航空涡轮叶片等高温部件上得到实际应用,还有许多问题需要解决。

2. YSZ/Al$_2$O$_3$ 梯度 TBCs

由于传统 YSZ/MCrAlY 体系的 TBCs 高温热循环失效通常由粘结层的非正常氧化生成 TGO 层引起,为克服 TGO 层引发 TBCs 的剥落或断裂失效问题,研究人员提出在 MCrAlY 层上沉积一薄层 YSZ/Al$_2$O$_3$ 梯度层。一方面可提高 MCrAlY 粘结层的抗氧化性能,大大降低 TGO 层的生成速率;另一方面可缓和涂层内的应力。这种设计充分利用了 YSZ 的低热导率和 Al$_2$O$_3$ 的低氧扩散率,并使陶瓷层/金属基体界面处由于热膨胀不匹配产生的热应力最小化。

Widjaja 和 Limarga 等采用 APS 法制备了 YSZ/Al$_2$O$_3$ 梯度热障涂层,通过研究涂层的力学和抗循环氧化等性能,表明涂层的热循环寿命得到了提高,其主要原因可归结为该梯度设计提高了涂层与粘结层的结合力以及 MCrAlY 粘结层的抗氧化能力。Xu 等报道了 EB-PVD 沉积的 YSZ/Al$_2$O$_3$ 梯度热障涂层的热循环寿命比非梯度 YSZ 涂层长很多。Krell 等采用 EB-PVD 法制备了 YSZ/Al$_2$O$_3$ 梯度热障涂层,热循环测试结果表明梯度结构涂层热循环寿命明显长于非梯度热障涂层,尤其是涂层表面温度较高时(>1500℃)。这一特性使 YSZ/Al$_2$O$_3$ 梯度 TBCs 适用于高热流、高温度梯度环境下,如火箭推进器上。

值得一提的是,对于热膨胀系数相差较大的材料,由于热膨胀不匹配导致梯度层内高应力及局部应力集中,断裂常常发生在梯度层内。此外,梯度结构涂层的制备工艺复杂而重复率低,限制了梯度热障涂层的广泛应用。

2.3.4   纳米结构热障涂层

随着对纳米材料研究的深入与发展,纳米结构热障涂层尤其是采用热喷涂技术制备纳米涂层逐渐引起了人们的重视:一方面,晶粒达到纳米尺寸使晶界急剧增加,导致晶格内声子散射增强,从而降低涂层热导率;另一方面,纳米热障涂层具有优异的力学性能,可提高涂层的可靠性,延长涂层的使用寿命。

Lima 等对大气等离子喷涂的纳米氧化锆涂层的表面粗糙度、显微硬度和弹性模量进行了研究。发现纳米氧化锆涂层的表面比较光滑,随着涂层粗糙度的降低,涂层的显微硬度和弹性模量随之增加。涂层显微硬度的提高可归因于喷涂过程中,熔滴较好的平铺性,从而增加了彼此间的接触点的数量。表面和断面的显微硬度比值为 0.78 ± 0.13。Chen 等对大气等离子喷涂纳米氧化锆涂层与不锈钢基材间的抗拉强度进行了测定,其结果为 45MPa,明显优于传统氧化锆涂层与不锈钢基材之间的抗拉强度。所制备的纳米氧化锆涂层结构致密,气孔率约为 7%。涂层中大于 10μm 的气孔,呈不规则的长条状,约占总气孔数的 45%。小于 1μm 的气孔呈圆形,分布比较均匀,占 55% 左右。

Ma 等采用液相等离子喷涂法制备了低热导氧化钇完全稳定化的氧化锆 TBCs(经 1121℃,400h 退火处理),在 25℃ ~ 1300℃时,其热导率为 0.55W·m^{-1}·K^{-1} ~ 0.66W·m^{-1}·K^{-1},远低于传统部分稳定化的氧化锆 TBCs,同时低于大气等离子喷涂及电子束物理气相沉积非纳米涂层。这是由于掺杂形成的纳米尺度的缺陷团簇和纳米相以及非平衡相的存在使热导率降低。Padture 等也采用液相等离子喷涂法获得 ZrO_2 – 7%(质量分数)Y_2O_3 纳米结构 TBCs,其热导率与温度无关,为 1.3W·m^{-1}·K^{-1}。Zhou 等在 Ni 基高温合金基体上先用低压等离子喷涂法沉积 NiCrAlY 粘结层,再用大气等离子喷涂法制备 ZrO_2 – 8%(质量分数)Y_2O_3 纳米 TBCs,测得从室温到 800℃纳米结构氧化锆涂层的热扩散率为 $2.15 \times 10^{-3} cm^2/s$ ~ $2.75 \times 10^{-3} cm^2/s$,传统氧化锆涂层为 $2.35 \times 10^{-3} cm^2/s$ ~ $2.96 \times 10^{-3} cm^2/s$。Chen 等采用喷雾干燥再造粒的喂料在铝基体等离子喷涂纳米结构 ZrO_2 – 3%(摩尔分数)Y_2O_3 涂层,微观结构形貌如图 2 – 16 所示。研究发现,从室温到 1200℃,纳米结构涂层在第一个热循环和第二个热循环的热膨胀系数分别为 $11.0 \times 10^{-6}℃^{-1}$ 和 $11.6 \times 10^{-6}℃^{-1}$。热扩散能力都随温度的增加有所降低。纳米结构涂层为 $1.80 \times 10^{-3} cm^2/s$ ~ $2.54 \times 10^{-3} cm^2/s$,传统氧化锆涂层为 $2.25 \times 10^{-3} cm^2/s$ ~ $2.37 \times 10^{-3} cm^2/s$。

梁波等采用大气等离子喷涂法制备了 ZrO_2 – 3%(摩尔分数)Y_2O_3 纳米 TBCs,并在相同条件下制备常规 TBCs。涂层以 Ni 基合金为基材,先喷涂 50μm ~ 70μm 的 NiCoCrAlY 粘结层,然后喷涂 200μm 氧化锆涂层。淬火实验时,分别将试样加热到 1000℃、1100℃、1200℃和 1300℃,然后水冷 10min 后取出,高压空气吹干,如此循环,以涂层剥落面积约为总表面积的 5% 为涂层失效标准,结果是:纳米涂层与传统涂层的淬火寿命分别为 118 次、100 次、50 次、10 次和 48 次、30 次、28 次、3 次。

为了充分发挥纳米结构材料作为热障涂层的潜能,当前必须要解决几个关键问题:①纳米结构喂料的制备工艺还需要进一步完善;②发展新型热喷涂技术可使涂层的性能得到改善;③稀土元素对涂层的改性研究与纳米结构在涂层中的引入并没有很好的结合起来,目前在这方面的研究还很欠缺。④进一步的研究来阐明纳米相结构对材料宏观属性的影响特别是热导率。⑤必须保证这些材料在先进涡轮发动机工作温度(>1200℃)下具备高热稳定性。

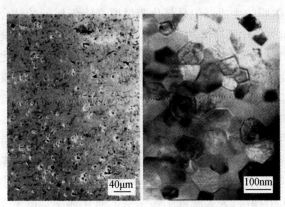

图2-16 纳米结构涂层的微观形貌[23]

2.4 热障涂层粘结层材料

粘结层是热障涂层体系中最关键的组元之一,它可以缓解由于陶瓷涂层和基体的热膨胀系数不匹配产生的应力和提高基体合金的抗氧化能力,并作为陶瓷面层的基底,改善涂层和基体合金的物理相容性。粘结层的成分对粘结层在热循环过程中热氧化物的生长速率、成分、完整性以及与基体的结合力和剥落行为等因素有着决定性作用。粘结层材料应当不形成脆性相,并能与金属基体形成良好的界面扩散阻力,以减少服役过程中基体和粘结层性能的退化。

金属粘结层材料通常采用MCrAlY(M是过渡族金属Fe、Ni、Co或Ni+Co)。由于Fe_2O_3、CoO等在高温下易与ZrO_2的单斜相或立方相发生化学反应,降低ZrO_2陶瓷的稳定性。因此,FeCrAlY和CoCrAlY不宜做热障涂层的粘结底层。由于NiCoCrAlY粘结层的抗氧化和抗热腐蚀的综合性能较好,目前航空发动机涡轮叶片所用的粘结层材料大多采用这种合金体系。MCrAlY涂层是包覆型涂层,其合金组元可以根据使用情况的不同进行调整。该涂层的抗氧化机理是通过在高温环境中,MCrAlY层中的Al将向外扩散,在粘结层表面发生选择性氧化,形成一层致密的Al_2O_3保护膜,阻止粘结层的进一步氧化,从而达到保护基体的目的。Al是生成Al_2O_3氧化膜所必需的元素,高的Al含量能够延长高温氧化条件下涂层的寿命,但同时会使涂层的韧性降低。因此,为了保持涂层的抗疲劳性能,在保证涂层抗氧化性能的前提下尽可能降低 Al 含量。通常 NiCoCrAlY 合金中 Al 的含量控制在 8% ~ 12%(质量分数)。组元 Cr 主要用来提高粘结层的抗氧化性和抗硫化性。高温条件下,在粘结层中的 Al 优先氧化完毕后,Cr 会继续在氧化铝膜与粘结层之间形成 Cr_2O_3 膜,起到屏蔽基体合金的作用,同时它还能够促进 Al_2O_3 膜的生成。但是氧化膜过厚会降低层间的结合力,当 MCrAlY 层与陶瓷层之间的氧化膜厚度达到 $3\mu m \sim 5\mu m$ 时,就会引起陶瓷层的剥落。同时加入 0.3% ~ 1%(质量分数)的微量稀土元素 Y 可以起到氧化物钉扎和细化晶粒的作用,从而提高热循环条件下 Al_2O_3 膜与基体的结合力,改善涂层的抗热震性能。此外,涂层中还可以添加其他合金化元素,如:Si、Hf、Ta、Zr 等来改善涂层的力学性能和抗氧化性能。

为了提高粘结层材料的抗氧化性能,研究者采取了一系列措施在粘结层表面沉积或预制一层具有抗氧化性或高温下易于形成保护性氧化层的薄膜。Schmitt-Thomas 等采用 CVD 或溅射方法在 MCrAlY 涂层表面制备一层 $2\mu m \sim 5\mu m$ 的 $\alpha - Al_2O_3$ 阻挡层,大大降低了粘结层的氧化速率。由于 YSZ 面层与 $\alpha - Al_2O_3$ 的粘结强度优于 YSZ 与其它相的粘结强度,这有助于提高热障涂层的寿命。同时,Schmitt-Thomas 等还采用电镀方法在粘结层上制备一层厚约 $28\mu m$ 的 $(Ni,Pt)Al$ 作为阻氧层,这种改进可以明显提高热障涂层的抗氧化性,由于此种粘结层在表面依次形成 Al_2O_3、$PtAl_2$、Pt_2Al_3 和 PtAl 等相,使涂层的抗氧化性明显提高。Lih 等对 MCrAlY 涂层进行预氧化或表面渗铝处理,使得涂层在氧化过程中比较容易在 MCrAlY 表面形成 Al_2O_3 保护性氧化膜,从而提高了涂层的热循环寿命。此外,Tolpygo 等采用 CVD 法制备了 $(Ni,Pt)Al$ 粘结层,表层的富 Pt 相限制了基体元素特别是过渡金属元素和活性元素 Hf 向涂层表面扩散,Hf 促进 Al 选择性氧化成纯 Al_2O_3,并且降低氧化速率,使得粘结层具有更好的粘结性。

2.5 热障涂层陶瓷层材料

为了进一步提高涡轮发动机进口温度,从而提高发动机效率,部分低热导率陶瓷被用作热障涂层材料,有效地降低了金属部件表面温度,延长了热端部件的使用寿命。目前,一些陶瓷材料,如 Al_2O_3、TiO_2、莫来石、锆石、$CaO/MgO + ZrO_2$、YSZ、$CeO_2 + YSZ$、$LaMgAl_{11}O_{19}$ 和 $R_2Zr_2O_7$(R = 稀土元素)等已经被认为是非常有潜力的热障涂层材料。热障涂层的基本设计思想是利用陶瓷的高耐热性、抗腐蚀性和低导热性,实现对基体合金的保护。因此,热障涂层陶瓷面层材料的选择需要遵循一定的原则:①高熔点;②从室温到使用温度间无相变;③低热导率;

④化学反应惰性;⑤与金属基体热膨胀匹配;⑥与金属基体结合力好;⑦具有多孔微观结构材料的低烧结速率;⑧良好的抗热冲击性能。到目前为止,没有任何单一的材料可以完全满足上面所列的标准。可用于热障涂层的一些陶瓷材料的性能参数见表 2-1,其中热膨胀系数和热导率是最重要的性能参数。为了进行比较,金属基体和粘结层性能参数也列于表内。YSZ 前面的数字代表 Y_2O_3 在 ZrO_2 中所占的质量百分比。

表 2-1 热障涂层材料的基本性能常数[24,25]

材料	T_m/K	$D_{th}/\times10^{-6}m^2 \cdot s^{-1}$	$\lambda/W \cdot m^{-1} \cdot K^{-1}$	$\alpha/\times10^{-6}K^{-1}$	E/GPa	$C_p/J \cdot g^{-1} \cdot K^{-1}$	ν
ZrO_2	2973	0.43	2.17	15.3	21		0.25
3YSZ	2973	0.58	2.12	11.5		0.64	—
8YSZ(APS)	—	—	—	10.7	40		0.22
18YSZ	—	—		10.53			
5%(质量分数)CaO+ZrO_2	2558	—	—	9.91	149.3		0.28
$3Al_2O_3 \cdot 2SiO_2$	2123		3.3	5.3	30		0.25
Al_2O_3	2323	0.47	5.8	9.6	30		0.26
Al_2O_3(TGO)				8	360		0.22
$Al_2O_3+TiO_2$	—	0.65	—	5.56	—	—	—
CeO_2	2873	0.86	2.77	13	172	0.47	0.27~0.31
$La_2Zr_2O_7$	2573	0.54	1.56	9.1	175	0.49	0.28
$BaZrO_3$	2963	1.25	3.42	8.1	181	0.45	0.31
YBa_2ZrO_6	1973	—	0.37		120	2.8	
$CaTi_2ZrO_7$			2.1	9.04		0.7	
TiO_2	2098	0.52	3.3	9.4	283		0.28
$Y_3Al_5O_{12}$	2243		3.0	9.1			
$LaMgAl_{11}O_{19}$			1.7	10.1		0.86	
$LaPO_4$	2343		1.8	10.5	133		0.28
$CePO_4$	2318	1.4		9~11		0.43	
NiCoCrAlY(粘结层)	—	—		17.5	86		0.3
IN737 高温合金(基体)	—	—		16	197		0.3

D_{th}—热扩散系数;E—弹性模量;α—热膨胀系数(293K~1273K);λ—热导率(1273K);C_p—比热容;ν—泊松比;T_m—熔点;TGO—粘结层表面热生长氧化物层

2.5.1 经典热障涂层材料——YSZ

ZrO_2 基陶瓷是目前应用最广泛的热障涂层材料,它具有较高的熔点(2700℃)、耐高温氧化、良好的高温化学稳定性、较低的热导率、接近金属材料的热膨胀系数($11 \times 10^{-6}K^{-1} \sim 13 \times 10^{-6}K^{-1}$)及优良的抗热震性能。纯 ZrO_2 具有同素异晶转变,它有三种晶型:立方(cubic,c)相、四方相(tetragonal,t)和单斜相(monoclinic,m)。常压下,纯 ZrO_2 以 c 相、t 相或 m 相存在。相变过程可表示为[26]:

$$立方相 \underset{}{\overset{2370℃}{\rightleftharpoons}} 四方相 \underset{950℃}{\overset{1170℃}{\rightleftharpoons}} 单斜相$$

纯 ZrO_2 发生 t→m 相变,会伴随着约 3.5% 的体积膨胀;而 m→t 相变,则伴随着约 7% 的体积收缩。每次升、降温循环过程中,ZrO_2 随着晶型转变而产生的体积收缩是不可逆的。导致每一循环残存的不可逆体积变化产生积累,形成很大的热应力,最终使涂层在服役过程中开裂和剥落失效。因此,纯 ZrO_2 制备的热障涂层不稳定。为了避免这个缺点,可采用 MgO、CaO、CeO_2、Sc_2O_3、In_2O_3 和 Y_2O_3 等氧化物来稳定 ZrO_2,起到相变增韧的效果。最早使用的是 22%(质量分数)MgO 完全稳定的 ZrO_2,在热循环过程中 MgO 会从固溶体中析出,使涂层热导率提高,降低了涂层的隔热性能。CaO 对 ZrO_2 的稳定也不好,在燃气的硫化作用下,CaO 从涂层中析出,降低了对 ZrO_2 的稳定作用。目前广泛使用的稳定剂是 Y_2O_3。Y_2O_3 的含量对 ZrO_2 热导率的影响不大,密实的 Y_2O_3 稳定 ZrO_2 中由于具有大量的氧空位、置换原子等点缺陷,对声子形成散射,因而热导率低。$Y_2O_3 - ZrO_2$ 在 ZrO_2 富集区的相图如图 2 - 17 所示[27]。从 YSZ 相图可以看出,加入 12% ~ 20%(质量分数)的 Y_2O_3 得到完全稳定的 ZrO_2 立方相,从原理上讲可以避免高温工作过程中单斜/四方相的转变。但是 Stecural 对不同含量 Y_2O_3 稳定的 YSZ 等离子喷涂涂层在 1100℃进行的热循环实验结果表明,完全稳定化的 YSZ 涂层的抗热震性能并不好。

目前,在热障涂层系统中成功应用的陶瓷层材料为 6% ~ 8%(质量分数)YSZ(6% ~ 8%(质量分数)Y_2O_3 部分稳定化的 ZrO_2,Yttria Partially Stabilized Zirconia,P - YSZ),各国研究者对其进行了广泛的基础和应用研究。6% ~ 8%(质量分数)YSZ 在高温阶段具有较高的热膨胀系数($11 \times 10^{-6}K^{-1}$,1273K)、较低的热导率($2.1W \cdot m^{-1} \cdot K^{-1} \sim 2.2W \cdot m^{-1} \cdot K^{-1}$,1273K)、较低的密度($6.0g \cdot cm^{-3}$)和较低的弹性模量(40GPa),能有效降低涡轮部件重量,特有的微裂纹和相变增韧机理使其具有优良的抗热震性能。但是,6% ~ 8%(质量分数)YSZ 也存在一些不足之处。

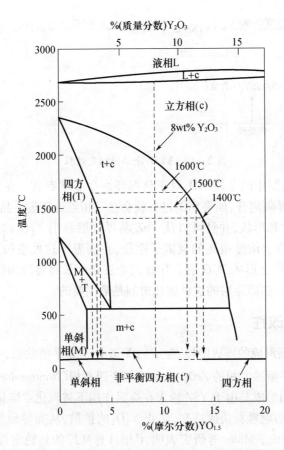

图 2-17　Y_2O_3 - ZrO_2 在 ZrO_2 富积区的相图[27]

（1）采用 PS 或 EB - PVD 法制备的 6% ~ 8%（质量分数）YSZ 涂层，从高温快速冷却到室温时保留为亚稳四方相(t')。当 6% ~ 8%（质量分数）YSZ 涂层长期在高温工作时，亚稳四方相转变为四方相和立方相；在冷却过程中，四方相转变为单斜相，由于相变伴随的体积效应导致涂层失效。8YSZ 涂层的相变过程如图 2 - 18 所示。另一方面，6% ~ 8%（质量分数）YSZ 涂层存在烧结速率过高的问题。当 6% ~ 8%（质量分数）YSZ 涂层长期在高温工作时，涂层中的气孔减少、结构出现致密化，或晶粒长大，这些都导致涂层弹性模量增大、热导率增加和涂层内张应力增大，使涂层的隔热效果下降和使用寿命减少。

（2）YSZ 对热腐蚀敏感。如果使用清洁燃料，YSZ 热障涂层不存在热腐蚀问题，但是当燃料中含有一定量的 S, Na, V 时，热腐蚀问题就变得比较严重。燃料中的 Na_2O、SO_3、V_2O_5 等与 YSZ 中的稳定剂 Y_2O_3 发生反应导致 YSZ 的失稳，危及了 YSZ - TBCs 在海面船用发动机上的应用。

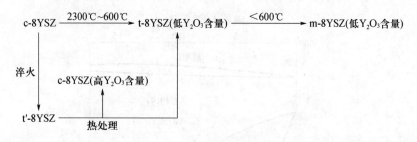

图 2-18 8YSZ 涂层的相变过程

（3）YSZ 涂层中的杂质 SiO_2 对于热循环寿命非常有害。在块体 ZrO_2 基陶瓷中，SiO_2 被晶界隔离开，如果 SiO_2 过多就会在三相点处富集。晶界处的 SiO_2 改变了晶粒的尺寸和形状，并且可以从 YSZ 晶界处溶解出 Y_2O_3，导致局部失稳。此外，YSZ 涂层含有浓度很高的氧离子空位，在高温下这些空位有助于氧的传输，使得在粘结层上形成 TGO 层。TGO 的非正常生长将导致陶瓷层剥落，在涂层很薄的情况下，热障涂层的这种破坏机制是最主要的。

2.5.2　YSZ 改性

在 YSZ 涂层形成的淬火阶段，生成的 YSZ 处于非平衡状态，主要组成是 Y_2O_3 含量高的非平衡四方相的 ZrO_2，也称非相变四方相（Nontransformable tetragonal，t′相）。t′相的形成是由于 YSZ 粉末在高温作用下被汽化或熔化后，Y_2O_3 均匀分布，而淬火使熔融颗粒快速冷却，防止 Y_2O_3 的扩散，从而导致室温下 Y_2O_3 均一分布的 t′相生成。Miller 等研究表明，t′相具有良好的热稳定性，在 1400℃ 需经几百小时离子扩散，才转变为 c 相和 m 相。

目前除了 Y_2O_3 稳定的 ZrO_2 之外，某些五价阳离子氧化物如 Ta_2O_5 和 Nb_2O_5 也可充当 ZrO_2 的相稳定剂。10%（质量分数）Ta_2O_5 和 10%（质量分数）Y_2O_3 共掺杂的 ZrO_2 在 1400℃ 下保持稳定的 t′相，抑制了 t→m 相变，在 1300℃ 以上其热循环寿命长于 YSZ 涂层。Raghavan 等报道 10%（摩尔分数）Ta_2O_5 - 10%（摩尔分数）Y_2O_3 - ZrO_2 和 10%（摩尔分数）Nb_2O_5 - 10%（摩尔分数）Y_2O_3 - ZrO_2 在 1500℃ 热处理 200h 仍保持相稳定性。Pitek 等将 8.3%（质量分数）Ta_2O_5 掺杂的 YSZ 置于 1500℃ 热处理 24h，结果 YSZ 仍保持 t′相，而且该掺杂体系对硫酸盐和钒酸盐有很强的抗腐蚀性能，主要是 Ta^{5+} 的存在抑制了硫酸盐和钒酸盐与 YSZ 之间的反应。Almeida 等采用 EB - PVD 法制备了 6%（质量分数）Nb_2O_5 掺杂的 YSZ 涂层，其平均热导率和密度较 YSZ 分别降低了约 50% 和约 20%。孔穴率提高、基质 Zr^{4+} 和掺杂离子 Nb^{5+} 和 Y^{3+} 离子半径的差异是两种离子共掺杂导致 YSZ 涂层热导率降低的主要原因。

YSZ 热障涂层材料对酸性氧化物(V_2O_5)的热腐蚀比较敏感。Raghavan 等研究了 10%（摩尔分数）TaO_4 – 10%（摩尔分数）Y_2O_3 – ZrO_2（20TYZ）和 14%（摩尔分数）Ta_2O_5 – ZrO_2（14TZ），两种材料体系在 700℃ ~ 900℃ 对 $NaVO_3$ + V_2O_5 腐蚀剂的抗腐蚀性能。结果表明 20TYZ 抗 $NaVO_3$ 腐蚀性好，但是易被 V_2O_5 腐蚀。通过比较 3 ~ 4YSZ（3% ~ 4%（摩尔分数）Y_2O_3 Stabilized ZrO_2）、14TZ 和 20TYZ 三种材料耐腐蚀性能，发现 20TYZ 比 YSZ 更耐酸性氧化物腐蚀，比 14TZ 更耐碱性氧化物腐蚀。这是由于 TaO_4 和 Y_2O_3 共掺杂的 ZrO_2 结构中较大离子半径的 Y^{3+} 和较小离子半径的 Ta^{5+} 配对缺陷导致化学势和扩散能力降低，抑制了 V^{5+}、Na^+ 与 YSZ 的反应，从而提高了其抗腐蚀性能。

目前研究最多的是采用稀土氧化物 Ln_2O_3（Ln = 稀土元素）修饰 ZrO_2。初步计算结果表明 $LnO_{1.5}$ – ZrO_2 的相平衡与 $YO_{1.5}$ – ZrO_2 非常相似，且随离子半径逐渐减小（La→Lu），烧绿石相的稳定性逐步降低（被 δ – $Ln_4Zr_3O_{12}$ 取代），萤石相区间逐渐扩大。这是由于 Ln_2O_3 与 ZrO_2 形成的固溶体为萤石和烧绿石相两种形式。对于轻稀土元素（La→Gd），含量低于 10%（摩尔分数）时，$LnO_{1.5}$ – ZrO_2 为萤石相固溶体；含量更高时则有部分烧绿石相化合物生成，含量为约 30%（摩尔分数）时则全部生成烧绿石相。重稀土元素的 $LnO_{1.5}$ – ZrO_2 体系（Tb→Lu）在常压下则全部为萤石相固溶体。热导率的半经验计算结果同样表明，随着掺杂离子半径的增大（Sc→La），$LnO_{1.5}$ – ZrO_2 的热导率呈线性下降趋势。合理的解释在于，掺杂离子与主体晶体结构的阳离子半径差别越大，声子散射程度越强烈，即声子的传播速度越低，因此热导率也越低。同时，YSZ 中添加 Ln_2O_3 可提高涂层的抗烧结性能，其抗烧结能力与添加的 Ln^{3+} 离子半径密切相关，随着离子半径增大（Er→La），涂层的抗烧结能力越来越强，这是由于添加离子半径与晶格离子半径的不匹配导致了离子扩散系数的下降。

Matsumoto 等分别采用 EB – PVD 和 PS 法制备了 5%（摩尔分数）La_2O_3 – Y_2O_3 – ZrO_2 涂层，La_2O_3 – YSZ 的高抗烧结性能抑制了沉积过程中涂层的烧结，克服了 EB – PVD 制备的 YSZ 涂层易烧结和热导率偏高的缺点，该涂层显示了可以同 PS 涂层相当的低热导率（$0.5W \cdot m^{-1} \cdot K^{-1}$）。两种涂层在 1200℃ 长时间退火，仍保持稳定的结构，热导率仍较低（$1.2W \cdot m^{-1} \cdot K^{-1}$）。采用 PS 法制备的 1%（摩尔分数）$La_2O_3$ – Y_2O_3 – ZrO_2 涂层能最稳定地保持 t' 相，且热循环寿命最长。La_2O_3 改性的 YSZ 体系具有作为 TBCs 材料的潜在应用价值。Ramaswamy 等报道 1200℃ 以下 CeO_2 和 CaO 共掺杂的 ZrO_2 涂层的热循环寿命远远优于单一 CaO 稳定的 ZrO_2 涂层。CeO_2 取代 Y_2O_3 作为相稳定剂（CeO_2 稳定化的 ZrO_2（CSZ）），其热膨胀系数较 YSZ 高，热导率较 YSZ 低。Langjahr 等采用 PS 法制备了 8%（摩尔分数）CeO_2 – ZrO_2 涂层，结果表明涂层热循环寿命很短，这是由于热循环过程中涂层 t→m 相变严重,增加 CeO_2 含量有利于 t′相的稳定,但同时降低了涂层的抗烧结性能。添加 CeO_2 可以提高 YSZ 涂层的抗热冲击性能,其主要原因在于:

(1) $CeO_2 - Y_2O_3 - ZrO_2$ 涂层中几乎不发生 t 相和 m 相间的相变;

(2) 涂层有良好的隔热性能,可以降低粘结层的氧化程度;

(3) 涂层热膨胀系数大。

但是在 YSZ 涂层中添加 CeO_2 也存在负面影响:如涂层硬度降低;涂层制备过程 CeO_2 挥发造成涂层组分偏离化学计量比;高温下 CeO_2 还原为 Ce_2O_3,涂层烧结速率增加,并影响涂层的力学性能和高温稳定性。Khor 等采用 PS 法制备了 2% ~ 10%(摩尔分数)$Nd_2O_3 - ZrO_2$ 涂层,结果表明 2% ~ 7%(摩尔分数)$Nd_2O_3 - ZrO_2$ 涂层以 t′相为主,少量 m 相共存;当 Nd_2O_3 的含量达到 8% ~ 10%(摩尔分数)时,涂层中仅存在 c 相,但是它们在 1400℃煅烧 10h 后均发生严重的 t′→ t + c→m 相变。Sm_2O_3 和 Er_2O_3 对 ZrO_2 的 t′相稳定能力优于 Nd_2O_3。Rahaman 等采用 PS 法制得的 4%(摩尔分数)$Gd_2O_3 - ZrO_2$ 涂层具有单一的 t′相,无 m 相存在,烧结速率和热导率均比 4%(摩尔分数)$Y_2O_3 - ZrO_2$(7YSZ)涂层低。但是在 1400℃长时间退火,t′相较 7YSZ 易失稳。Hamacha 等研究了 Dy_2O_3、Yb_2O_3 取代 Y_2O_3 作为相稳定剂 ZrO_2 基 PS 涂层的热力学性质,发现它们具有同 YSZ 体系相当的热导率,但随涂层中孔穴率的增加,涂层的结合强度和硬度降低。Miller 研究了 Yb_2O_3 作为 ZrO_2 相稳定剂制备的涂层热循环寿命与传统 YSZ 涂层相当。Stecur 研究了 8.0%(质量分数)Yb_2O_3 稳定的 ZrO_2,发现在同等条件下涂层寿命较 6.1%(质量分数)Y_2O_3 稳定的 ZrO_2 提高了近 30%。Zhu 等研究了稀土氧化物共掺杂和多元掺杂的 ZrO_2 热障涂层,其中包括 $Nd_2O_3 -$ YSZ、$Yb_2O_3 - $ YSZ、$Nd_2O_3 - Yb_2O_3 - $ YSZ、$Gd_2O_3 - Yb_2O_3 - $ YSZ 和 $Sm_2O_3 - Yb_2O_3 - $ YSZ。研究发现,YSZ 和再添加一种掺杂物的 YSZ 通常比添加两元掺杂物的 YSZ 的热导率要高,总的掺杂浓度同样影响热导率。在给定掺杂物含量的条件下,1160℃热循环结果表明,多组分缺陷簇氧化物涂层比 YSZ 具有更长的热循环寿命。涂层的热循环寿命一般来说是随着总掺杂浓度的增加而降低。

2.5.3　新型热障涂层材料

1. 烧绿石

稀土锆酸盐材料的通式为 $Ln_2Zr_2O_7$,具有烧绿石结构或缺陷型萤石结构,主要由稀土阳离子和锆离子的半径比值和温度决定。烧绿石($A_2B_2O_7$)是一种近年来被认为具有较好应用前景的热障涂层材料,文献详细介绍了稀土锆酸盐材料的晶体结构。烧绿石结构与缺陷萤石结构均具有面心立方空间点阵,烧绿石结构属于 Fd3m(227)空间群,而缺陷型萤石结构属于 Fm3m(225)空间群。图 2-19 为烧绿石结构与萤石结构中阴阳离子排布示意图[28]。烧绿石结构可以认为是一种有序的缺陷型萤石结构,一个完整的烧绿石结构晶胞中包含 8 个 $Ln_2Zr_2O_7$ 分子单元。烧绿石型稀土锆酸盐分子式 $Ln_2Zr_2O_7$ 可以表示为 $Ln_2Zr_2O_6O'$,有 4 种晶体学上不等价的原子位置。在其晶体结构中,结晶位置 16d 通常被半径较大的阳离子(如稀土元素)占据,可以与 8 个氧离子配位,形成立方体;半径较小的 Zr^{4+} 离子位于 16c 的空间位置,仅被 6 个氧离子环绕,并与之形成八面体。根据所处的结晶位置与化学环境,烧绿石型稀土锆酸盐结构中有 3 种不同的氧离子晶格位置:8b、48f 和 8a,其中 O′位于 8b 空间位置;O 处于 48f 空间位

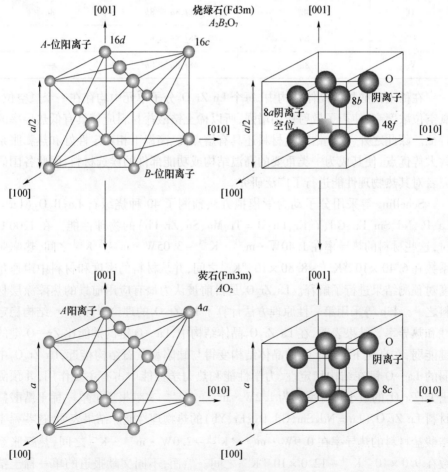

图 2-19　烧绿石结构(1/8 晶胞)与萤石结构中阴阳离子排布示意图[28]

置;而氧空位处于 8a 的空间位置,并处于 4 个 Zr^{4+} 离子形成的四面体中。萤石结构可以用通式 AO_2 表示,阳离子只有一种晶体学位置,而氧离子也只有一种晶体学位置,且处于周围阳离子的中心位置。对于缺陷型萤石结构来说,1/8 的氧离子空缺,而且氧空位的位置随机分布,这时阳离子的配位数为 7。理想烧绿石结构、缺陷型萤石结构以及萤石结构中原子位置列于表 2–2 中[29]。

表 2–2 烧绿石结构、缺陷型萤石结构与萤石结构中原子位置[29]

原子	烧绿石结构(Fd3m)	缺陷萤石结构	萤石(Fd3m)
A	16d	16c 或 16d	4a
B	16c	16c 或 16d	4a
O	48f	48f,8a 或 8b	8c
O′	8b	48f,8a 或 8b	—
V_o	8a	48f,8a 或 8b	—

在稀土锆酸盐的晶体结构中,每个 $Ln_2Zr_2O_7$ 分子单元中均存在一个氧空位,氧空位浓度高,使声子散射作用增强,所以稀土锆酸盐材料应该具有低热导率的特征。除此之外,稀土锆酸盐材料还具有熔点高、高温下相稳定性好和热膨胀系数大等优点,使其成为一类重要的高温结构或功能部件的候选材料,因此各国研究者对其热物理性能进行了广泛研究。

Schelling 等采用分子动力学模拟方法预测了 40 种烧绿石 $Ln_2B_2O_7$(Ln = La、Pr、Nd、Sm、Eu、Gd、Y、Er、Lu;B = Ti、Mo、Sn、Zr、Pb)的物理性能。在 1200℃ 时,这些材料的热导率在 $1.40W \cdot m^{-1} \cdot K^{-1}$ ~ $3.05W \cdot m^{-1} \cdot K^{-1}$ 之间,热膨胀系数在 $6.40 \times 10^{-6}K^{-1}$ ~ $8.80 \times 10^{-6}K^{-1}$ 之间,并从材料的密度和材料中声速角度对预测结果进行了解释。$La_2Zr_2O_7$ 是目前被认为最有应用前景的热障涂层材料之一。Liu 等采用第一性原理方法计算了 $La_2Zr_2O_7$ 的理论弹性模量、结构稳定性和热导率。结果表明,在 $La_2Zr_2O_7$ 晶体结构中,La—O 键的键能比 Zr—O 键的键能弱,在高压下 $La_2Zr_2O_7$ 的晶体结构变得与缺陷型萤石结构接近,$La_2Zr_2O_7$ 中弱的 La—O 键在结构稳定性、力学性能和热力学性能中占有主要作用,并预测出 $La_2Zr_2O_7$ 的最小热导率约为 $1.2W \cdot m^{-1} \cdot K^{-1}$。文献报道了单一稀土锆酸盐材料 $Ln_2Zr_2O_7$(Ln = Nd、Sm、Gd、Dy、Er、Yb)的热物理性能。结果表明,这些稀土锆酸盐材料的热导率在 $0.9W \cdot m^{-1} \cdot K^{-1}$ ~ $2.0W \cdot m^{-1} \cdot K^{-1}$ 之间,热膨胀系数在 $9.0 \times 10^{-6}K^{-1}$ ~ $12.0 \times 10^{-6}K^{-1}$ 之间。然而,不同文献报道的单一稀土锆酸盐的热导率存在很大差异,这是由于不同的研究者在材料的制备工艺、材料的致密度以及测试条件等方面都存在差异,而这些因素对材料热导率的影响很大,从而导致了不同研究者的测试结果不同。因此,测试结果很难进行准确的相互比较。但综合起来看,这些材料的热导率均比相同条件下 8YSZ 陶瓷体材料的热导率低,热膨胀系数与 8YSZ 陶瓷相当或略高于 8YSZ。Kutty 等和 Shimamura 等采用高温 X 射线方法测试了稀土锆酸盐 $Ln_2Zr_2O_7$(Ln = La、Nd、Sm、Eu、Gd、Dy、Yb)从室温到 1500℃ 之间的热膨胀系数,发现烧绿石结构 $Ln_2Zr_2O_7$(Ln = La、Nd、Sm、Eu、Gd)的热膨胀系数随着稀土元素离子半径的增大逐渐减小。

为提高 $La_2Zr_2O_7$ 的热膨胀系数和进一步降低热导率,Lehmann 等采用 Nd、Eu、Gd 和 Dy 分别置换 $La_2Zr_2O_7$ 中的部分 La 制备出 $La_{1.4}Nd_{0.6}Zr_2O_7$、$La_{1.4}Eu_{0.6}Zr_2O_7$、$La_{1.4}Gd_{0.6}Zr_2O_7$ 和 $La_{1.7}Gd_{0.3}Zr_2O_7$ 块体材料,发现这些材料的热导率均比 $La_2Zr_2O_7$ 低,特别是 $La_{1.4}Gd_{0.6}Zr_2O_7$ 的热导率在 800℃ 时为 $0.90W \cdot m^{-1} \cdot K^{-1}$;而在相同温度下,$La_2Zr_2O_7$ 的热导率为 $1.55W \cdot m^{-1} \cdot K^{-1}$。Bansal 等采用溶胶—凝胶法制备出 $La_2Zr_2O_7$、$La_{1.7}Gd_{0.3}Zr_2O_7$、$La_{1.7}Yb_{0.3}Zr_2O_7$ 和 $La_{1.7}Gd_{0.15}Yb_{0.15}Zr_2O_7$ 陶瓷粉体,然后采用热压烧结法在 1600℃ 制备了陶瓷块体材料,并预测了这些材料在 200℃ ~ 1600℃ 温度范围内的热导率;由测试结果看出,在 $La_2Zr_2O_7$ 中掺杂 Gd_2O_3 或 Yb_2O_3 后材料的热导率均降低,特别是 Gd_2O_3 和 Yb_2O_3 共同掺杂的组分 $La_{1.7}Gd_{0.15}Yb_{0.15}Zr_2O_7$ 在相同条件下具有最低的热导率。除了对稀土锆酸盐材料 A 位置换进行研究外,对稀土锆酸盐 B 位置换主要集中在研究 CeO_2 掺杂对稀土锆酸盐材料热物理性能的影响。Patwe 等采用高温 X 射线衍射方法研究了 $Gd_2Ce_xZr_{2-x}O_7$ 材料在 20℃ ~ 1200℃ 范围内的晶格热膨胀行为,发现其热膨胀系数分别为 $11.6 \times 10^{-6}K^{-1}$(x = 0)、$11.4 \times 10^{-6}K^{-1}$(x = 0.1)和 $13.8 \times 10^{-6}K^{-1}$(x = 1.0)。可见,$Gd_2Ce_2O_7$ 的热膨胀系数比 $Gd_2Ce_xZr_{2-x}O_7$(x = 0,0.1)高 20% 左右,这可能是由于 CeO_2 的熔点较低引起的。Cao 等研究了 $La_2(Zr_{1-x}Ce_x)_2O_7$ 体系的热物理性能,发现在 $La_2Zr_2O_7$ 中掺杂 CeO_2 后,材料的热膨胀系数升高,热导率降低,其中 $La_2(Zr_{0.7}Ce_{0.3})_2O_7$ 的热导率最低为 $0.87W \cdot m^{-1} \cdot K^{-1}$(1000℃),而且抗烧结性能最好,是一种潜在的热障涂层陶瓷层材料。Zhang 等研究了 CeO_2 掺杂对 $Sm_2Zr_2O_7$ 的晶体结构和热物理性能的影响,发现掺杂量为 15%(摩尔分数)和 20%(摩尔分数)时,该材料为缺陷型萤石结构,热膨胀系数和热导率均比 $Sm_2Zr_2O_7$ 高,但低于 8YSZ 的热导率。

文献对大气等离子喷涂的 $La_2Zr_2O_7$ 涂层的微观组织结构和热循环性能进行了研究,发现 $La_2Zr_2O_7$ 涂层热稳定性很好,在 1400℃ 长期热处理后仍保留为烧绿石结构。在等离子喷涂过程中,由于等离子火焰温度很高和各种元素的挥发速率不同,造成等离子喷涂后涂层的成分偏离了化学计量比。另外,同 8YSZ 相比,$La_2Zr_2O_7$ 的热膨胀系数偏低,造成涂层中热应力增大,从而导致涂层的热循环寿命缩短。从实际应用看,要充分发挥 $La_2Zr_2O_7$ 材料本身优异的性能,首先应在等离子喷涂原始粉末中调整各元素含量的比例或改变喷涂工艺参数,使喷涂后涂层的成分接近化学计量比;其次应对 $La_2Zr_2O_7$ 进行掺杂改性,提高其热膨胀系数。Saruhan 等研究了电子束物理气相沉积方法制备的 $La_2Zr_2O_7$ 和 3%(质量分数)Y_2O_3–$La_2Zr_2O_7$ 涂层。从涂层的显微组织和成分来看,工艺参数和靶材的致密度对涂层的化学成分影响很大,在 $La_2Zr_2O_7$ 中加入 3%(质量分数)Y_2O_3 后,由于 Y_2O_3 蒸气压比 ZrO_2 和 La_2O_3 都低,从而提高了涂层化学成分的均匀性。虽然探讨了涂层制备工艺,但并未对涂层的性能进行深入研究。Xu 等采用电子束物理气相沉积方法制备了 $La_2Zr_2O_7$ 涂层。从工艺参数对涂层的化学成分和热循环寿命的影响结果看出,涂层成分偏离了化学计量比,涂层中存在过量的 La_2O_3 颗粒,说明在制备涂层过程中部分 $La_2Zr_2O_7$ 发生了分解。

Vassen 等采用大气等离子喷涂方法制备出双陶瓷层 $La_2Zr_2O_7$/YSZ 涂层。热循环实验结果发现,这种双层结构的涂层具有比单层涂层更长的热循环寿命,在不改变涂层厚度的情况下,可以使发动机工作温度提高 100℃ 左右,从而明显提高发动机的工作效率。Dai 等研究了涂层厚度对大气等离子喷涂双陶瓷层 $La_2Zr_2O_7$/YSZ 涂层的热循环性能的影响,发现双层涂层的热循环寿命与 YSZ 层的厚度密切相关。当 YSZ 层的厚度为 $150\mu m \sim 200\mu m$ 时,双层涂层具有更长的使用寿命。当 YSZ 层厚度小于 $100\mu m$ 时,双层涂层的失效主要发生在 $La_2Zr_2O_7$ 层内靠近 YSZ 层与 $La_2Zr_2O_7$ 层的界面处;当 YSZ 层厚度大于 $150\mu m$ 时,双层涂层失效主要发生在 YSZ 层与金属粘结层界面处。Bobzin 等研究了电子束物理气相沉积方法制备的单层 YSZ 涂层、双陶瓷层 $La_2Zr_2O_7$/YSZ 涂层和双陶瓷层间具有组分梯度变化的 $La_2Zr_2O_7$/YSZ 梯度涂层在 1100℃ 下的热循环性能。实验结果表明,在相同测试条件下,单层 YSZ 的热循环寿命仅为 1380 次,$La_2Zr_2O_7$/YSZ 梯度涂层的热循环寿命为 3390 次,而 $La_2Zr_2O_7$/YSZ 双层涂层的热循环寿命达 4140 次;可见,采用双层涂层和梯度涂层结构减小了涂层与基体之间的热应力失配,明显延长了涂层的热循环寿命。最近,Xu 等采用电子束物理气相沉积方法制备了双陶瓷层 $La_2Zr_2O_7$/YSZ 涂层。1100℃ 热循环实验表明,双层涂层具有比单层涂层更长的热循环寿命,而且 YSZ 与 $La_2Zr_2O_7$ 化学相容性好,在两者界面处无化学反应发生。

在 $La_2Zr_2O_7$ 中引入 CeO_2 可以提高其热膨胀系数,刘喜华等采用化学共沉淀法制备了 La_2O_3 – CeO_2 – ZrO_2 粉体,研究了其作为新型热障涂层陶瓷层材料的可能性。热膨胀测试结果表明，从室温到1300℃之间没有明显相变发生，且热膨胀系数比 $La_2Zr_2O_7$ 高；在1050℃下热循环实验结果表明，等离子喷涂 $La_2O_3 - CeO_2 - ZrO_2$ 涂层的抗热冲击性能明显优于 $La_2Zr_2O_7$ 涂层。Xu 等采用 EB - PVD 方法制备了 $La_2(Zr_{0.7}Ce_{0.3})_2O_7$ 涂层，通过改变工艺参数尤其是单位面积的沉积能量或者在原始靶材中添加过量的 CeO_2 可以使涂层的成分接近化学计量比，从热循环实验结果可知涂层的失效主要发生在陶瓷层内部。

在稀土锆酸盐材料中，除了 $La_2Zr_2O_7$ 涂层外，$Gd_2Zr_2O_7$ 和 $Sm_2Zr_2O_7$ 涂层的研究也有相关报道。Jung 等采用 EB - PVD 方法制备了 $Gd_2Zr_2O_7$ 和 3%（质量分数）Y_2O_3 掺杂 $Gd_2Zr_2O_7$ 涂层。纳米压痕实验表明，掺杂 3%（质量分数）Y_2O_3 提高了 $Gd_2Zr_2O_7$ 涂层的力学性能。Limarga 等研究了 EB - PVD 方法制备的 $Gd_2Zr_2O_7$ 涂层的振动阻尼行为，发现 $Gd_2Zr_2O_7$ 材料的振动阻尼峰温度比 YSZ 高，是一种潜在的发动机压缩室叶片涂层材料。Lee 采用 EB - PVD 方法制备了 $Gd_2Zr_2O_7$ 涂层和双陶瓷层 $Gd_2Zr_2O_7$/YSZ 涂层，发现双层涂层有利于减小涂层中的应力；通过有限元模拟计算可知，当 YSZ 层与 $Gd_2Zr_2O_7$ 层厚度相同时，有利于减小体系的应力。张红松等采用大气等离子喷涂方法制备了 $Sm_2Zr_2O_7$ 涂层，发现喷涂前后涂层成分无变化，表现出良好的相稳定性能；在相同孔隙率条件下，$Sm_2Zr_2O_7$ 涂层的热导率仅为 YSZ 涂层热导率的 37.6%，具有更好的隔热性能。最近，Zhao 等采用 EB - PVD 方法制备出 $Sm_2Zr_2O_7$ 涂层，研究了沉积工艺条件与涂层化学组成、微观结构、气孔形貌和热导率之间的关系，为 $Sm_2Zr_2O_7$ 涂层的研究和实际工程化应用提供了理论指导。

目前新型陶瓷热障涂层材料的研究中以 $La_2Zr_2O_7$ 为代表的 $A_2B_2O_7$ 型陶瓷还具有高熔点、更低的烧结活性以及更好的高温稳定性，被认为是最有前景的热障涂层材料之一。该材料存在的主要问题是其热膨胀系数较低、与粘结层和金属基体材料匹配性不好，且制备涂层 $La_2Zr_2O_7$ 时涂层中容易产生组分偏离，形成吸湿性很强的 La_2O_3，涂层处于潮湿环境中或在大气环境长时间静置时容易粉化失效。

以稀土复合氧化物锆酸盐系列的新型热障涂层的热疲劳试验为例，说明一下目前新型热障涂层存在的不足之处。但是采用双陶瓷层结构后，其性能得到大大改善。

先进燃气涡轮发动机叶片一般为空心叶片，沿叶片的横断面将由于冷却气体而产生较大的径向温度梯度。另一方面，由于发动机燃烧室出口温度在截面上的温度分布不均，造成叶片表面温度分布不均，同时，进气边温度也高于排气边温度。因此在叶片的轴向也将产生温度梯度。Garg 报道叶片的表面具有很大的温度梯度，并且还是在高温—低温进行热循环，特别是对于航空发动机，不仅循环氧化工作温度范围大，而且还存在机械载荷。热障涂层通常用于涡轮发动机的高温载荷部件，如工作叶片和导向叶片。对于航空涡轮发动机中的各种叶片而言，特别是高温端使用的叶片，在正式装机之前要进行热循环寿命检测，以确保发动机寿命。检测热障涂层的性能，检验热障涂层在实际装机使用前的可靠性，以及进一步研发可作为热障涂层的新材料等，都要求发展切实可行的涂层寿命检测设备。

对于热障涂层寿命模拟实验而言，目前通常采用的方法有两种：一种是把制备好的试样放入预先设定好温度的炉内进行等温氧化；另一种是把制备好的试样放入预先设定好温度的炉内保温一定时间后取出，在炉外用压缩空气冷却或者水淬，再放入炉中，然后重复上述步骤。虽然这两种方法在某种程度上能反映试样的抗氧化或抗热循环能力，但也存在一些问题，比如：对于有热障涂层的试样，由于涂层和基体合金处在相同的温度条件下，不能反映出涂层的隔热效果及其对基体合金的保护作用；另外，如果在涂层工作温度范围内进行实验，则超过了基体所能承受的使用温度极限，而选择适合于基体合金的温度，对涂层的性能检测则失去了意义，因而很难合理有效地评价整体热障涂层体系的性能；此外，上述两种方法也不能模拟高温部件在腐蚀介质条件和外来物质冲击情况下的寿命测试。目前还没有一种标准测试方法使得测试结果更具有可比性和参考性。找到一种能够综合考虑各种实际载荷存在情况的测试方法是相当困难的。目前检测热障涂层寿命的常见方法为样机实验法，这种方法虽然能够较为真实地模拟实际工况对叶片进行寿命检测，但是这种方法复杂费时、耗资大，不利于热障涂层材料基础性质的研究。为此，人们一直在寻求简便而有效的方法来模拟实际工况对涡轮发动机叶片进行寿命检测。近年来，出现了一种新的热障涂层检测方法——台架实验，该方法的特点是采用气冷对测试样品进行背部冷却，可最大程度模拟燃气轮机在启动、运行和停机状态下的叶片工作环境，可以快速检测热障涂层的热循环寿命，考察其抗热冲击性能。而且，该方法还有一个很重要的优点，即体现出了热障涂层的隔热性能。

$La_2(Zr_{0.7}Ce_{0.3})_2O_7$ 涂层和传统 YSZ 涂层的高温（$\geqslant 1200°C$）热循环测试在本专业组自行设计、研制成功的可控温热障涂层自动热循环仪上进行。图 2 – 20 是可控温热障涂层自动热循环仪电气线路图。图 2 – 21 是自行研制的可控温热障涂层自动热循环仪进行热循环实验。整套可控温热障涂层自动热循环仪由下列五个系统组成：控制系统、自动循环系统、喷火系统、数据采集系统和自动停水停电保护系统。

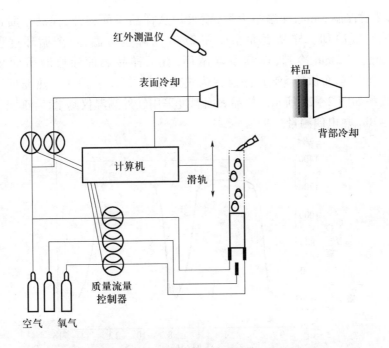

图 2－20　可控温热障涂层自动热循环仪电气线路图

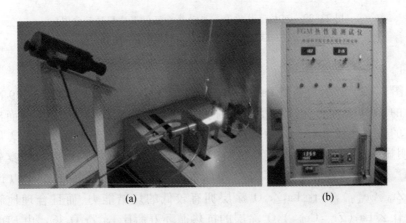

(a)　　　　　　　　　　　　　　　　　(b)

图 2－21　可控温热障涂层自动热循环仪
(a) 喷火装置；(b) 控制面板。

高温燃气自动热循环模拟装置用来模拟涡轮发动机叶片的实际工作条件,可提供较宽的温度范围,样品形状和成分也具有较大的选择性。热循环实验过程中,通过调节煤气和氧气流量以及冷却空气流量,涂层样品背部保持以压缩空气冷却,样品表面和背部温度在 2min 内分别加热至 1250℃ ±30℃ 和 1020℃ ±

65

20℃,然后保温3min,保温结束后,喷火炬从样品表面移开,样品正面也开始以压缩空气冷却。样品表面温度在2min内降至室温,每个循环过程包括5min加热和2min冷却,连续重复循环,直至样品表面涂层脱落面积达到35cm²(涂层总面积的5%),涂层视为失效,热循环实验停止。热循环测试的温度程序如图2-22所示。样品表面温度采用红外测温仪测量,背部温度采用Pt/Pt-Rh$_{10}$热电偶测量。

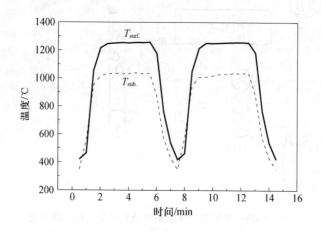

图2-22　可控温热障涂层自动热循环仪温度程序示意图

T_{surf}—样品表面温度；T_{sub}—样品背部温度。

1) 新型热障涂层的表面形貌

图2-23所示为单层La$_2$(Zr$_{0.7}$Ce$_{0.3}$)$_2$O$_7$涂层经1250℃热循环299次失效后的SEM表面形貌图以及相应的EDS谱图。经热循环后,涂层表面出现明显的微观裂纹和剥落现象。La$_2$(Zr$_{0.7}$Ce$_{0.3}$)$_2$O$_7$涂层表现为柱状晶表层剥落,明显的纤细柱状晶仍然存在,并且在涂层的某些部位仍然可以观察到完整的"花菜"状表面形貌。与早期的实验结果相比较,这不仅可以说明La$_2$(Zr$_{0.7}$Ce$_{0.3}$)$_2$O$_7$比La$_2$Zr$_2$O$_7$涂层拥有较低的烧结能力,而且合理地解释了为什么La$_2$(Zr$_{0.7}$Ce$_{0.3}$)$_2$O$_7$涂层的抗热循环寿命比La$_2$Zr$_2$O$_7$长。由EDS的结果可知,涂层的剥落位置仍然有La、Ce和O元素存在,说明涂层的剥落失效位置可能是出现在陶瓷层与粘结层的界面处或者是出现在TGO层上方微小范围内。

为了比较,图2-24也列出了YSZ涂层经1250℃热循环1000次后的SEM表面形貌图。由该图结果可知,YSZ涂层并没有出现任何涂层剥落的现象,表明在相同的测试条件下,YSZ涂层的热循环寿命远比单层La$_2$Zr$_2$O$_7$和

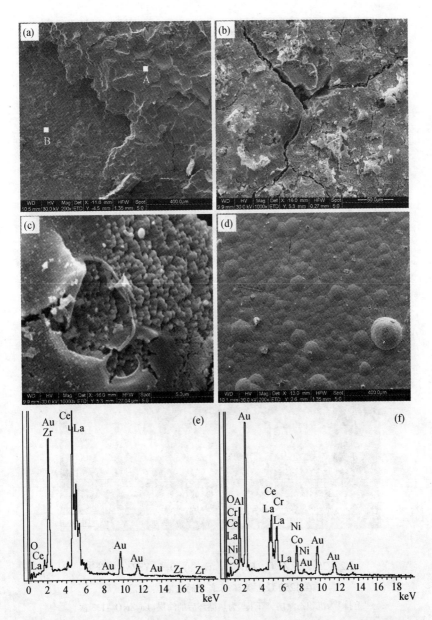

图 2 - 23　La$_2$(Zr$_{0.7}$Ce$_{0.3}$)$_2$O$_7$涂层在 1250℃热循环失效后的 SEM 表面形貌图
(e)和(f)为(a)中区域"A"和"B"的 EDS 点扫描结果。

La$_2$(Zr$_{0.7}$Ce$_{0.3}$)$_2$O$_7$涂层的寿命长,这可能与新材料涂层相对较低的热膨胀系数和与 TGO 层间化学不稳定性有关。比较三种涂层样品经热循环后的宏观实物图同样可以证实,YSZ 涂层的热循环寿命最长(见图 2 - 25)。

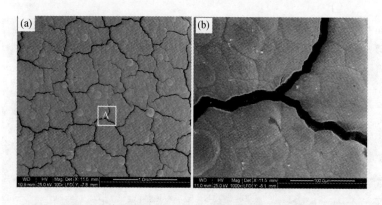

图 2 – 24 YSZ 涂层在 1250℃ 热循环 1000 次后的 SEM 表面形貌图
(b)是(a)中区域"A"的局部放大图。

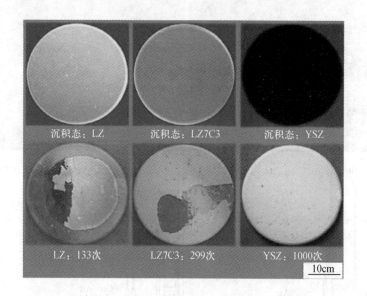

图 2 – 25 $La_2Zr_2O_7$、$La_2(Zr_{0.7}Ce_{0.3})_2O_7$ 和 YSZ 三种涂层
在 1250℃ 热循环测试后的宏观实物图
"上排"为沉积态涂层,"下排"为热循环后的涂层($La_2Zr_2O_7$:133 次、
$La_2(Zr_{0.7}Ce_{0.3})_2O_7$:299 次和 YSZ:1000 次)。

图 2 – 26 和图 2 – 27 所示分别为双陶瓷层 $La_2(Zr_{0.7}Ce_{0.3})_2O_7$/YSZ 和单层
YSZ 涂层经 1250℃ 热循环 2613 次和 2139 次失效后的 SEM 表面形貌图以及相
应的 EDS 谱图。

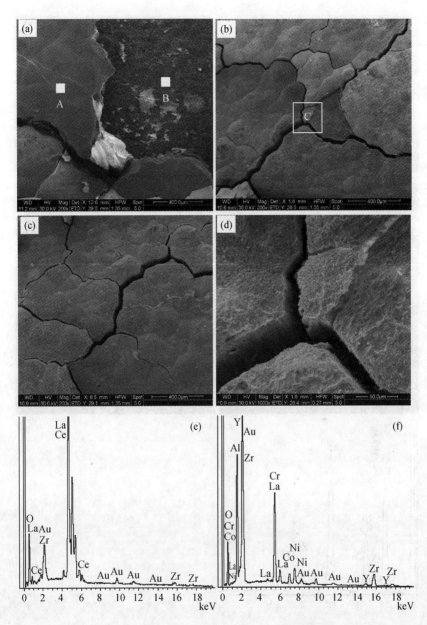

图 2 – 26 双陶瓷层 $La_2(Zr_{0.7}Ce_{0.3})_2O_7/YSZ$ 涂层

在 1250℃ 热循环失效后的 SEM 表面形貌图

(e) 和 (f) 为 (a) 中区域 "A" 和 "B" 的 EDS 点扫描结果; (d) 为 (b) 中区域 "C" 的局部放大图。

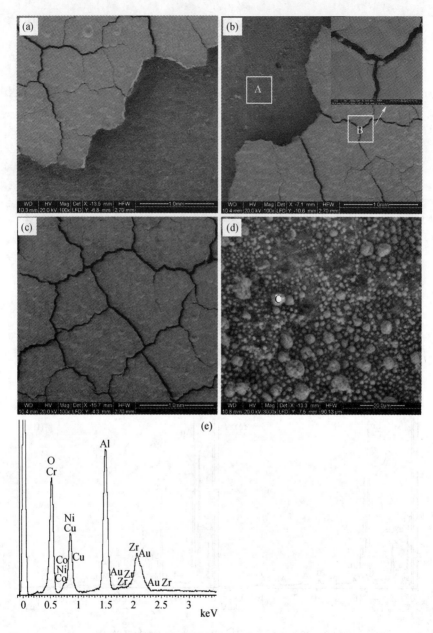

图 2-27 YSZ 涂层在 1250℃ 热循环失效后的 SEM 表面形貌图

(d)为(b)中区域"A"的局部放大图;(e)为(d)中区域"C"的 EDS 点扫描结果;

(b)中内嵌图为区域"B"的局部放大图。

2）新型热障涂层的横截面形貌

图 2 – 28 所示为单层 $La_2(Zr_{0.7}Ce_{0.3})_2O_7$ 涂层经 1250℃ 热循环失效后的

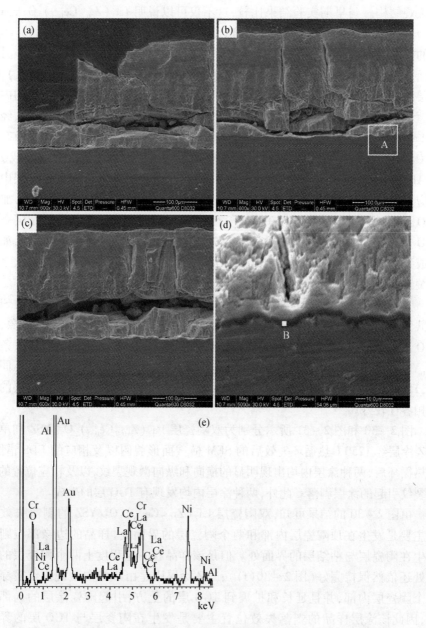

图 2 – 28　$La_2(Zr_{0.7}Ce_{0.3})_2O_7$ 涂层在 1250℃ 热循环失效后的 SEM 横截面形貌图
(d) 为 (b) 中区域 "A" 的局部放大图；(e) 为 (d) 中区域 "B" 的 EDS 点扫描结果。

SEM 横截面形貌图以及相应的 EDS 谱图。经热循环后，涂层内部出现明显的横向和纵向微观裂纹。但是 $La_2(Zr_{0.7}Ce_{0.3})_2O_7$ 涂层在一定程度上仍然存在柱状晶微观结构。与早期实验结果比较，这不仅可以说明 $La_2(Zr_{0.7}Ce_{0.3})_2O_7$ 比 $La_2Zr_2O_7$ 涂层拥有较低的烧结能力，而且合理地解释了为什么 $La_2(Zr_{0.7}Ce_{0.3})_2O_7$ 涂层的抗热循环寿命比 $La_2Zr_2O_7$ 长。这与上述表面形貌的结果是相一致的。另一方面，虽然由 EDS 的结果可知，TGO 层的主要成分是 Al_2O_3，$La_2(Zr_{0.7}Ce_{0.3})_2O_7$ 涂层中的 TGO 层则生长比较致密规则，可有效地进一步阻止腐蚀性气氛的内扩散。该 TGO 生长形貌状况恰好与涂层的热循环寿命是相一致的。经推测，经典的 $La_2Zr_2O_7$ 涂层中 TGO 层生成的 Al_2O_3 主要含亚稳态的 θ 相和 γ 相，亚稳态的 Al_2O_3 相比较疏松，长大速度较快，且在热障涂层使用过程中最终会转变成 α 相的 Al_2O_3，伴随着相结构的转变存在体积的变化，体积的变化就会在 TGO 层中产生应力，造成 TGO 层开裂，致使腐蚀性气氛沿着裂纹扩散和粘结层接触，加快 TGO 层的长大速度。相对于 θ 态和 γ 态的 Al_2O_3，$La_2(Zr_{0.7}Ce_{0.3})_2O_7$ 涂层中的 TGO 层存在的 α 相 Al_2O_3 比较致密，相结构比较稳定，长大速度较慢。因此，如何生成致密的 α 相 Al_2O_3 对于控制 $La_2Zr_2O_7$ 及其改性系列涂层中 TGO 的长大是十分关键的。

为了比较，图 2-29 也列出了 YSZ 涂层经 1250℃ 热循环 1000 次后的 SEM 横截面形貌图。由该图结果可知，YSZ 涂层并没有出现任何涂层剥落的现象，且 TGO 层的生长质量优于单层 $La_2(Zr_{0.7}Ce_{0.3})_2O_7$ 涂层，表明在相同的测试条件下，YSZ 涂层的热循环寿命远比单层 $La_2(Zr_{0.7}Ce_{0.3})_2O_7$ 涂层的寿命长。不同的是，YSZ 涂层中在 TGO 层的上方局部出现了横向裂纹，陶瓷涂层与粘结层的化学相容性较好。

图 2-30 和图 2-31 所示分别为双陶瓷层 $La_2(Zr_{0.7}Ce_{0.3})_2O_7/YSZ$ 和单层 YSZ 涂层经 1250℃ 热循环失效后的 SEM 横截面形貌图以及相应的 EDS 谱图。经热循环后，两种涂层内均出现明显的横向和纵向微观裂纹，以及相应位置的微观裂纹引起的涂层剥落。此外，两种涂层内均发现有 TGO 层的生成。

由图 2-30 的结果可知，双陶瓷层 $La_2(Zr_{0.7}Ce_{0.3})_2O_7/YSZ$ 的剥落失效位置主要是发生在顶陶瓷层内部和两个陶瓷层的界面处，样品的边缘部位则是发生在陶瓷层与粘结层的界面处。但是该样品在一定程度上两个陶瓷层的界面处还依然保持完好(图 2-30(f))；YSZ 涂层则是由于纵向微观裂纹贯穿于整个陶瓷层内部，并且延长和扩展到 TGO 层的上方，引起陶瓷涂层的局部剥落，因此该涂层样品的剥落失效位置主要是发生在陶瓷层与 TGO 层的界面处。由 EDS 的结果可知，YSZ 涂层中的 TGO 层生长已经基本上达到完全，而双陶瓷层 $La_2(Zr_{0.7}Ce_{0.3})_2O_7/YSZ$ 中的 TGO 层则表现为生长速率比较缓慢，表明

72

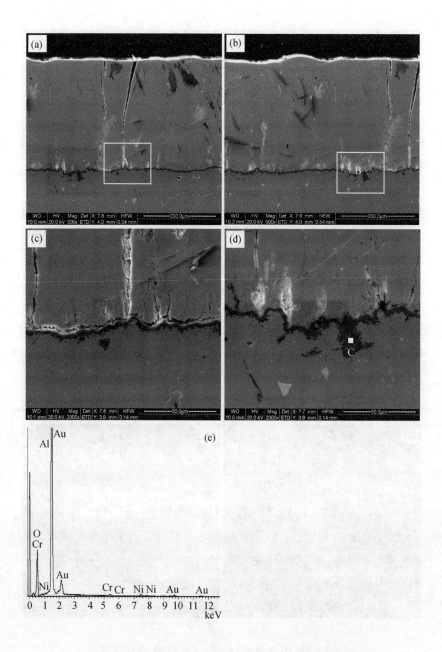

图 2 – 29　YSZ 涂层在 1250℃ 热循环 1000 次后的 SEM 横截面形貌图
(c)和(d)分别为(a)和(b)中区域"A"和"B"的局部放大图；
(e)为(d)中区域"C"的 EDS 点扫描结果。

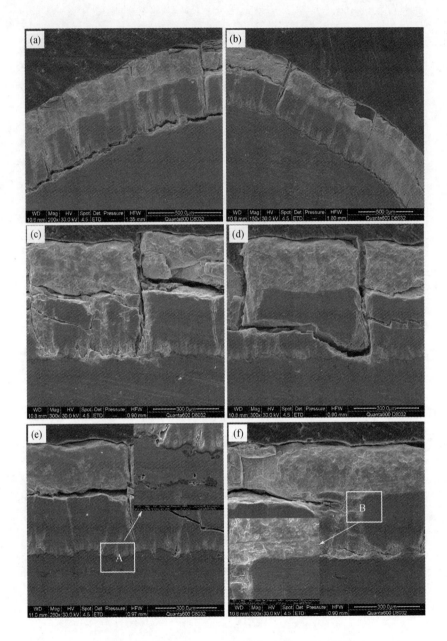

图 2 - 30 双陶瓷层 $La_2(Zr_{0.7}Ce_{0.3})_2O_7/YSZ$ 涂层

在 1250℃热循环失效后的 SEM 横截面形貌图

(e)和(f)中的内嵌图分别为区域"A"和"B"的局部放大图。

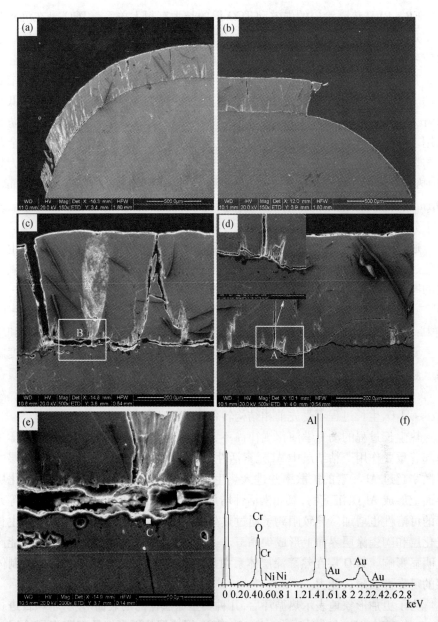

图 2 - 31　YSZ 涂层在 1250℃ 热循环失效后的 SEM 横截面形貌图

(d)中的内嵌图为区域"A"的局部放大图;(e)为(c)中区域"B"的局部放大图;

(f)为(e)中区域"C"的 EDS 点扫描结果。

$La_2Zr_2O_7$ 改性系列材料作为顶陶瓷层的双陶瓷层体系可以在长期服役过程中降低粘结层的氧化程度,延长 TBCs 的热循环寿命。

EB - PVD 热障涂层的失效和 TGO 层的长大有很大关系。TGO 是在沉积和使用热障涂层过程中在粘结层表面生成的一薄层 Al_2O_3。热循环过程中 TGO 层的应变能跟 TGO 层的厚度成线性关系,TGO 层越厚,应变能越大,应力也越大。合金粘结层含有 Al 元素,高温环境下氧通过陶瓷涂层向粘结层扩散,与粘结层中的 Al 元素在界面处最终形成 $\alpha - Al_2O_3$ 层。这种物质具有氧离子扩散率低和附着力强等特点。可以明显改善材料抗氧化失效功能,起到对合金基底的防护作用。但是 TGO 层在发动机服役过程中会继续生长。由于 TGO 与高温合金基体与陶瓷层的热不匹配,TGO 的继续生长会在涂层中形成越来越大的应力集聚,热障涂层的失效存在一个 TGO 临界尺寸,通常认为 TGO 层厚度达到 $5\mu m \sim 10\mu m$ 时涂层会发生失效。因此,如何控制 TGO 层的长大对于延长热障涂层寿命十分关键。

通过近几年的研究,人们对热生长氧化机理的本质有了新的认识。热生长氧化过程由热障涂层材料系统中离子扩散机理所控制,涂层破坏前热生长氧化层的厚度基本上遵循抛物线规律,即

$$h^2 = 2k_p t \qquad (2-1)$$

式中:h、k_p 和 t 分别为氧化层厚度、扩散时间和扩散系数。$\alpha - Al_2O_3$ 的形成和生长主要是通过阴离子沿物质晶界扩散,扩散系数 k_p 受阳离子扩散机制和温度影响。热生长氧化层的外延生长规律受 Al_2O_3 中阳离子浓度影响;$\beta - NiAl$ 物质存在时,θ 相 Al_2O_3 的微观组织是针形晶体,并在相结构转化过程中维持不变。随后 $\alpha - Al_2O_3$ 生长过程不受先前相结构转化影响。

热生长过程的动力学演化规律尚不完全清楚。但研究表明,材料动力学过程起着重要作用。粘结层中 Al 元素活性降低到形成尖晶时,氧元素向粘结层的扩散率超过 Al 元素的扩散率并进入热生长氧化层。在粘结层和热生长氧化层界面上形成 Al_2O_3 沉淀物;氧元素活性增加时,热生长氧化层中 Ni、Cr 或 Fe 等元素的可溶性也增加。导致阳离子通过热生长氧化层向陶瓷涂层扩散,在热生长氧化层和陶瓷涂层界面上形成尖晶石。这些新氧化物对热障涂层热力学性能产生明显影响。TGO 层在热障涂层体系中是动态变化的,组员间相互作用控制体系的可靠性及耐久能力。

为了更加形象地表示热循环后,几种类型涂层样品的表面形貌,本项目进行了 3D 表面形貌测试。图 2 - 32 为 1250℃单层涂层热循环以及双陶瓷层涂层热循环失效后的 3D 表面形貌图。

2. 钙钛矿

钙钛矿结构(ABO_3)是固态科学领域最基本的结构之一。理想的钙钛矿结构具有立方对称结构,其空间群为 Pm3m。该结构通常可认为是由规则的角顶

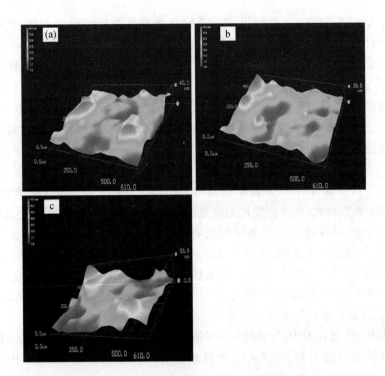

图 2-32 单层涂层和双陶瓷涂层经 1250℃热循环失效后的 3D 表面形貌

(a) La$_2$(Zr$_{0.7}$Ce$_{0.3}$)$_2$O$_7$;(b) YSZ 涂层;(c) La$_2$(Zr$_{0.7}$Ce$_{0.3}$)$_2$O$_7$/YSZ。

(YSZ 涂层进行了热循环 1000 次,并未失效)

相连的 BX$_6$ 八面体组成的三维网络结构,B 离子占据八面体空隙,而 A 离子占据由 8 个 BX$_6$ 八面体组成的立方体空隙中央。晶体结构对 A 位和 B 位离子半径的变化有较强的相容性,所以能在保证基本结构不变的情况下广泛地引入其他金属离子,包括较大原子质量的离子。研究结果显示某些钙钛矿结构的材料具有潜在的热障涂层材料应用价值,特别是那些具有较高熔点(>2600℃)和热膨胀系数(>8.0 × 10^{-6}K^{-1},30℃ ~ 1000℃)的材料(例如:SrZrO$_3$ 和 BaZrO$_3$)[30]。SrZrO$_3$ 不仅热膨胀系数较高,且热导率与 YSZ 接近,但是它在高温下发生相变,影响了涂层的抗热冲击性能。SrZrO$_3$ 涂层的热循环寿命较短、耐腐蚀性较差。

Maekawa 和 Yamanaka 等对钙钛矿结构的 SrHfO$_3$ 和 SrRuO$_3$ 体材料的热物理和力学性能进行了系统研究,表明两者具有很高的熔点(2927℃ 和 2302℃),且热膨胀系数分别为 11.3 × 10^{-6}K^{-1} 和 10.3 × 10^{-6}K^{-1}(150℃ ~ 800℃),但较高的热导率(10.4W · m^{-1} · K^{-1} 和 5.97W · m^{-1} · K^{-1})和弹性模量(194GPa 和 161GPa)限制了它们作为热障涂层材料使用。Dietrich 等研究了具有高熔点的

钙钛矿结构 $LaYbO_3$，实验结果表明该材料具有高温相结构稳定性、烧结速率低和弹性模量小等性质，但该材料的热膨胀系数较 YSZ 小，且热导率受温度变化的影响程度较大。Ma 等采用固相法合成了 Yb_2O_3 改性的钙钛矿结构 $Sr(Zr_{0.9}Yb_{0.1})O_{2.95}$，其热膨胀系数为 $8.7 \sim 10.8 \times 10^{-6}K^{-1}$（$200℃ \sim 1100℃$），与传统的 YSZ 材料相当。在 $1000℃$ 时热导率甚至比 YSZ 减小了 $\sim 20\%$，其他力学性能参数如弹性模量、硬度和断裂韧性均比 YSZ 小，表明该材料具有潜在的应用可能。

3. 萤石

CeO_2 具有萤石结构，是最早提出的 ZrO_2 替代材料之一。与 YSZ 相比，CeO_2 的热膨胀系数较大，在涂层使用温度范围内具有高的相稳定性，无正交晶系到单斜相的转变，对含硫化合物和钒酸盐有更好的抗腐蚀性。当温度高于 $1300℃$ 时，CeO_2 热导率低于 YSZ，掺杂可以进一步降低热导率，使 CeO_2 适用于高温环境（$>1200℃$）。但是，由于 CeO_2 高的氧扩散率，与 MCrAlY 粘结层发生化学反应，不适合单独用作热障涂层。因此，CeO_2 常常添加到 YSZ 中，或者与 YSZ 形成多层结构，以提高涂层的抗冲击性能。

$La_2Ce_2O_7$ 是以 CeO_2 为溶剂的一种固溶体，它具有 CeO_2 的萤石结构。作为一种新型热障涂层材料，$La_2Ce_2O_7$ 体材料具有高热膨胀系数（$12.6 \times 10^{-6}K^{-1}$，$300℃ \sim 1200℃$）、低热导率（$0.60W \cdot m^{-1} \cdot K^{-1}$，$1000℃$）和低比热容（$0.43J \cdot g^{-1} \cdot K^{-1}$），在 $1400℃$ 下长期退火保持相稳定[31]。等离子喷涂 $La_2Ce_2O_7$ 热障涂层的热循环寿命较长，与传统热障涂层材料 8YSZ 的热循环寿命相当甚至更长。与其他一些热障涂层材料失效一样，$La_2Ce_2O_7$ 涂层失效因素之一也是热循环过程中粘结层的氧化。$La_2Ce_2O_7$ 在低温时热膨胀系数的突然下降并未显示对涂层热循环寿命有不利影响。由于 CeO_2 的饱和蒸气压较 La_2O_3 高，EB - PVD 法制备的 $La_2Ce_2O_7$ 涂层成分偏离了 $La_2Ce_2O_7$ 化学计量比，Ma 等采用增加靶材中 CeO_2 初始含量，合理地控制沉积参数，成功制备了接近 $La_2Ce_2O_7$ 化学计量比的 EB - PVD 涂层。Ma 等采用 EB - PVD 法制备了 $La_2Ce_2O_7$/8YSZ 双陶瓷层涂层，$1250℃$ 热冲击实验结果表明，双陶瓷层涂层的热冲击寿命不仅比 $La_2Ce_2O_7$ 单层长，而且还比 8YSZ 涂层的寿命长约 30%。

4. 六铝酸盐

稀土六铝酸盐的化学组成为 $LnMeAl_{11}O_{19}$（$Ln = La$、Nd、Sm 和 Gd；$Me =$ 碱土金属），是一种由 Ln_2O_3、MeO 和 Al_2O_3 组成的新型氧化铝基陶瓷材料，该材料具有独特的磁铅石（Magnetoplumbite）结构。特别是镁基六铝酸盐 $LaMgAl_{11}O_{19}$，Gadow 等[32]研究表明，其结构由一层 LaO_3 层与四个尖晶石层交替排列形成层状结构，高电荷的 La^{3+} 占据一个氧位，从而有效地抑制了氧离子的扩散。$LaMgAl_{11}$

O_{19} 在高于 1400℃ 时依然保持稳定的晶体结构和化学组成。该涂层的微观结构不同于 YSZ 涂层,薄片随机堆积形成松散的疏松结构,因此涂层热导率更低,具有更好的隔热性能。同时,$LaMgAl_{11}O_{19}$ 涂层的烧结速率远低于 YSZ 涂层。但是,采用 APS 法制得的涂层中存在大量无定型相,影响了涂层的实际使用寿命。此外,它的热膨胀系数略低于 YSZ,通过与 YSZ 形成多层结构有望克服该缺陷。

Cao 等采用 APS 法制备了 $LaMgAl_{11}O_{19}$ 新型热障涂层,在 1200℃ 以上的热循环测试结果显示其寿命接近单层 8YSZ 涂层,优异的热循环性能归因于 $LaMgAl_{11}O_{19}$ 涂层的薄片状和多孔结构降低了热导率和弹性模量,提高了涂层的应变容限,进而提高了涂层的抗热震性能。

Wang 等采用共沉淀法合成了具有磁铅石结构的三种稀土六铝酸盐化合物:$La_{1-x}Nd_xMgAl_{11}O_{19}$($x = 0$、0.1 和 0.2)。$LaMgAl_{11}O_{19}$ 和 $La_{0.8}Nd_{0.2}MgAl_{11}O_{19}$ 在 1200℃ 时的热膨胀系数分别为 $8.49 \times 10^{-6}K^{-1}$ 和 $8.58 \times 10^{-6}K^{-1}$。从室温到 1200℃,$La_{1-x}Nd_xMgAl_{11}O_{19}$($x = 0$、0.1 和 0.2)的热导率值介于 $2.62W \cdot m^{-1} \cdot K^{-1} \sim 3.87W \cdot m^{-1} \cdot K^{-1}$ 之间。

5. 钇铝石榴石

钇铝石榴石($Y_3Al_5O_{12}$,YAG)是抗蠕变性能最强的氧化物晶体,具有优越的高温力学性能、熔点(1970℃)以下有非常好的相稳定性和热稳定性、热导率($2.4W \cdot m^{-1} \cdot K^{-1} \sim 3.1W \cdot m^{-1} \cdot K^{-1}$)也较低。氧离子在 $Y_3Al_5O_{12}$ 中的扩散系数比在 YSZ 中的扩散系数低 10 个数量级,这可以有效地防止金属粘结层的氧化。Su 等在 YSZ 陶瓷层与粘结层间制备了一层厚约 $10\mu m$ 的 YAG 氧扩散障层,经 1200℃ 热处理 100h 后,不仅抑制了 Y_2O_3 稳定剂从 YSZ 中析出达到提高 YSZ 的相稳定性,而且大幅度地降低了粘结层的氧化速率,因此提高了涂层的热循环寿命。但是,相对较低的热膨胀系数($9.1 \times 10^{-6}K^{-1}$)和低熔点是该材料的主要不足之处。

6. 钇酸盐

SrY_2O_4 和 BaY_2O_4 是最近开发的具有潜在应用前景的热障涂层材料[33,34],它们具有良好的高温相稳定性和较高的热膨胀系数(SrY_2O_4 为 $10.8 \times 10^{-6}K^{-1}$,$BaY_2O_4$ 为 $10.8 \times 10^{-6}K^{-1}$,25℃ ~ 1000℃),但 SrY_2O_4 的热导率稍高(约 3.8 $W \cdot m^{-1} \cdot K^{-1}$,1000℃)。$BaY_2O_4$ 的热导率(约 $2W \cdot m^{-1} \cdot K^{-1}$,1000℃)大大低于 SrY_2O_4,与 SrY_2O_4 相比较,BaY_2O_4 的综合性能更好。

7. YSH

Matsumoto 等研究了 $7.5\% Y_2O_3 - HfO_2$(7.5YSH)体材料和涂层的抗烧结性能。实验结果表明,7.5YSH 的热膨胀系数($6.7 \times 10^{-6}K^{-1} \sim 9.2 \times 10^{-6}K^{-1}$,

$100℃ \sim 1400℃$)在 1400℃以下随温度的升高线性增加,块体材料在 1500℃开始烧结收缩。EB – PVD 制备的 7.5YSH 涂层在约 1300℃开始烧结收缩,等离子喷涂 8YSZ 涂层烧结收缩开始于约 1200℃,7.5YSH 涂层可保持热稳定性的最高温度较 8YSZ 提高了 100℃。7.5YSH 是潜在的可以在更高工作温度下使用的热障涂层材料。

8. $BaLa_2Ti_3O_{10}$

$BaLa_2Ti_3O_{10}$ 具有层状的钙钛矿结构,沿着[001]晶向每三片钙钛矿层中就有 BaO 穿插进入钙钛矿的晶体结构中。由于弱的键合平面存在于包含刚性多面体的层状氧化物之间,该结构有利于降低热导率。同时,该层状钙钛矿结构在室温至 1500℃间有非常好的抗烧结性能。Guo 等[35]采用固相法合成了 $BaLa_2Ti_3O_{10}$ 体材料,在室温至 1400℃间保持高的相稳定性;随着温度的升高,热膨胀系数线性增加,其热膨胀系数的范围为 $10 \times 10^{-6}K^{-1} \sim 12.5 \times 10^{-6}K^{-1}$(25℃ ~ 1200℃),与 8YSZ 材料非常接近。同时也采用等离子喷涂方法制备了 $BaLa_2Ti_3O_{10}$ 涂层,其涂层的热导率非常低仅为约 $0.7W \cdot m^{-1} \cdot K^{-1}$(1200℃),表明该涂层具有非常好的隔热性能。1100℃炉内热循环寿命已超过 1100 次,被视为是一种有潜力的热障涂层材料。

9. 独居石

磷酸镧属于独居石类,是单斜晶体,它是由四个 $LaPO_4$ 结构单元组成一个 $P2_1/n$ 单胞。由于它具有高温化学稳定性(熔点 2072℃ ± 20℃),较高的热膨胀系数和较低的热导率,所以该材料被认为是一种有望用于 Ni 基高温合金基体表面的热障涂层。另外,$LaPO_4$ 在含有硫和钒盐的环境中具有很好的抗腐蚀性。它与 Al_2O_3 不发生反应,这是一个优点,但与粘结层的结合强度差,这是它应用受限一个原因。另外,$LaPO_4$ 是一种一致溶线性化合物,但是当 La 和 P 的化学计量比发生少量偏移时,在富 La 一侧熔点介于 2070℃ ~ 1580℃之间,而在富 P 一侧熔点介于 2070℃ ~ 1050℃之间。根据以上分析,这种材料很难用等离子喷涂法制备涂层,而且这种材料制备的涂层不适用于高温环境。目前还没有这种涂层热循环性能测试的相关报道。

磷酸铈($CePO_4$)也属于独居石类,其热膨胀系数为 $9 \times 10^{-6}K^{-1} \sim 12 \times 10^{-6}K^{-1}$,熔点约为 2043℃。这种材料具有高温化学稳定性。它的比热容为 $0.43J \cdot g^{-1} \cdot K^{-1}$(250℃)和 $0.59J \cdot g^{-1} \cdot K^{-1}$(500℃),热扩散系数分别为 $0.014cm^2 \cdot s^{-1}$(250℃)和 $0.006cm^2 \cdot s^{-1}$(500℃),密度为 $5.2g/cm^3$。在高温条件下,$CePO_4$ 陶瓷在水和酸性溶液中会破裂或者分解。

10. 金属—玻璃复合材料

由金属和玻璃组成的低孔穴率复合材料(Metal-Glass Composites,MGC),是一种全新的热障涂层材料体系。MGC 的热膨胀系数可以通过控制体系中金属和玻璃的比例进行调节,可以达到接近于基体合金的数值($12.3 \times 10^{-6} K^{-1}$, $25℃ \sim 1000℃$),而热导率却比金属低很多,较 YSZ 大 2 倍。金属—玻璃复合材料热障涂层之所以具有较长的热循环寿命主要有三个原因:高热膨胀系数,与粘结层结合力强,没有开口气孔。这种涂层没有开口气孔,因此阻止了腐蚀气体进入粘结层,从而避免了粘结层金属氧化。

2.5.4　其他热障涂层材料

莫来石(Mullite)的组成为 $3Al_2O_3 \cdot 2SiO_2$,是一种重要的陶瓷材料。它具有低密度、高热稳定性、耐化学腐蚀、低热导率、优良的力学性能和良好的蠕变性能。与 YSZ 相比,莫来石具有较高的热导率、较低的热膨胀系数和氧透过率,它的抗氧化能力要比 YSZ 强很多。在表面温度低于气轮机表面温度且涂层两侧温差较大的环境中,如在柴油机中,作为热障涂层材料,莫来石要比氧化锆更优越。两种材料通过发动机测试表明,使用莫来石涂层的发动机寿命要比使用氧化锆涂层的明显要长。在 1000℃ 以上,莫来石涂层的热循环寿命比 YSZ 涂层短很多。由于莫来石与 SiC 的热膨胀系数很接近,所以它是用于 SiC 基体的最有前景的涂层材料。

与 YSZ 相比,Al_2O_3 热导率较高($5.3 W \cdot m^{-1} \cdot K^{-1}$,$1100℃$)而热膨胀系数较低($9.6 \times 10^{-6} K^{-1}$,$1000℃$)。$\alpha - Al_2O_3$ 是铝的所有氧化物中唯一的稳定相,具有很高的硬度和化学惰性。真空等离子喷涂和大气等离子喷涂的 Al_2O_3 涂层的抗腐蚀性能可与 Al_2O_3 块材相媲美。在 YSZ 中添加一定量的 Al_2O_3 能够提高涂层的硬度和粘结强度,同时弹性模量和韧性基本没有变化。另外可以通过在 YSZ 涂层上再制备一层 Al_2O_3 来提高涂层的硬度。但是,等离子喷涂的 Al_2O_3 涂层含有不稳定的相,如 γ 和 $\delta - Al_2O_3$。在热循环过程中,这些不稳定相转变为 $\alpha - Al_2O_3$,同时伴随着明显的体积变化($\gamma \rightarrow \alpha$,约 15%),这导致在涂层中产生裂纹。把过渡金属氧化物,如 Cr_2O_3、Fe_2O_3 和 TiO_2 掺入 Al_2O_3 中能部分稳定 α 相。采用 SiC 纤维增韧可以大大改善 Al_2O_3 的力学性能。尽管 Al_2O_3 不是良好的热障涂层材料,但是把它加入 YSZ 可以提高涂层的寿命和提高基体的抗氧化性。$8YSZ - Al_2O_3$ 梯度涂层比 $8YSZ$ 涂层的热循环寿命要长得多。

2.6　热障涂层的热腐蚀行为

当前使用的热障涂层陶瓷层材料 YSZ 对热腐蚀比较敏感,当燃料中含有一定量的 Na_2O、SO_3、V_2O_5 和 P_2O_5 等杂质时,这些杂质与 YSZ 中的稳定剂 Y_2O_3 发生化学反应,会导致涂层失稳。与 YSZ 相比,$La_2Zr_2O_7$ 及其改性系列材料具有热导率低、热膨胀系数高和相稳定性好等优点,是一种潜在的热障涂层陶瓷层材料,其热腐蚀性能也是需要考虑的重要性能指标之一。Marple 等对比了 PS 法制备的 YSZ 涂层和 $La_2Zr_2O_7$ 涂层在 900℃ ~1000℃ 抗热腐蚀性能,发现二者抗含 S 和 V 元素的化合物的腐蚀性能明显不同。$La_2Zr_2O_7$ 涂层抗 V_2O_5 腐蚀性能明显好于 YSZ 涂层。在 V_2O_5 存在的条件下,$La_2Zr_2O_7$ 涂层在高温暴露后与基体材料结合完好,在涂层中检测到少量的 $LaVO_4$,涂层微观结构变化不大;而在相同条件下,YSZ 涂层中的稳定剂 Y_2O_3 与 V_2O_5 发生反应生成 YVO_4,从而导致单斜相 ZrO_2 含量增加,由于相变时产生的体积效应导致涂层剥落。但 $La_2Zr_2O_7$ 涂层抗硫酸盐腐蚀性能明显比 YSZ 涂层差。在 900℃ 和硫酸盐存在环境下,$La_2Zr_2O_7$ 涂层 4h 后发生了明显变化,而 YSZ 涂层在 360h 后结构仍保持完整,且与基体结合完好。在 V_2O_5 和硫酸盐同时存在环境下,$La_2Zr_2O_7$ 涂层与 YSZ 涂层的腐蚀程度相似,这是由于 $La_2Zr_2O_7$ 涂层主要被硫酸盐腐蚀,而 YSZ 涂层主要是被 V_2O_5 腐蚀造成的。这提示我们在选择热障涂层陶瓷层材料时,要充分考虑燃料中各种杂质的含量和发动机在服役期间的工作环境等因素。Vassen 等采用 PS 法分别制备了 $La_2Zr_2O_7$、$Gd_2Zr_2O_7$ 涂层和双陶瓷层涂层(YSZ 涂层与稀土锆酸盐涂层组成,厚度 200μm),并对这些涂层进行了燃气烧蚀测试。在燃气中注入含有 Na_2SO_4 和 NaCl 的腐蚀介质,由于腐蚀介质的注入使涂层的寿命大大缩短。

当带有陶瓷热障涂层的发动机工作时,吸入的空气中可能含有硅化物的颗粒,如灰尘、砂子、火山灰和跑道碎屑等。在低温下,这些颗粒冲击涂层表面,引起涂层侵蚀磨损和局部脱落;在高温下,这些细小的颗粒粘附在涂层表面,形成钙镁矾土硅酸盐(CMAS)熔体,渗入涂层开气孔内,YSZ 涂层受 CMAS 熔盐化学侵蚀明显。Kramer 等采用 EB – PVD 法制备出 $Gd_2Zr_2O_7$ 涂层,将 CMAS 熔盐($33CaO - 9MgO - 13Al_2O_3 - 45SiO_2$)涂覆在 $Gd_2Zr_2O_7$ 涂层表面,浓度约为 8mg/cm^2,在 1300℃ 下保温 4h 后发现在 $Gd_2Zr_2O_7$ 涂层与 CMAS 界面处生成一层厚度约为 6μm 的致密细晶粒反应层,主要由磷灰石相 $Gd_8Ca_2(SiO_4)_6O_2$ 与固溶了 Gd 和 Ca 的萤石相 ZrO_2 组成。CMAS 熔盐渗入柱状晶间隙深度约为 30μm,当柱状晶间隙被熔盐和生成的产物填满时,熔盐停止渗入,这时开始慢慢侵蚀柱状晶顶端。

本章主要介绍采用 EB – PVD 法在最佳的沉积条件下制备了 $La_2Zr_2O_7$、$La_2Zr_2O_7 - 3Y_2O_3$、$La_2(Zr_{0.7}Ce_{0.3})_2O_7$ 和 YSZ 四种涂层,并在四种涂层表面均匀涂覆 40%(质量分数)V_2O_5 + 60%(质量分数)Na_2SO_4 混合物(10mg/cm^2),然后经 900℃ 恒温煅烧 100h,在 25h、50h、75h 和 100h 时,各取出相应的样品进行相结

构、微观组织和形貌分析。

2.6.1 涂层的热腐蚀产物及相结构

图 2-33 为 YSZ 涂层经 900℃不同热腐蚀时间后的 XRD 谱图。在 Y_2O_3 部分稳定化的 ZrO_2 体系中,在室温条件下理想的相平衡结构为含有高 Y_2O_3 含量的 c 相和含有低 Y_2O_3 含量的 m 相。在 EB-PVD 沉积过程中,快速的固化过程可以加快高温 c 相到非平衡四方相(t')的无扩散相变过程,此过程并没有伴随组分的变化。由 XRD 结果(图 2-33(a))可知,YSZ 涂层经 25h 热腐蚀后,涂层表面存在大量的 m 相,只有少量残余的 t' 相共存,这可能是非均匀的相转变过程引起的。根据经验表达式,可计算 m 相的体积分数:

$$\%m = \frac{I_m(\bar{1}11) + I_m(111)}{I_m(\bar{1}11) + I_m(111) + I_{t'}(111)} \qquad (2-2)$$

式中:I 表示晶格面衍射峰的峰强度。根据方程式(2-2)可计算得到 25h 时,m 相的体积分数约为 93.5%,随后涂层表面含有 100%(体积分数)m 相,没有 t' 相存在。根据 Jones 等早期报道,图 2-33 中得到的新相 YVO_4 是由 Y_2O_3 在 Na_2SO_4 辅助条件下与 V_2O_5 的反应产物,该反应的产生连续性地消耗了 YSZ 涂层中 Y_2O_3 的含量。其可能的腐蚀机理可以解释如下:

(1) 高温条件下 Na_2SO_4 的分解:

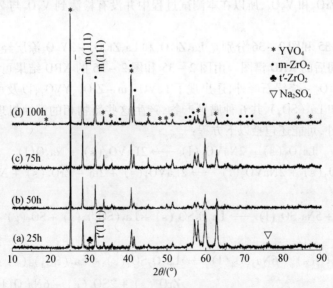

图 2-33　YSZ 涂层经 900℃不同热腐蚀时间后的 XRD 谱图

$$Na_2SO_4(l) \longrightarrow Na_2O(l) + SO_3(g) \qquad (2-3)$$

(2) 在 V_2O_5 存在下,液相的 Na_2O 倾向于形成亚稳态的 $NaVO_3$(熔点为 610℃):

$$Na_2O(l) + V_2O_5(l) \longrightarrow 2NaVO_3(l) \qquad (2-4)$$

(3) 通过 $NaVO_3$ 的攻击而导致 YSZ 涂层的退化行为可以表述为

$$Y_2O_3(s)(in\ YSZ) + 2NaVO_3(l) \longrightarrow 2YVO_4(s) + m-ZrO_2(s) + Na_2O(l)$$

$$(2-5)$$

早期文献报道,YSZ 中的 t′相是因为 Y_2O_3 存在的条件下才能达到稳定。所以 YSZ 涂层中如果 Y_2O_3 大量被消耗,就将导致 $t′-ZrO_2 \longrightarrow m-ZrO_2$ 相变过程易于发生,该过程为无扩散的马氏体相变过程,并伴随着涂层内破坏性的体积膨胀产生。此外,在 XRD 谱图中并没有发现 Na_2SO_4 和 YSZ 的化学反应产物,表明在 900℃时单独的 Na_2SO_4 对 YSZ 涂层呈现惰性。为了验证该实验现象,模拟在条件苛刻的腐蚀情况下,将等摩尔比的 YSZ 涂层粉末与 Na_2SO_4 均匀混合后,置于 900℃的炉子中恒温煅烧 100h,图 2-34 的 XRD 结果表明经过长时间热处理后并没有新的物相产生,说明在该条件下 Na_2SO_4 和 YSZ 不发生化学反应。同时,热腐蚀测试后,任何 V_2O_5 与 ZrO_2 的反应产物也没有在 XRD 结果中检测到。在 $ZrO_2-V_2O_5$ 体系中,ZrV_2O_7 是仅有的唯一化合物。在 747℃以上,ZrV_2O_7 会融化分解为 ZrO_2 和 V_2O_5,所以在本测试过程中并没有检测到 V_2O_5 与 ZrO_2 的反应产物。

图 2-35 和图 2-36 分别是 $La_2Zr_2O_7$ 和 $La_2Zr_2O_7-3Y_2O_3$ 涂层经 900℃不同热腐蚀时间后的 XRD 谱图。由图 2-35 和图 2-36 的 XRD 结果可知,除了原始的 $La_2Zr_2O_7-$烧绿石峰外,还出现了 $LaVO_4$、$m-ZrO_2$、YVO_4,以及可能存在的 $La_2O_2SO_4$ 和 $La_2(SO_4)_3$ 共五种腐蚀产物,产生这些新物相的腐蚀机理除了方程式(2-5)外,可能还包括以下方程:

$$La_2O_3(s) + 2NaVO_3(l) \longrightarrow 2LaVO_4(s) + Na_2O(l) \qquad (2-6)$$

$$La_2Zr_2O_7(s) + 2NaVO_3(l) \longrightarrow 2LaVO_4(s) + 2m-ZrO_2(s) + Na_2O(l)$$

$$(2-7)$$

$$2La_2O_3(s) + 5Na_2SO_4(l) \longrightarrow La_2O_2SO_4(s) + La_2(SO_4)_3(s) + SO_3(g) + 5Na_2O(l)$$

$$(2-8)$$

$$2La_2Zr_2O_7(s) + 6Na_2SO_4(l) \longrightarrow La_2O_2SO_4(s) + La_2(SO_4)_3(s) + 4m-$$

$$ZrO_2(s) + 2SO_3(g) + 6Na_2O(l) \qquad (2-9)$$

由于经热腐蚀 100h 后,$La_2Zr_2O_7-$烧绿石的衍射峰仍然比较强,所以 La-

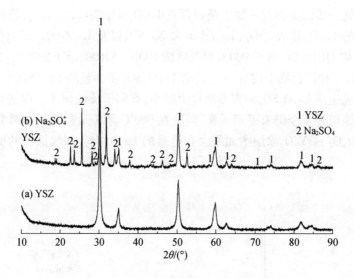

图 2-34　等摩尔比的 YSZ 涂层粉末与 Na_2SO_4 均匀混合
经 900℃100h 热处理后的 XRD 谱图

VO_4、$La_2O_2SO_4$ 和 $La_2(SO_4)_3$ 腐蚀产物的生成主要是由方程式（2-6）和式（2-8）所引起的，即 $La_2Zr_2O_7$ 和 $La_2Zr_2O_7-3Y_2O_3$ 涂层中过量的 La_2O_3 与腐蚀剂反应所产生的。换句话说，单独的 V_2O_5 对 $La_2Zr_2O_7$ 和 $La_2Zr_2O_7-3Y_2O_3$ 材料不起腐蚀作用或者腐蚀程度很弱。该现象与早期 Marple 等所得到的实验结果是相似

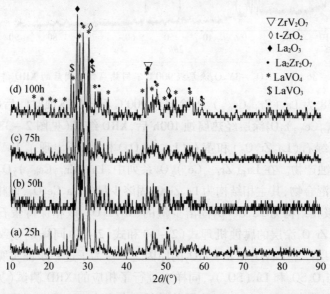

图 2-35　$La_2Zr_2O_7$ 涂层经 900℃不同热腐蚀时间后的 XRD 谱图

的。为了进一步证实腐蚀产物中是否存在 $La_2O_2SO_4$ 和 $La_2(SO_4)_3$,我们将摩尔比为 1:3 的 La_2O_3 和 Na_2SO_4($La_2Zr_2O_7$ 和 Na_2SO_4 以及 $La_2Zr_2O_7$ –$3Y_2O_3$ 和 Na_2SO_4)粉末均匀混合后,置于 900℃恒温煅烧 100h。XRD 结果(见图 2 –37(a) ~ (c))表明,三种混合物中均有一定量的 $La_2O_2SO_4$ 和少量的 $La_2(SO_4)_3$ 生成,这是由于反应生成 $La_2O_2SO_4$ 的吉布斯自由能小,有利于反应向正方向进行。尽管详细的腐蚀机理至今仍未得到证实,但是在 900℃含 S 元素的腐蚀剂中,$La_2Zr_2O_7$ 和 $La_2Zr_2O_7$ –$3Y_2O_3$ 涂层中如果含有过量的 La_2O_3 将会加快涂层的腐蚀退化速率。

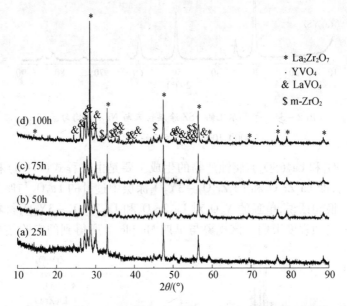

图 2 –36 $La_2Zr_2O_7$ –$3Y_2O_3$ 涂层经 900℃不同热腐蚀时间后的 XRD 谱图

图 2 –38 为 $La_2(Zr_{0.7}Ce_{0.3})_2O_7$ 涂层经 900℃不同热腐蚀时间后的 XRD 谱图。$La_2(Zr_{0.7}Ce_{0.3})_2O_7$ 涂层经热腐蚀 100h 后,XRD 结果(见图 2 –38)表明,除了原始的烧绿石($La_2Zr_2O_7$)和萤石($La_2Ce_2O_7$)相外,还出现了 $LaVO_4$ 和 m –ZrO_2 两种腐蚀产物。在 $La_2(Zr_{1-x}Ce_x)_2O_7$ 系列中,$La_2(Zr_{0.7}Ce_{0.3})_2O_7$ 是烧绿石和萤石相的混合物,其主相结构为 $La_2Zr_2O_7$ 固溶少量的 $La_2Ce_2O_7$,该相保持烧绿石结构;次级相结构为 $La_2Ce_2O_7$ 固溶少量的 $La_2Zr_2O_7$,该相保持萤石结构。所以,上述 $La_2Zr_2O_7$ 涂层的腐蚀机理式(2 –6)和式(2 –7)同样是导致 $La_2(Zr_{0.7}Ce_{0.3})_2O_7$ 涂层产生 $LaVO_4$ 和 m –ZrO_2 的原因之一。为了进一步证实腐蚀产物中是否存在 $La_2O_2SO_4$ 和 $La_2(SO_4)_3$,同样也进行了相应的 XRD 测试(见图 2 –37(d)),所得结果与上述 $La_2Zr_2O_7$ 涂层的结果比较相似,只是 $La_2(Zr_{0.7}Ce_{0.3})_2O_7$

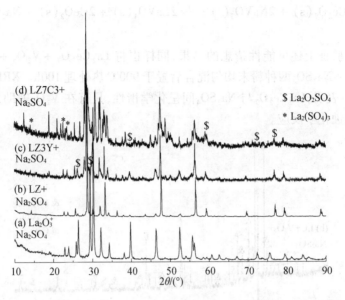

图 2-37　三种涂层材料与 Na_2SO_4 粉末经 900℃ 热腐蚀 100h 后的 XRD 谱图

涂层反应生成的产物衍射峰强度比较弱，间接可以说明反应产物的含量比较低，可能是 $La_2Ce_2O_7$ 萤石相与 Na_2SO_4 不发生化学反应。此外，腐蚀产物 $LaVO_4$ 的生成还可能是由下述反应产生：

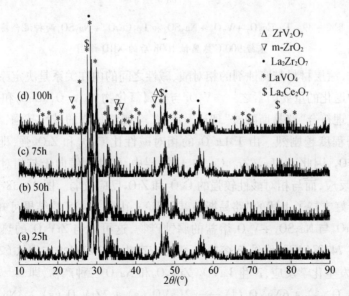

图 2-38　$La_2(Zr_{0.7}Ce_{0.3})_2O_7$ 涂层经 900℃ 不同热腐蚀时间后的 XRD 谱图

$$\text{La}_2\text{Ce}_2\text{O}_7(s) + 2\text{NaVO}_3(l) \longrightarrow 2\text{LaVO}_4(s) + 2\text{CeO}_2(s) + \text{Na}_2\text{O}(l)$$

$$(2 - 10)$$

为了验证上述可能性猜想的结果,同样也将 $\text{La}_2\text{Ce}_2\text{O}_7 + \text{V}_2\text{O}_5 + \text{Na}_2\text{SO}_4$ 和 $\text{La}_2\text{Ce}_2\text{O}_7 + \text{Na}_2\text{SO}_4$ 两种粉末均匀混合后置于 900℃热处理 100h。XRD 结果(见图 2 –39)表明,$\text{La}_2\text{Ce}_2\text{O}_7$ 与 Na_2SO_4 间呈化学惰性,只有在 V_2O_5 辅助条件下,才发生热腐蚀化学反应。

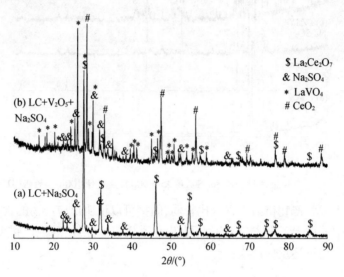

图 2 – 39　$\text{La}_2\text{Ce}_2\text{O}_7 + \text{V}_2\text{O}_5 + \text{Na}_2\text{SO}_4$ 和 $\text{La}_2\text{Ce}_2\text{O}_7 + \text{Na}_2\text{SO}_4$ 两种混合粉末经 900℃热腐蚀 100h 后的 XRD 谱图

通常,涂层材料与腐蚀剂的相对酸、碱性之间的内在关系是决定涂层在热腐蚀过程中退化的重要因素之一。V_2O_5 与金属氧化物如 La_2O_3、CeO_2 和 ZrO_2 的腐蚀反应机理符合"路易斯酸碱"理论。所以,金属氧化物的碱性越强,与酸性 V_2O_5 反应的程度越剧烈。由于 La_2O_3 的相对碱性比 CeO_2 和 ZrO_2 强,即 $\text{La}_2\text{O}_3 > \text{CeO}_2 > \text{ZrO}_2$,因此,在 $\text{La}_2(\text{Zr}_{0.7}\text{Ce}_{0.3})_2\text{O}_7$ 涂层中,腐蚀剂倾向于与相对碱性较强的 La_2O_3 反应,而与相对酸性较强的 CeO_2 和 ZrO_2 反应较弱。图 2 –38 中的 XRD 衍射峰恰好支持了上述的"路易斯酸碱"理论。由图 2 –38 的结果可知,XRD 未检测到 ZrO_2 与 $\text{Na}_2\text{SO}_4 + \text{V}_2\text{O}_5$ 熔盐的腐蚀产物,这可能与 ZrV_2O_7 的热不稳定性有关。在 747℃以下,腐蚀剂熔盐自身反应产生的 NaVO_3(方程式(2 –4))与 $\text{La}_2\text{Zr}_2\text{O}_7$ 发生化学反应,产生 LaVO_4、ZrV_2O_7 和 Na_2O 三种产物,即

$$\text{La}_2\text{Zr}_2\text{O}_7(s) + 6\text{NaVO}_3(l) \longrightarrow 2\text{LaVO}_4(s) + 2\text{ZrV}_2\text{O}_7(s) + 3\text{Na}_2\text{O}(l)$$

$$(2 - 11)$$

根据 ZrO_2 – V_2O_5 二元体系的相图(见图 2 – 40)可知,ZrV_2O_7 是该体系唯一存在的化合物,在 747℃时,ZrV_2O_7 连续性地熔化分解为 m – ZrO_2 以及 m – ZrO_2 和 V_2O_5 的液相混合物。在 747℃以上(即 900℃时),由 ZrV_2O_7 分解产生的 V_2O_5 将与 Na_2O 反应生成 $NaVO_3$,$NaVO_3$ 进一步与 $La_2Zr_2O_7$ 发生化学反应,产生 La-VO_4、ZrV_2O_7 和 Na_2O,同时,ZrV_2O_7 又连续性地熔化分解。该腐蚀过程重复性地进行,直至 V_2O_5 最终被消耗完,从而得到最终的腐蚀产物为 $LaVO_4$、m – ZrO_2 和 Na_2O。此外,XRD 结果(见图 2 – 38)同时表明 CeO_2 与 Na_2SO_4 + V_2O_5 熔盐并没有化学反应产生,意味着含有 CeO_2 的热障涂层材料具有非常好的抗腐蚀性能。

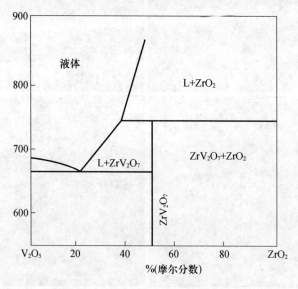

图 2 – 40　ZrO_2 – V_2O_5 二元体系的相图

2.6.2　涂层的热腐蚀产物表面微观形貌

图 2 – 41 为 YSZ 涂层经 900℃不同热腐蚀时间后的 SEM 表面形貌图和相应的 EDS 谱图。YSZ 涂层经热腐蚀 100h 后(见图 2 – 41(d)),涂层表面出现明显的腐蚀区域,该区域已经鼓起和剥离陶瓷涂层,并在其附近还产生大量微观裂纹,其裂纹的宽度约为 29.1μm。该现象主要是由化学反应(方程式(2 – 5))和相变两种作用共同产生的。在该腐蚀区域的下面还发现存在一些柱状晶尖头,表明热腐蚀所导致的涂层剥落位置是在陶瓷涂层内部,并非扩展和延伸至陶瓷层与粘结层的界面处。由图 2 – 41 可知,涂层表面均匀地分布着宽约 5.29μm 的小板状 YVO_4 结晶产物,这可能与涂层中 Y^{3+} 的外扩散有关。由于涂层表面 V 元素含量较高,晶格中 Y^{3+} 高的流动性促使它优先地迁移到反应界面。此外,涂

层表面不同长度的 YVO₄ 晶粒围绕着某一圆心规则地分布,同时还有很多小的薄板块状结构的晶粒共存。这与 PS 方法制得的 YSZ 涂层有所区别,PS – YSZ 涂层的腐蚀产物 YVO₄ 晶粒基本上是被埋覆在涂层内部,并且是凌乱地不规则

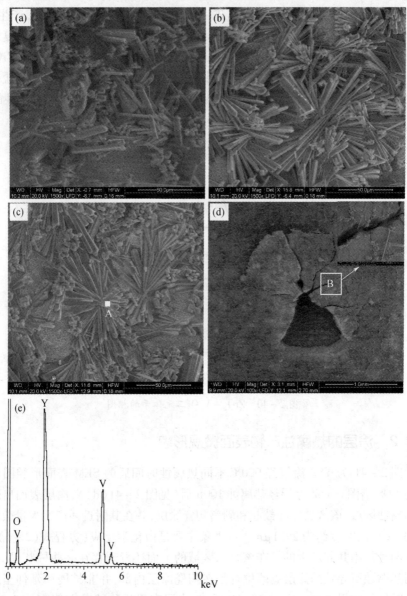

图 2 – 41　YSZ 涂层经 900℃ 不同热腐蚀时间后的 SEM 表面形貌图
(a) 25h;(b) 50h;(c) 75h;(d) 100h;其中(e)为(c)中区域"A"的 EDS 点扫描结果,
(d)中的内嵌图为区域"B"的局部放大图。

分布。

图 2 – 42 为 $La_2(Zr_{0.7}Ce_{0.3})_2O_7$ 涂层经 900℃ 不同热腐蚀时间后的 SEM 表面

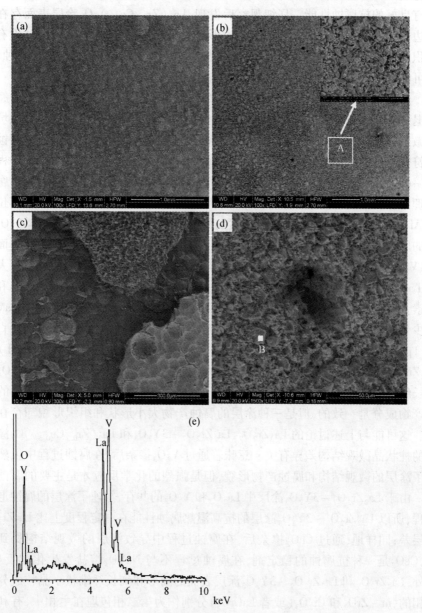

图 2 – 42　$La_2(Zr_{0.7}Ce_{0.3})_2O_7$ 涂层经 900℃ 不同热腐蚀时间后的 SEM 表面形貌图

(a) 25h；(b) 50h；(c) 75h；(d) 100h；其中 (b) 中的内嵌图为区域"A"的局部放大图，
(e) 为 (d) 中区域"B"的 EDS 点扫描结果。

形貌图和相应的 EDS 谱图。由图 2-42(a)~(c) 的表面组织形貌可知,柱状晶间隙仍然清晰、柱状晶尖头仍然呈现"花菜"形貌,表明 $La_2(Zr_{0.7}Ce_{0.3})_2O_7$ 涂层具有良好的抗腐蚀性能。仔细观察后发现,$La_2(Zr_{0.7}Ce_{0.3})_2O_7$ 涂层表面存在大量边长为 $3\mu m \sim 9\mu m$ 的 $LaVO_4$ 细小方形晶粒(图 2-42(d) 和(e)),但并没有大面积的块状析出物产生。同样地,涂层表面也产生一个直径约 $44\mu m$ 的腐蚀坑,这可能是上述化学反应产生所导致的。

经热腐蚀 100h 后,$La_2Zr_2O_7$ 和 $La_2Zr_2O_7-3Y_2O_3$ 涂层均发生了严重的腐蚀和退化剥落现象(图 2-43 和图 2-44)。两种涂层表面均产生大量的腐蚀坑以及微观裂纹,为腐蚀剂的侵入提供扩散路径,将加速涂层的退化失效。该腐蚀现象符合上述提及的 $La_2Zr_2O_7$ 和 $La_2Zr_2O_7-3Y_2O_3$ 涂层的四个腐蚀机理(方程式(2-6)~式(2-9))。该现象与早期 Marple 等报道的 PS 法 $La_2Zr_2O_7$ 的热腐蚀机理是相类似的。元素含量分析结果表明(见图 2-43(e) 和(f)),涂层剥落位置的 Al 和 O 元素含量非常高,其他元素如 La、V 和 Cr 含量则较低,说明 $La_2Zr_2O_7$ 涂层的腐蚀剥落位置出现在陶瓷层与粘结层的界面处;同时,也检测到涂层表面的 La、V 和 O 元素含量非常高,只有少量的 Zr 元素共存,说明涂层表面分布着大量的 $LaVO_4$ 和少量的 $m-ZrO_2$。不同的是,$La_2Zr_2O_7-3Y_2O_3$ 涂层表面 La、V 和 O 元素含量非常高,只有少量的 Cr 元素共存。说明涂层表面分布着大量的 $LaVO_4$ 和少量的 Cr_2O_3 或者 $LaCrO_3$。仔细观察后发现,$La_2Zr_2O_7$ 涂层表面存在大量直径约 $1\mu m \sim 2.8\mu m$ 主相为 $LaVO_4$ 的圆形小晶粒(见图 2-43(d));$La_2Zr_2O_7-3Y_2O_3$ 涂层表面则存在大量边长为 $0.5\mu m \sim 1.5\mu m$ 主相为 $LaVO_4$ 的细长纤维状晶粒(见图 2-44(b) 和(d))。尽管同 $La_2(Zr_{0.7}Ce_{0.3})_2O_7$ 涂层的腐蚀产物成分是一致的,但是三种涂层的腐蚀产物大小形状和组织形貌却存在差异。这可能与上述讨论的 $La_2Zr_2O_7$、$La_2Zr_2O_7-3Y_2O_3$ 和 $La_2(Zr_{0.7}Ce_{0.3})_2O_7$ 涂层间的柱状晶微观结构差异有关。意味着通过 Y_2O_3 掺杂后,在腐蚀过程中虽然改变了涂层的微观结构和腐蚀产物形貌,但是强烈的化学反应才是主要的腐蚀机理。由于 $La_2Zr_2O_7-3Y_2O_3$ 涂层中 La_2O_3 和 Y_2O_3 的共存,加速了涂层的腐蚀退化进程,所以 $La_2Zr_2O_7-3Y_2O_3$ 涂层的抗高温热腐蚀性能在一定程度上比 $La_2Zr_2O_7$ 涂层差;同样地,通过 CeO_2 掺杂后,在腐蚀过程中导致涂层的微观结构受到制约,CeO_2 是一种抗腐蚀的稳定剂,在腐蚀过程不与 $NaVO_3$ 熔盐发生化学反应。此外,$La_2Zr_2O_7$ 和 $La_2Zr_2O_7-3Y_2O_3$ 涂层表面的圆形和细长纤维状小晶粒成分是两相的,$m-ZrO_2$ 和 Cr_2O_3(或者 $LaCrO_3$)分别作为第二相包埋在主相中,有利于控制或减缓晶粒的生长行为,而快速的晶粒生长过程常常出现在单组分材料中。所以,上述观点恰好解释了为什么三种涂层的 $LaVO_4$ 腐蚀产物在组织形貌上存在差异。

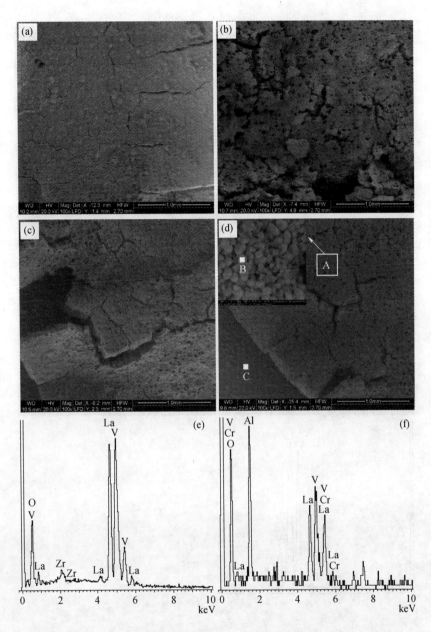

图 2 −43　$La_2Zr_2O_7$ 涂层经 900℃ 不同热腐蚀时间后的 SEM 表面形貌图

(a) 25h；(b) 50h；(c) 75h；(d) 100h；其中(d)中的内嵌图为区域"A"的局部放大图，

(e)和(f)分别为(d)中区域"B"和"C"的 EDS 点扫描结果。

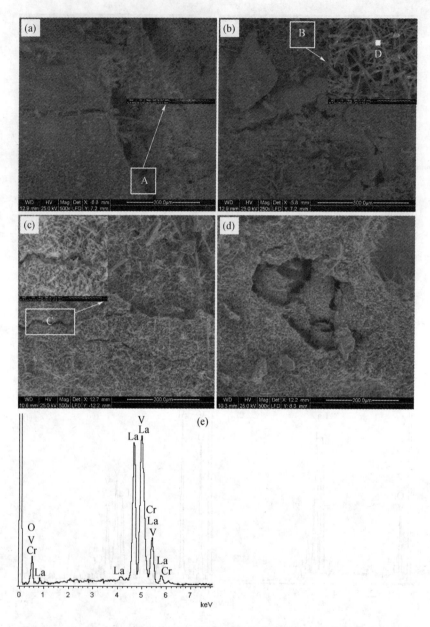

图 2 - 44　La$_2$Zr$_2$O$_7$ - 3Y$_2$O$_3$ 涂层经 900℃ 不同热腐蚀时间后的 SEM 表面形貌图

(a) 25h；(b) 50h；(c) 75h；(d) 100h；其中(a)、(b)和(c)中的内嵌图分别为区域"A"、
"B"和"C"的局部放大图,(e)为(b)中区域"D"的 EDS 点扫描结果。

2.6.3　涂层的热腐蚀产物3D立体表面形貌图

图 2 - 45 ~ 图 2 - 48 分别为 YSZ、$La_2Zr_2O_7$、$La_2Zr_2O_7 - 3Y_2O_3$ 和 $La_2(Zr_{0.7}$ $Ce_{0.3})_2O_7$ 涂层经900℃不同热腐蚀时间后的 3D 立体表面形貌谱图。很明显地观察到 YSZ 和 $La_2(Zr_{0.7}Ce_{0.3})_2O_7$ 涂层表面均比 $La_2Zr_2O_7$ 和 $La_2Zr_2O_7 - 3Y_2O_3$ 涂层平整，$La_2Zr_2O_7$ 和 $La_2Zr_2O_7 - 3Y_2O_3$ 涂层表面看起来非常粗糙并经受了严重的熔盐腐蚀。所以，热腐蚀 100h 后，$La_2Zr_2O_7$（19.14μm）和 $La_2Zr_2O_7 -$ $3Y_2O_3$（19.78μm）涂层的腐蚀坑深度要比 YSZ（12.13μm）和 LZ7C3（6.02μm）大。同时，前两者存在的明显腐蚀坑数量比后两者多。值得提及的是，四种涂层与 $Na_2SO_4 + V_2O_5$ 熔盐间的化学反应是导致涂层腐蚀退化的重要因素，特别是 $La_2Zr_2O_7$ 系列涂层中过量的 La_2O_3 对涂层的完整性起着破坏性的影响。La^{3+} 的离子半径（0.106nm）比 Zr^{4+} 大（0.072nm）。离子半径越大，相对碱性越强。在腐蚀过程中碱性较强的 La_2O_3 就很容易与 $Na_2SO_4 + V_2O_5$ 腐

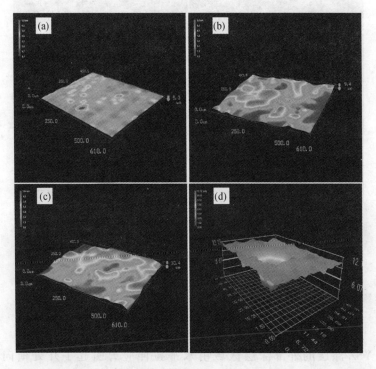

图 2 - 45　YSZ 涂层经900℃不同热腐蚀时间后的 3D 立体表面形貌谱图
(a) 25h；(b) 50h；(c) 75h；(d) 100h。

蚀性熔盐发生剧烈的化学反应。虽然根据 $La_2O_3 - ZrO_2$ 二元相图可知,烧绿石结构允许的 La/Zr 摩尔比是在 0.87~1.15 比较宽的范围内,但是在涂层沉积过程中,应合理地调节制备参数,以至于尽可能地降低涂层中过量的 La_2O_3 含量。此外,比较图 2-45~图 2-48 中四种涂层的表面形貌腐蚀程度,进一步证实了 $La_2(Zr_{0.7}Ce_{0.3})_2O_7$ 涂层具有良好的耐腐蚀性,并可能有利于延长涂层的服役寿命。图 2-49 是 YSZ、$La_2Zr_2O_7$、$La_2Zr_2O_7 - 3Y_2O_3$ 和 $La_2(Zr_{0.7}Ce_{0.3})_2$$O_7$ 涂层经 900℃ 热腐蚀 100h 后的实物图。

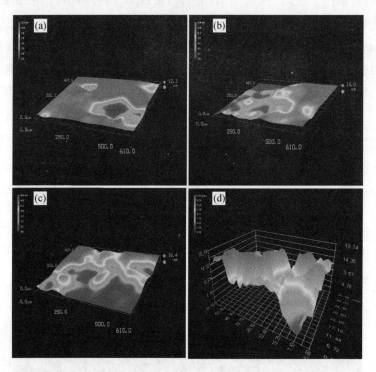

图 2-46　$La_2Zr_2O_7$ 涂层经 900℃ 不同热腐蚀时间后的
3D 立体表面形貌谱图
(a) 25h; (b) 50h; (c) 75h; (d) 100h。

2.6.4　涂层的横截面形貌图

在 YSZ 涂层的外部涂层区域由水平拉伸应力引起了几处横向裂纹,如图 2-50(a) 和 (b) 所示。同时该区域被分割为几层,表明横向裂纹引起的 YSZ 涂层退化剥落可能首先是出现涂层内柱状晶分离,然后再逐渐

96

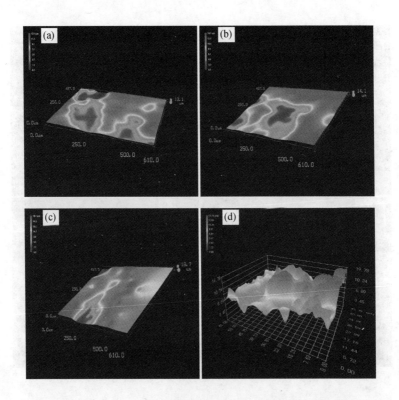

图 2－47　$La_2Zr_2O_7$－$3Y_2O_3$涂层经900℃不同热腐蚀时间后的

3D 立体表面形貌谱图

（a）25h；（b）50h；（c）75h；（d）100h。

地逐层脱落失效。此外，t'－ZrO_2到 m－ZrO_2相变过程的发生可导致涂层内灾难性的体积膨胀萌生和扩展，该相变过程非常容易在热腐蚀测试过程中发生。因相结构的改变所产生的应力可在涂层内引发裂纹和分层现象产生。该过程进一步解释了为什么 YSZ 涂层内出现明显的微观裂纹和涂层脱落现象。

　　在图 2－50（c）~（f）中，$La_2Zr_2O_7$和 $La_2Zr_2O_7$－$3Y_2O_3$涂层内均出现了严重的腐蚀和退化剥落现象。$La_2Zr_2O_7$和 $La_2Zr_2O_7$－$3Y_2O_3$涂层内的热腐蚀层面积均比 YSZ 和 $La_2(Zr_{0.7}Ce_{0.3})_2O_7$涂层大。该热腐蚀层的成分为单一的 $LaVO_4$晶粒且形貌为多孔结构和极易退化，同时一些腐蚀坑也共存于该热腐蚀层中。$La_2Zr_2O_7$和 $La_2Zr_2O_7$－$3Y_2O_3$涂层内大量的小孔洞为熔盐在涂层内扩散提供了有效的传输路径。但是两种涂层的内部区域均比外面区域更为完整。同

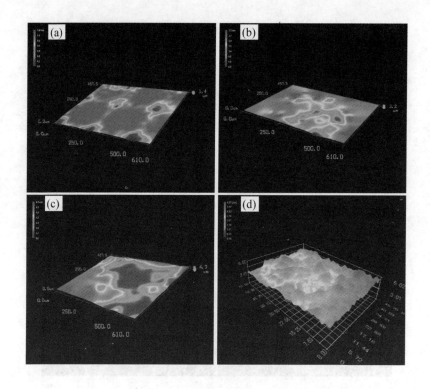

图2-48　La$_2$(Zr$_{0.7}$Ce$_{0.3}$)$_2$O$_7$涂层经900℃不同热腐蚀时间后的

3D立体表面形貌谱图

(a) 25h; (b) 50h; (c) 75h; (d) 100h。

图2-49　YSZ、La$_2$Zr$_2$O$_7$、La$_2$Zr$_2$O$_7$-3Y$_2$O$_3$和La$_2$(Zr$_{0.7}$Ce$_{0.3}$)$_2$O$_7$涂层

经900℃热腐蚀100h后的宏观表面形貌图

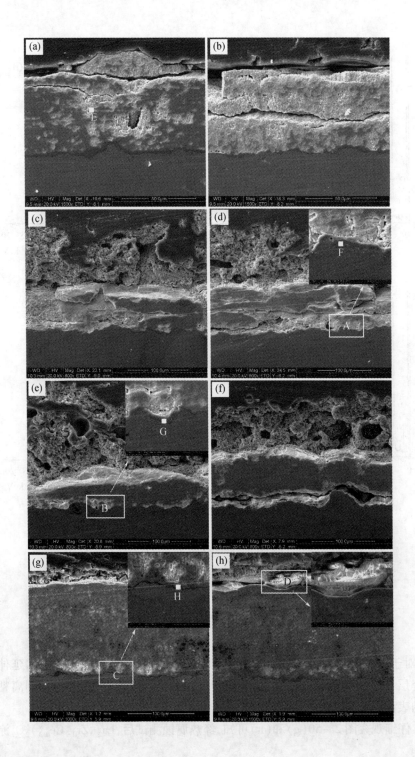

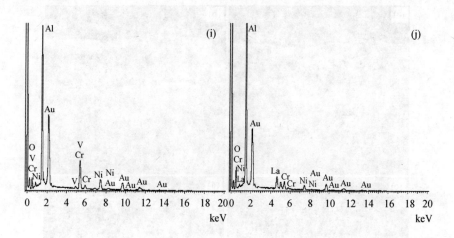

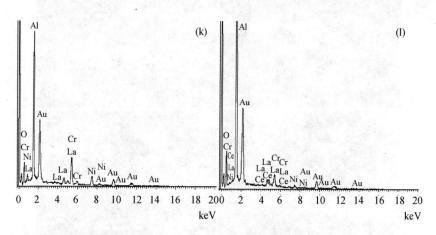

图 2 - 50　四种涂层经 900℃ 热腐蚀 100h 后的 SEM 截面形貌图

（a）和（b）YSZ、（c）和（d）La$_2$Zr$_2$O$_7$、（e）和（f）La$_2$Zr$_2$O$_7$ - 3Y$_2$O$_3$、

（g）和（h）La$_2$（Zr$_{0.7}$Ce$_{0.3}$）$_2$O$_7$；其中（d）、（e）、

（g）和（h）中的内嵌图分别为区域"A"、"B"、"C"和"D"的局部放大图，

（i）、（j）、（k）和（l）分别为（a）、（d）、（e）和（g）中相应的区域

"E"、"F"、"G"和"H"的 EDS 点扫描结果。

理,对于 La$_2$Zr$_2$O$_7$ 和 La$_2$Zr$_2$O$_7$ - 3Y$_2$O$_3$ 涂层而言,横向裂纹已经扩展和延伸至陶瓷层与粘结层的界面处,极易削弱两层间的结合强度,导致陶瓷层剥离粘结层的表面。

　　仔细观察图 2 - 50（g）和（h）可知,经热腐蚀测试后,La$_2$（Zr$_{0.7}$Ce$_{0.3}$）$_2$O$_7$涂层

依然保持完整并没有任何退化和剥落现象,表层浓密的热腐蚀层厚度仅有约 3.5μm,表明该涂层具有非常好的抗热腐蚀性能。在陶瓷层与热腐蚀层的界面处明显地出现了一条微观裂纹,该裂纹可能有效地限制了熔盐在陶瓷涂层内的连续扩散。所以经过长期暴露后,整个 $La_2(Zr_{0.7}Ce_{0.3})_2O_7$ 涂层的表面可能集聚着大量的 $LaVO_4$ 和 $m-ZrO_2$ 晶粒。该解释观点与上述的 XRD 结果是相一致的。此外,腐蚀性熔体的凝固可引起热力学应力的产生,这可能也是导致四种涂层内横向裂纹产生的其中一个原因。上述分析结果表明,如果航空燃油中 V 元素和 S 元素含量过高,在选择热障涂层材料时,情形与抗 $Na_2SO_4+V_2O_5$ 熔盐热腐蚀测试相似,$La_2(Zr_{0.7}Ce_{0.3})_2O_7$ 显示了比 YSZ 涂层材料更为优越的抗热腐蚀行为。

图 2-51 为 YSZ、$La_2Zr_2O_7$、$La_2Zr_2O_7-3Y_2O_3$ 和 $La_2(Zr_{0.7}Ce_{0.3})_2O_7$ 四种涂层沿横截面方向的 EDS 线扫描谱图。经热腐蚀 100h 后,在四种涂层内均能检测到 V、S 和 Na 元素的存在,这可能是熔盐沿着柱状晶的间隙发生了内扩散行为。对于 YSZ 涂层而言,V 和 S 元素已经扩散并聚集在 TGO 层处,但是对于 $La_2Zr_2O_7$ 系列的三种涂层,则是主要分布在 TGO 层上方。同样地,V 元素主要是分布在 YSZ 和 $La_2(Zr_{0.7}Ce_{0.3})_2O_7$ 涂层的外部区域,这与上述的两种涂层 SEM 横截面形貌图是相一致的。相比而言,S 和 Na 两种元素在四种涂层内的分布却是比较稀少。然而,对于 $La_2Zr_2O_7$ 涂层而言,它们则是主要分布在热腐蚀层内,这与 $La_2Zr_2O_7-3Y_2O_3$ 涂层的结果刚好相反,S 和 Na 两种元素在 $La_2Zr_2O_7-3Y_2O_3$ 涂层中主要是聚集在热腐蚀层的下方,表明热腐蚀程度更为严重。腐蚀性熔盐在四种涂层中内扩散程度的不同,这可能与四种涂层不同的柱状晶微观结构存在密切联系。

值得关注的是,随着航空涡轮发动机进口温度的提高,寻求新型热障涂层材料时,热腐蚀过程只是众多影响因素中值得考虑的其中一个方面。其他方面如:涂层材料的熔点、热导率、与基体合金的热膨胀匹配性、与 TGO 层的化学相容性、与基体合金良好的结合强度、抗烧结和致密化等因素应该都要在选材时加以考虑。所以,当设计热障涂层材料为现实条件应用时,本试验的抗高温热腐蚀性能测试结果必须与其他的选材因素相结合,才能更加全面地评价 $La_2Zr_2O_7$ 及其改性系列新型热障涂层材料的潜在应用性。

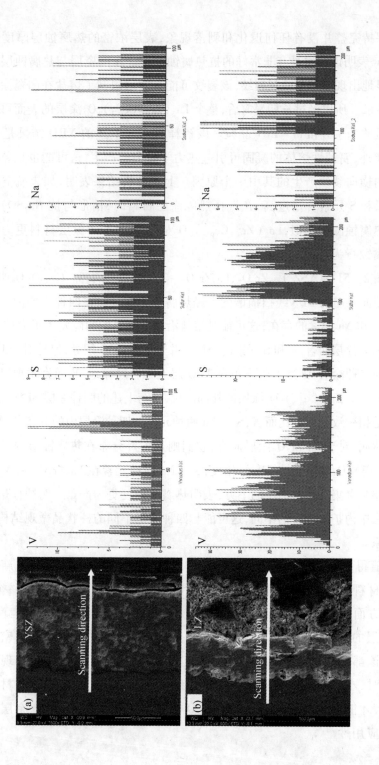

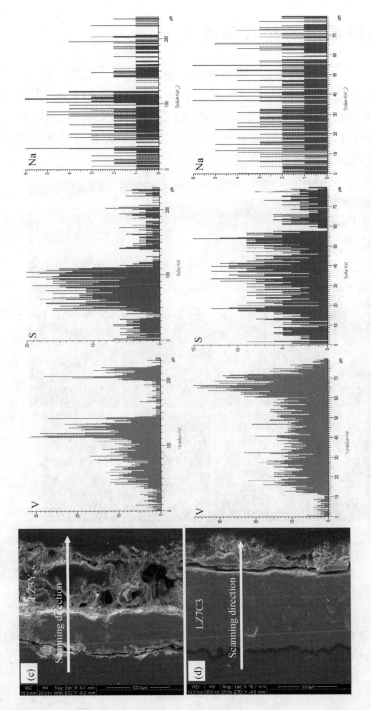

图2-51 四种涂层经900℃热腐蚀100h后的SEM截面形貌图和EDS线扫描谱图

(a) YSZ; (b) La$_2$Zr$_2$O$_7$; (c) La$_2$Zr$_2$O$_7$-3Y$_2$O$_3$; (d) La$_2$(Zr$_{0.7}$Ce$_{0.3}$)$_2$O$_7$O

2.7 热障涂层的结合强度

利用拉拔法进行涂层样品的结合强度测试,图 2 – 52(a)和(b)为测试前的样品,图 2 – 52(c)~(l)分别为单层 LZ、单层 LZ3Y、单层 LZ7C3、单层 YSZ、双陶瓷层 LZ/YSZ、双陶瓷层 LZ3Y/YSZ、双陶瓷层 LZ7C3/YSZ、双陶瓷层间梯度 LZ/YSZ、双陶瓷层间梯度 LZ3Y/YSZ 和双陶瓷层间梯度 LZ7C3/YSZ 测试后的样品实物图。

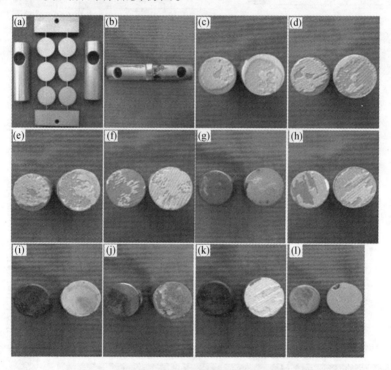

图 2 – 52　十种沉积态涂层的结合强度测试
a)和(b)测试前;测试后:(c) 单层 LZ;(d) 单层 LZ3Y;(e) 单层 LZ7C3;(f) 单层 YSZ;
(g) 双层 LZ/YSZ;(h) 双层 LZ3Y/YSZ;(i) 双层 LZ7C3/YSZ;(j) 双层梯度 LZ/YSZ;
(k) 双层梯度 LZ3Y/YSZ;(l) 双层梯度 LZ7C3/YSZ。

本试验采用涂层的附着力(结合力)来表示涂层的结合强度,涂层的附着力按下式计算:

$$F = \frac{G}{S}$$
(2 – 12)

式中：F 为涂层的附着力(kgf/cm^2)；G 为试样被拉开破坏时的负荷值(kg)；S 为涂覆被测涂层试柱的横截面积(cm^2)；$1kgf/cm^2 = 9.8 \times 10^4 Pa$；$1kgf = 9.8N$。

经过测试，单层 LZ 涂层的平均结合强度为 28.82MPa。断裂后 LZ 涂层的宏观表面形貌如图 2-52(c)所示，结合图 2-53 随机的涂层表面 SEM 形貌图和 EDS 能谱结果可知，5 个样品的拉伸断裂位置均发生在胶与涂层表面处和涂层内部，陶瓷涂层与粘结层的界面处完整无损，破坏类型属于内聚破坏(B 型)和被测涂层的表面部分被拉破(C 型)。说明陶瓷涂层与粘结层的界面结合强度应大于实际测试值(见表 2-3)。

表 2-3 单层 $La_2Zr_2O_7$(LZ)涂层的拉伸载荷和平均结合强度

样品编号	样品半径/m	样品底面积/m²	实测拉伸载荷/N	结合强度/MPa	平均结合强度/MPa
LZ-1	0.006	0.00011304	3825	33.83757962	
LZ-2	0.006	0.00011304	2989	26.44196745	
LZ-3	0.006	0.00011304	3256	28.8039632	28.82165605
LZ-4	0.006	0.00011304	3043	26.91967445	
LZ-5	0.006	0.00011304	3177	28.10509554	

经过测试，单层 LZ3Y 涂层的平均结合强度为 29.63MPa。断裂后 LZ3Y 涂层的宏观表面形貌如图 2-52(d)所示，结合图 2-54 随机的涂层表面 SEM 形貌图和 EDS 能谱结果可知，5 个样品的拉伸断裂位置均发生在胶与涂层表面处和涂层内部，陶瓷涂层与粘结层的界面处完整无损，破坏类型属于内聚破坏(B型)和被测涂层的表面部分被拉破(C 型)。说明陶瓷涂层与粘结层的界面结合强度应大于实际测试值(见表 2-4)。

表 2-4 单层 $La_2Zr_2O_7 - 3Y_2O_3$(LZ3Y)涂层的拉伸载荷和平均结合强度

样品编号	样品半径/m	样品底面积/m²	实测拉伸载荷/N	结合强度/MPa	平均结合强度/MPa
LZ3Y-1	0.006	0.00011304	4130	36.53573956	
LZ3Y-2	0.006	0.00011304	2672	23.63765039	
LZ3Y-3	0.006	0.00011304	3428	30.32554848	29.63021939
LZ3Y-4	0.006	0.00011304	3749	33.16525124	
LZ3Y-5	0.006	0.00011304	2768	24.48690729	

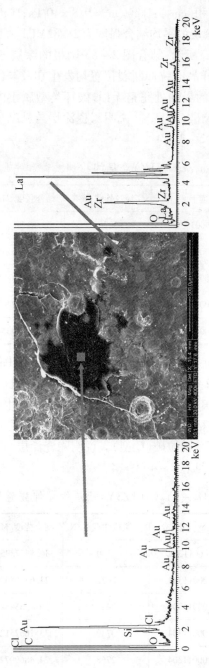

图2-53 LZ涂层样品经拉拔试验后的随机表面SEM形貌图和相应位置的EDS谱图

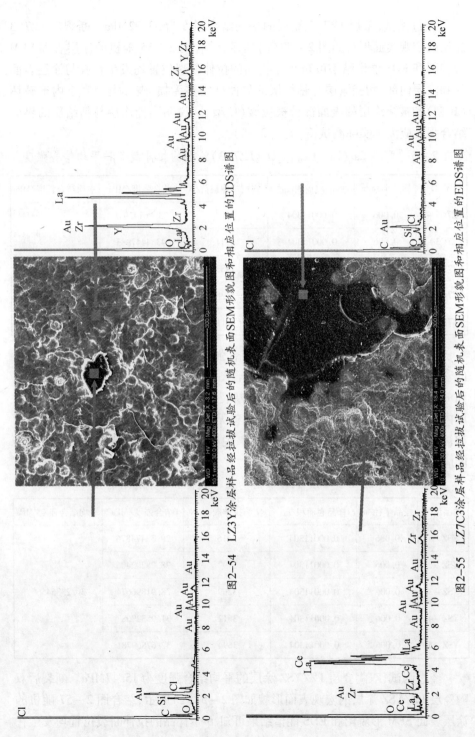

图2-54 LZ3Y涂层样品经拉拔试验后的随机表面SEM形貌图和相应位置的EDS谱图

图2-55 LZ7C3涂层样品经拉拔试验后的随机表面SEM形貌图和相应位置的EDS谱图

经过测试,单层 LZ7C3 涂层的平均结合强度为 33.92MPa。断裂后 LZ7C3 涂层的宏观表面形貌如图 2-52(e) 所示,结合图 2-55 随机的涂层表面 SEM 形貌图和 EDS 能谱结果可知,5 个样品的拉伸断裂位置均发生在胶与涂层表面处和涂层内部,陶瓷涂层与粘结层的界面处完整无损,破坏类型属于内聚破坏(B 型)和被测涂层的表面部分被拉破(C 型)。说明陶瓷涂层与粘结层的界面结合强度应大于实际测试值(见表 2-5)。

表 2-5　单层 $La_2(Zr_{0.7}Ce_{0.3})_2O_7$(LZ7C3)涂层的拉伸载荷和平均结合强度

样品编号	样品半径/m	样品底面积/m^2	实测拉伸载荷/N	结合强度/MPa	平均结合强度/MPa
LZ7C3-1	0.006	0.00011304	3839	33.96142958	
LZ7C3-2	0.006	0.00011304	4911	43.4447983	
LZ7C3-3	0.006	0.00011304	2983	26.38888889	33.92073602
LZ7C3-4	0.006	0.00011304	3428	30.32554848	
LZ7C3-5	0.006	0.00011304	4011	35.48301486	

经过测试,单层 YSZ 涂层的平均结合强度为 30.23MPa。断裂后 YSZ 涂层的宏观表面形貌如图 2-52(f) 所示,结合图 2-56 随机的涂层表面 SEM 形貌图和 EDS 能谱结果可知,5 个样品的拉伸断裂位置均发生在胶与涂层表面处和涂层内部,陶瓷涂层与粘结层的界面处完整无损,破坏类型属于内聚破坏(B 型)和被测涂层的表面部分被拉破(C 型)。说明陶瓷涂层与粘结层的界面结合强度应大于实际测试值(见表 2-6)。

表 2-6　单层 YSZ 涂层的拉伸载荷和平均结合强度

样品编号	样品半径/m	样品底面积/m^2	实测拉伸载荷/N	结合强度/MPa	平均结合强度/MPa
YSZ-1	0.006	0.00011304	3316	29.33474876	
YSZ-2	0.006	0.00011304	3197	28.28202406	
YSZ-3	0.006	0.00011304	3269	28.91896674	30.23354565
YSZ-4	0.006	0.00011304	3612	31.95329087	
YSZ-5	0.006	0.00011304	3694	32.67869781	

经过测试,双陶瓷层 LZ/YSZ 涂层的平均结合强度为 15.47MPa。断裂后双陶瓷层 LZ/YSZ 涂层的宏观表面形貌如图 2-52(g) 所示,结合图 2-57 随机的涂层表面 SEM 形貌图和 EDS 能谱结果可知,5 个样品的拉伸断裂位置均发生在

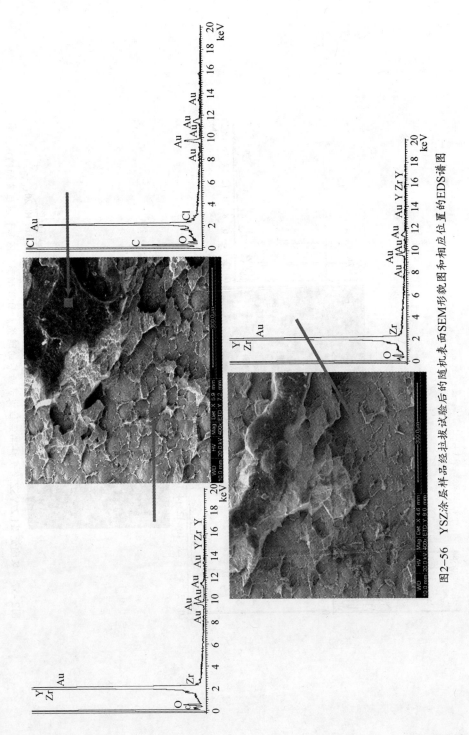

图2-56 YSZ涂层样品经拉拔试验后的随机表面SEM形貌图和相应位置的EDS谱图

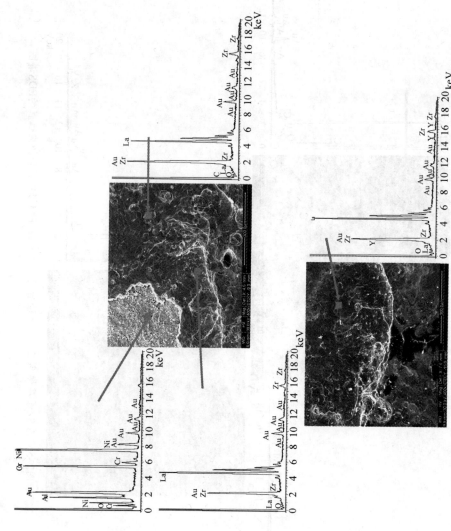

图2-57 双陶瓷层LZ/YSZ涂层样品经拉拔试验后的随机表面SEM形貌图和相应位置的EDS谱图

胶与涂层表面处、LZ陶瓷层内部、LZ与YSZ的界面处和YSZ与粘结层的界面处（样品某一边缘部位有少许剥落，其余地方与粘结层结合均完整），大体上陶瓷涂层与粘结层的界面完整无损。破坏类型属于内聚破坏（B型）、被测涂层的表面部分被拉破（C型）和附着破坏（A型）。说明陶瓷涂层与粘结层的界面结合强度应大于实际测试值（见表2－7）。

表2－7　双陶瓷层（DCL）LZ/YSZ涂层的拉伸载荷和平均结合强度

样品编号	样品半径/m	样品底面积/m²	实测拉伸载荷/N	结合强度/MPa	平均结合强度/MPa
DCL－LZ/YSZ－1	0.006	0.00011304	1562	13.81811748	
DCL－LZ/YSZ－2	0.006	0.00011304	2272	20.09907997	
DCL－LZ/YSZ－3	0.006	0.00011304	1097	9.70452937	15.47062987
DCL－LZ/YSZ－4	0.006	0.00011304	1236	10.93418259	
DCL－LZ/YSZ－5	0.006	0.00011304	2577	22.79723992	

经过测试，双陶瓷层LZ3Y/YSZ涂层的平均结合强度为17.42MPa。断裂后双陶瓷层LZ3Y/YSZ涂层的宏观表面形貌如图2－52(h)所示，结合图2－58随机的涂层表面SEM形貌图和EDS能谱结果可知，5个样品的拉伸断裂位置均发生在胶与涂层表面处、LZ3Y陶瓷层内部、LZ3Y与YSZ的界面处（剥落面积占总面积的2/3）和YSZ与粘结层的界面处（剥落面积占总面积的1/6），大体上陶瓷涂层与粘结层的界面完整无损。破坏类型属于内聚破坏（B型）、被测涂层的表面部分被拉破（C型）和附着破坏（A型）。说明陶瓷涂层与粘结层的界面结合强度应大于实际测试值（见表2－8）。

表2－8　双陶瓷层（DCL）LZ3Y/YSZ涂层的拉伸载荷和平均结合强度

样品编号	样品半径/m	样品底面积/m²	实测拉伸载荷/N	结合强度/MPa	平均结合强度/MPa
DCL－LZ3Y/YSZ－1	0.006	0.00011304	1723	15.24239207	
DCL－LZ3Y/YSZ－2	0.006	0.00011304	1811	16.02087757	
DCL－LZ3Y/YSZ－3	0.006	0.00011304	2493	22.05414013	17.42392074
DCL－LZ3Y/YSZ－4	0.006	0.00011304	2719	24.05343241	
DCL－LZ3Y/YSZ－5	0.006	0.00011304	1102	9.7487615	

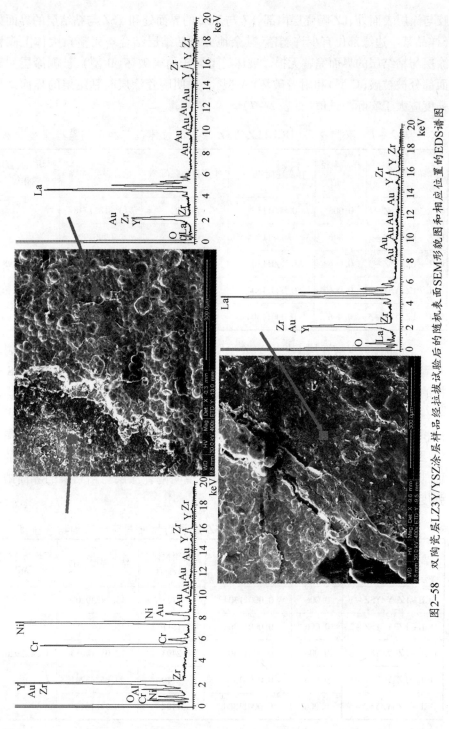

图2-58 双陶瓷层LZ3Y/YSZ涂层样品经拉拔试验后的随机表面SEM形貌图和相应位置的EDS谱图

经过测试,双陶瓷层 LZ7C3/YSZ 涂层的平均结合强度为 16.85MPa。断裂后双陶瓷层 LZ7C3/YSZ 涂层的宏观表面形貌如图 2-52(i)所示,结合图 2-59随机的涂层表面 SEM 形貌图和 EDS 能谱结果可知,5 个样品的拉伸断裂位置均发生在胶与涂层表面处、LZ7C3 陶瓷层内部、LZ7C3 与 YSZ 的界面处和 YSZ 与粘结层的界面处(样品某一边缘部位有少许剥落,其余地方与粘结层结合均完整),大体上陶瓷涂层与粘结层的界面完整无损。破坏类型属于内聚破坏(B型)、被测涂层的表面部分被拉破(C 型)和附着破坏(A 型)。说明陶瓷涂层与粘结层的界面结合强度应大于实际测试值(见表 2-9)。

表 2-9　双陶瓷层(DCL)LZ7C3/YSZ 涂层的拉伸载荷和平均结合强度

样品编号	样品半径 /m	样品底面积 /m²	实测拉伸 载荷/N	结合强度/MPa	平均结合强度 /MPa
DCL-LZ7C3/YSZ-1	0.006	0.00011304	2221	19.64791224	
DCL-LZ7C3/YSZ-2	0.006	0.00011304	1872	16.56050955	
DCL-LZ7C3/YSZ-3	0.006	0.00011304	2115	18.71019108	16.84536447
DCL-LZ7C3/YSZ-4	0.006	0.00011304	1736	15.35739561	
DCL-LZ7C3/YSZ-5	0.006	0.00011304	1577	13.95081387	

经过测试,双陶瓷层间梯度 LZ/YSZ 涂层的平均结合强度为 13.43MPa。断裂后双陶瓷层间梯度 LZ/YSZ 涂层的宏观表面形貌如图 2-52(j)所示,结合图 2-60 随机的涂层表面 SEM 形貌图和 EDS 能谱结果可知,5 个样品的拉伸断裂位置均发生在胶与涂层表面处、LZ 与 YSZ 梯度层内部和 YSZ 与粘结层的界面处(剥落面积占总面积的 1/6),大体上陶瓷涂层与粘结层的界面基本无损。破坏类型属于内聚破坏(B 型)、被测涂层的表面部分被拉破(C 型)和附着破坏(A型)。说明陶瓷涂层与粘结层的界面结合强度应大于实际测试值(见表 2-10)。

表 2-10　双陶瓷层间梯度(GDCL)LZ/YSZ 涂层的拉伸载荷和平均结合强度

样品编号	样品半径 /m	样品底面积 /m²	实测拉伸 载荷/N	结合强度/MPa	平均结合强度 /MPa
GDCL-LZ/YSZ-1	0.006	0.00011304	1942	17.17975938	
GDCL-LZ/YSZ-2	0.006	0.00011304	998	8.828733192	
GDCL-LZ/YSZ-3	0.006	0.00011304	2068	18.29440906	13.43772116
GDCL-LZ/YSZ-4	0.006	0.00011304	1576	13.94196745	
GDCL-LZ/YSZ-5	0.006	0.00011304	1011	8.94373673	

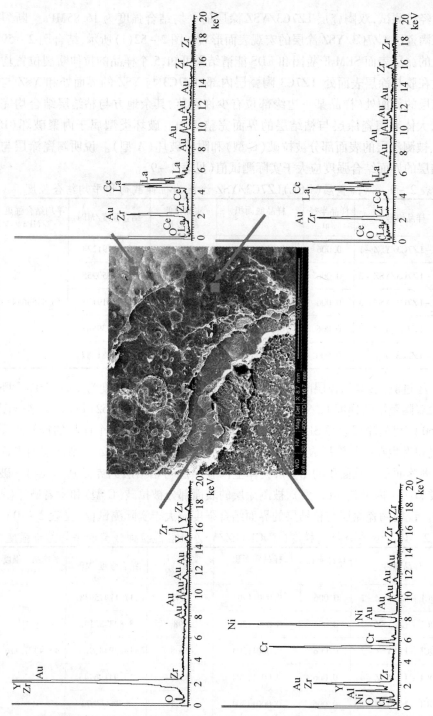

图2-59 双陶瓷层LZ7C3/YSZ涂层样品经拉拔试验后的随机表面SEM形貌图和相应位置的EDS谱图

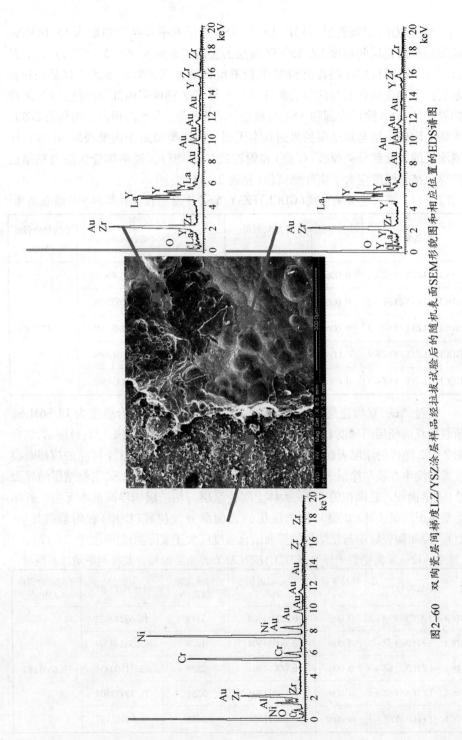

图2-60 双陶瓷层间梯度LZ/YSZ涂层样品经拉拔试验后的随机表面SEM形貌图和相应位置的EDS谱图

115

经过测试,双陶瓷层间梯度 LZ3Y/YSZ 涂层的平均结合强度为 15.16MPa。断裂后双陶瓷层间梯度 LZ3Y/YSZ 涂层的宏观表面形貌如图 2-52(k)所示,结合图 2-61 随机的涂层表面 SEM 形貌图和 EDS 能谱结果可知,5 个样品的拉伸断裂位置均发生在胶与涂层表面处、LZ3Y 与 YSZ 梯度层内部、梯度层与 YSZ 层的界面处、YSZ 涂层内部和 YSZ 与粘结层的界面处(剥落面积占总面积的 2/5),大体上陶瓷涂层与粘结层的界面基本无损。破坏类型属于内聚破坏(B 型)、被测涂层的表面部分被拉破(C 型)和附着破坏(A 型)。说明陶瓷涂层与粘结层的界面结合强度应大于实际测试值(见表 2-11)。

表 2-11 双陶瓷层间梯度(GDCL)LZ3Y/YSZ 涂层的拉伸载荷和平均结合强度

样品编号	样品半径 /m	样品底面积 /m²	实测拉伸 载荷/N	结合强度/MPa	平均结合强度 /MPa
GDCL - LZ3Y/YSZ - 1	0.006	0.00011304	1428	12.63269639	
GDCL - LZ3Y/YSZ - 2	0.006	0.00011304	2049	18.12632696	
GDCL - LZ3Y/YSZ - 3	0.006	0.00011304	2671	23.62880396	15.15746638
GDCL - LZ3Y/YSZ - 4	0.006	0.00011304	1399	12.37615004	
GDCL - LZ3Y/YSZ - 5	0.006	0.00011304	1020	9.023354565	

经过测试,双陶瓷层间梯度 LZ7C3/YSZ 涂层的平均结合强度为 18.86MPa。断裂后双陶瓷层间梯度 LZ7C3/YSZ 涂层的宏观表面形貌如图 2-52(1)所示,结合图 2-62 随机的涂层表面 SEM 形貌图和 EDS 能谱结果可知,5 个样品的拉伸断裂位置均发生在胶与涂层表面处、LZ7C3 与 YSZ 梯度层内部和 YSZ 与粘结层的界面处(剥落面积占总面积的 1/5),大体上陶瓷涂层与粘结层的界面基本无损。破坏类型属于内聚破坏(B 型)、被测涂层的表面部分被拉破(C 型)和附着破坏(A型)。说明陶瓷涂层与粘结层的界面结合强度应大于实际测试值(见表 2-12)。

表 2-12 双陶瓷层间梯度(GDCL)LZ7C3/YSZ 涂层的拉伸载荷和平均结合强度

样品编号	样品半径 /m	样品底面积 /m²	实测拉伸 载荷/N	结合强度/MPa	平均结合强度 /MPa
GDCL - LZ7C3/YSZ - 1	0.006	0.00011304	2113	18.69249823	
GDCL - LZ7C3/YSZ - 2	0.006	0.00011304	1024	9.058740269	
GDCL - LZ7C3/YSZ - 3	0.006	0.00011304	2839	25.11500354	18.8641189
GDCL - LZ7C3/YSZ - 4	0.006	0.00011304	3251	28.75973107	
GDCL - LZ7C3/YSZ - 5	0.006	0.00011304	1435	12.69462137	

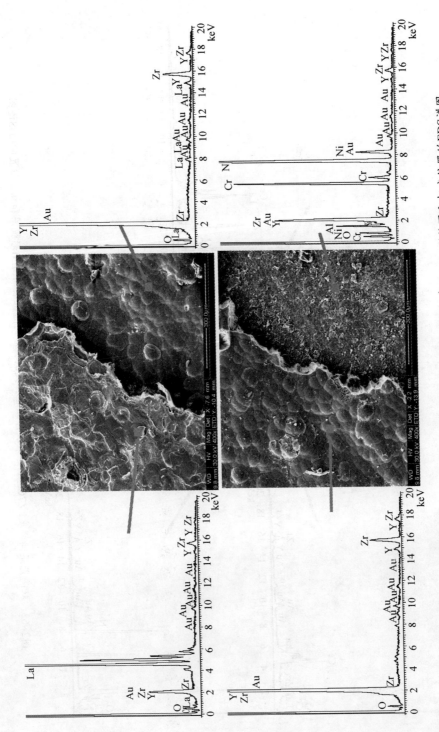

图2-61 双陶瓷间梯度LZ3Y/YSZ涂层样品经拉拔试验后的随机表面SEM形貌图和相应位置的EDS谱图

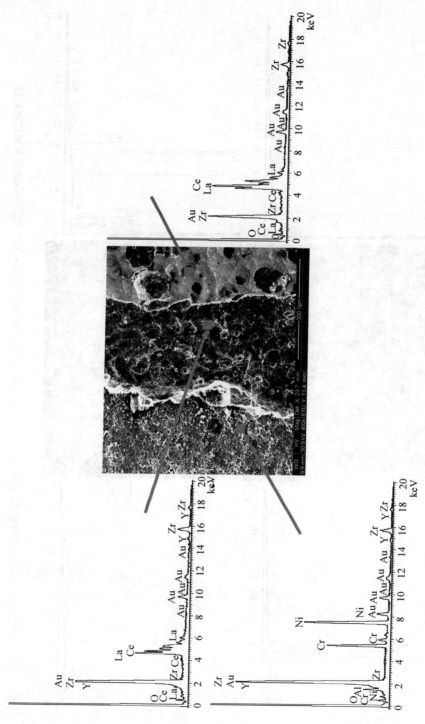

图2-62 双陶瓷层间梯度LZ7C3/YSZ涂层样品经拉拔试验后的随机表面SEM形貌图和相应位置的EDS谱图

为了更好地比较上述涂层样品的拉伸结合强度大小,图 2 - 63 为上述十种涂层样品的平均拉伸结合强度结果。由该图的结果可知,本试验所得到的十种涂层样品的平均拉伸结合强度的大小顺序为单层 LZ7C3 > 单层 YSZ > 单层 LZ3Y > 单层 LZ > 双陶瓷层间梯度 LZ7C3/YSZ > 双陶瓷层 LZ3Y/YSZ > 双陶瓷层 LZ7C3/YSZ > 双陶瓷层 LZ/YSZ > 双陶瓷层间梯度 LZ3Y/YSZ > 双陶瓷层间梯度 LZ/YSZ。由该图的结果还可看出,单层、双陶瓷层和双陶瓷层间梯度涂层的平均拉伸结合强度大小基本上满足以下关系:单层涂层 > 双陶瓷涂层 > 双陶瓷层间梯度涂层。导致该结果的原因除了与沉积过程中各种沉积条件因素影响外,还可能与陶瓷层中层与层之间的界面数量有关,陶瓷层间界面越多,其平均拉伸结合强度值越小。另一方面,也与涂层内柱状晶的生长排布微观结构有关。因为拉伸测试用的 E - 7 甲胶在涂层样品置于烘箱中固化期间,E - 7 甲胶沿着柱状晶的生长方向往陶瓷层与粘结层的界面处内扩散,但是在 SEM 分析结果中发现,E - 7 甲胶基本上不会扩散到陶瓷层与粘结层的界面处,而是在陶瓷层内部 E - 7 甲胶就固化完毕。E - 7 甲胶往陶瓷层内部扩散得越深,其平均拉伸结合强度值可能就越大。由于双陶瓷层间梯度涂层的柱状晶生长方式凌乱和复杂,且层间界面多,不利于 E - 7 甲胶往陶瓷层内扩散,此外柱状晶间的结合力弱且柱状晶顶部羽毛杆纤细和枝权多,这些因素均会导致双陶瓷层间梯度涂层的平均拉伸结合强度测试值相对较小

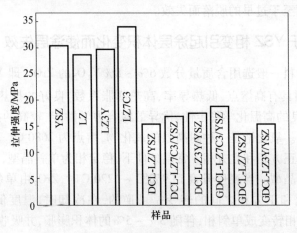

图 2 - 63　十种涂层样品的平均拉伸结合强度

2.8　热障涂层的失效机理研究

近几十年来,随着科学技术的发展,对热障涂层的应用要求越来越苛刻,尽管 TBCs 得到了一定程度的改进,但服役期间 TBCs 的过早失效剥落仍是一大问

题。TBCs 的失效剥落涉及因素众多,主要有以下几类:

（1）热膨胀失配而产生应力使涂层失效;

（2）由于相变引起涂层体积变化而使涂层失效;

（3）由于在中间层与外层界面热生长的氧化物（Thermally Grown Oxide, TGO)层对金属基体之间界面的破坏而造成失效;

（4）热腐蚀引起的涂层退化。

2.8.1　热膨胀失配而产生应力使涂层失效

一般情况下,TBCs 由热绝缘陶瓷层和金属底层组成,经常分别被称为陶瓷表面和结合底层。由于陶瓷与金属本身的物理性能差异,陶瓷面层硬脆,抗热震性差;而金属或合金粘结层的硬度比陶瓷要低很多,塑性较好,抗热冲击。两者的热膨胀系数相差很大,陶瓷的热膨胀系数通常为 $7 \times 10^6 K^{-1} \sim 12 \times 10^6 K^{-1}$,而金属的热膨胀系数通常是 $18 \times 10^6 K^{-1} \sim 20 \times 10^6 K^{-1}$。这种物理特性的差异导致 TBCs 在经历温度变化时,陶瓷面层与粘结层的热变形量不同,产生形变热应力,使得当陶瓷涂层长时间工作在这种恶劣状况下会产生开裂和脱落,致使涂层失效。因此,通常在陶瓷面层和基体间加入一粘结层,以改善陶瓷与合金基体间的物理相容性。当产生热应力时,这种中间涂层能起到缓冲的作用,从而使陶瓷和基体之间不至于过早的脱落而失效。

2.8.2　由于 YSZ 相变引起涂层体积变化而使涂层失效

陶瓷层材料一般选用含质量分数 $6\% \sim 8\%$ Y_2O_3 的 ZrO_2,即 Y_2O_3 部分稳定的 ZrO_2。它因具有高熔点、低热导率、高热膨胀系数、良好的抗热冲击性能、耐高温氧化、优良的高温化学稳定性、优异的综合力学性能、较高的抗弯强度等优点而应用广泛。氧化锆是一种耐高温的氧化物,熔点为 2680℃。ZrO_2 有 3 种晶型:即单斜相、正方相和立方相。常温条件下,稳定相为单斜晶型,高温条件下稳定相则为立方晶型。当温度升高到 950℃ ~1220℃ 时,ZrO_2 由单斜相向正方相转变。单斜相和正方相之间的转变是可逆的,在冷却时,温度低于 600℃ 时,ZrO_2 又由正方相转变成单斜相,伴随 $3\% \sim 5\%$ 的体积膨胀,并吸收热量 11.8kJ/mol,使 ZrO_2 涂层内部积聚足够大的应力引起裂纹或碎裂导致了涂层失效。在高温阶段,温度超过 2370℃ 时,ZrO_2 由正方相转变成立方相,正方相与立方相之间的转变是不可逆的,在室温和高温下立方相是稳定的。为避免在热循环过程中出现相变而致涂层失效,通常在 ZrO_2 中必须加入 Y_2O_3 作为稳定剂,为使正方相完全稳定,需要 17% Y_2O_3。但是对不同含量 Y_2O_3 稳定的 ZrO_2 所作的热循环显示,完全稳定的 ZrO_2 的抗热循环性能并不是最好的,在 $6\% \sim 8\%$ 时陶瓷层有着最好的涂层寿命。

2.8.3　TGO 增长引起的涂层失效

近年来,人们通过对高温氧化气氛中服役的 TBCs 进行了大量的分析和研究,发现在原来的 TBCs 系统中多一层,这一层是由陶瓷层和中间过渡层的氧化物生长而形成的,在 MCrAlY 粘结层和 TBCs 之间的热生长氧化物被认为是产生应力,并导致涂层失效的根本原因之一。于是,TGO 引起了各国研究人员极大的关注,研究结果表明:TGO 是 TBCs 在长期高温氧化环境中服役引起涂层失效不可忽视的因素。MCrAlY/YSZ 界面间只要有 $3\mu m \sim 4\mu m$ 的氧化物生长就足以引起陶瓷面层的剥落,失效往往发生在金属粘结层/陶瓷层界面处。MCrAlY 粘结层的氧化过程分为两个阶段:在第 1 阶段,粘结层中 Al 选择氧化,形成 Al_2O_3 层,质量增量取决于涂层厚度和 Al 元素的含量;在第 2 阶段,Al 消耗后,其他元素发生氧化,氧化速率与第 1 阶段成正比。由于选择氧化导致 Al 元素的大量消耗,而使该处的 Cr、Co、Ni 等元素富集,随后选择氧化消失,进而生成 Cr、Co、Ni 等元素的氧化物。当 Al 含量 <10% 时,Cr_2O_3、NiO 相生成。在氧化产物中,Cr/Ni 富集的区域,例如 $Ni(Al、Cr)_2O_4$ 处,裂纹要比 Al_2O_3 处易于产生和扩展。$NiCr_2O_4$、$Ni(Al、Cr)_2O_4$、Cr_2O_3、NiO、CoO 的形成将会大大加速热障涂层的失效。

2.8.4　热腐蚀引起的涂层退化

航空燃气涡轮发动机使用的燃料中含 Na 和 S 等杂质,以 Na_2SO_4 形式沉积在高温部件上,因此热障涂层经常会遇到 Na_2SO_4 的腐蚀问题,对于使用劣质燃料的发动机,V、P 等对热障涂层的影响也不容忽视。稳定组元的 Y_2O_3 在上述气氛中易受腐蚀并发生反应,而从 ZrO_2 中析出,导致 ZrO_2 由四方或立方相向单斜相发生转变,这种相变引起体积变化进而导致涂层的失效。

2.9　热障涂层的应用

2.9.1　热障涂层在国外的应用

热障涂层可以明显降低基材温度、硬度高、化学稳定性好,具有防止高温腐蚀、延长热端部件使用寿命、提高发动机功率和减少燃油消耗等优点,TBCs 的出现为大幅度改进航空发动机的性能开辟了新途径。自 20 世纪 70 年代以来,美国、英国、法国、日本等发达工业化国家都竞相发展 TBCs 涂层,并大量应用在叶片、燃烧室、隔热屏、喷嘴、火焰筒、尾喷管等航空发动机热端部件上。

1976 年,在美国 NASA 刘易斯研究中心研制的 MgO 部分稳定的 ZrO_2 热障涂层在 J75 发动机上首次通过验证,随后成功用于该发动机的燃烧室,后来被称为第一代航空用热障涂层。20 世纪 80 年代初,P&W 公司成功地开发了第二代等离子喷涂热障涂层——PWA264。其陶瓷面层是大气等离子喷涂的质量分数为 7% 的氧化钇部分稳定的氧化锆(YSZ),金属粘结层为更耐氧化的低压等离子喷涂(LPPS)的 NiCoCrAlY。PWA264 涂层在 JT9D 发动机涡轮叶片上成功应用之后,又陆续在 PW2000、PW4000 和 V2500 等发动机的涡轮叶片上得到试验验证和应用。截至 1992 年,该涂层用于 JT9D、PW2000、PW4000 和 V2500 发动机涡轮叶片上,上述发动机已经累计飞行了 400 万小时以上。20 世纪 80 年代末,为了适应更高的温度要求,P&W 公司又成功地开发了第三代涡轮叶片 EB –PVD 热障涂层——PWA266。该涂层采用 EB – PVD 制备 7YSZ 陶瓷面层、低压等离子喷涂(LPPS)的 NiCoCrAlY 金属粘结层,该涂层消除了叶片蠕变疲劳、断裂和叶型表面抗氧化陶瓷的剥落,使其寿命比未喷涂该涂层叶片的寿命延长了 3 倍。PWA266 以其极好的耐久性、抗热剥落性能和耐热性,在 JT9D 和 PW2000 发动机上得到成功验证之后,于 1989 年首先应用到 PW2000 发动机涡轮叶片上,之后又应用至 JT9D – 7R4、V2500、F100 – PW – 229 和 F119 等发动机涡轮叶片上。应用该涂层后,F119 发动机高压涡轮工作叶片工作温度比未喷涂该涂层叶片的可提高 150K 左右。除此之外,PW 公司在 JT3D 和 JT38D 发动机的风扇叶片、压气机叶片、燃烧室、涡轮叶片等处均用了热障涂层。

同时,美国 GEAE 公司分别于 20 世纪 80 年代末和 90 年代初成功开发了 APS 和 EB – PVD 热障涂层,并在 CF6 – 50 发动机的第 2 级涡轮导向叶片上,采用了 LPPS 制备的 MCrAlY 粘结层和 APS 陶瓷层的热障涂层;在 CF6 – 80 发动机的第 1 级工作叶片上采用 PtAl 粘结层和 EB – PVD 陶瓷层的热障涂层,第 2级涡轮导向叶片采用了 APS 制备的 MCrAlY 粘结层和 APS 陶瓷层的热障涂层;在 CFM56 – 7 发动机的第 1 级涡轮导向叶片上,采用了铝粘结层和 EB – PVD 陶瓷层的热障涂层;在 F414 发动机上,采用了 EB – PVD 陶瓷层的热障涂层。

此外,英国罗尔斯·罗依斯公司也逐渐将 TBCs 大量应用到军用和民用发动机上。Spey 发动机有 200 多个零件使用了热障涂层,尤其是在第 1 级 ~ 3 级涡轮叶片叶冠上均使用了热障涂层,从而改善了叶片可靠性,提高了发动机效率。为提高发动机燃烧室可靠性,防止发生热变形进而产生裂纹,罗罗公司还在 RB211 发动机燃烧室衬套表面采用了 APS 氧化锆涂层,从而极大地提高了燃烧室的使用寿命。EJ200 发动机高压涡轮工作叶片通过采用双层等离子沉积的热障涂层(面层为 YSZ,粘结层为 NiCoCrAlY),延长了叶片寿命,且提高了耐温能力。

法国 SNECMA 公司也已经将 EB – PVD 热障涂层应用到 M88 – 2 发动机 AMl 单晶合金涡轮叶片上,使涡轮的冷却空气流量减少,寿命延长,效率提高。

据报道,目前美国几乎所有的军用和商用航空发动机都采用了 TBCs,每年约有 300t 氧化锆材料用在 TBCs 上,在未来 10 年中 TBCs 将达到 12% 的年增长率,其中在发动机部件中的年增长率将达到 25%,应用开发前景十分广阔。

2.9.2 热障涂层在国内的应用

我国在热障涂层研究方面起步较晚,加之热障涂层在工业发达国家被列为保密技术,对我国一直实行封锁,因此我国的热障涂层与国外先进技术水平相比尚有明显的差距。在 20 世纪六七十年代曾利用等离子喷涂为燃烧室火焰筒等制备热障涂层,随后逐步开始在航空发动机其他部分部件上应用。为适应我国航空发动机发展的需要,在 90 年代中期,相关单位开展了电子束物理气相沉积技术制备热障涂层的研究,并从国外引进大功率多电子束物理气相沉积设备。随着航空航天技术的发展,目前我国的热障涂层技术也有了较大的进步,自“九五”以来,先后突破了燃气涡轮叶片 YSZ/MCrAlY 热障涂层制备关键技术,掌握了 MCrAlY 粘结层成分和组织控制技术、陶瓷层柱状晶生长取向控制技术、叶片涂层厚度控制技术、涂层后气膜冷却孔尺寸控制技术等多个涡轮叶片热障涂层制备关键技术,研制的 YSZ/MCrAlY 双层结构热障涂层已经在多个型号燃气涡轮发动机叶片、燃烧室、喷口等热端部件上获得应用。21 世纪初,用电子束物理气相沉积技术成功地将热障涂层制备在某发动机 1 级涡轮叶片上,经装机试车考核,该热障涂层的性能达到国外同类产品的技术水平[36]。

目前,热障涂层在我国航空发动机涡轮叶片上的应用研究已经开始并得到重视,已在某些涡轮叶片上喷涂出热障涂层,取得了阶段性成果。热障涂层技术的应用可以大幅提升发动机和地面燃气轮机的综合性能,延长其使用寿命,是高性能发动机和燃气轮机研制的关键技术之一,随着我国大飞机、地面燃气轮机、固体燃料发动机技术的不断进步,对热障涂层的需求将会越来越巨大,热障涂层将在航空、航天、舰船、核工业、汽车等领域的热端部件上拥有广泛的应用前景。与此同时,热障涂层制造工艺及设备将得到不断改进,设计人员对带热障涂层的认识将更加全面,热障涂层工艺人员技术也将更加娴熟,可以预计,热障涂层将会在我国获得巨大的发展。

国内热障涂层的研究工作起步较晚,等离子喷涂热障涂层的研究工作始于 20 世纪 70 年代。进入 80 年代后期,中航工业北京航空材料研究院、北京航空航天大学、中航工业北京航空制造工程研究所等单位先后开展了 EB – PVD 制备热障涂层工艺研究。“十一五”期间,北京航空材料研究院采用 EB – PVD 法制备了 YSZ 双层结构 TBCs,突破了双层结构热障涂层体系的关键材料和技术问题,TBCs 的各项性能指标均达到了预期考核目标。通过从国外引进了多功能改进型物理气相沉积装置,该设备不但加强了北京航空材料研究院在 TBCs 领域的研究和生产实力,而且带动了国内该行业的发展。实现了 EB－PVD 技术在国内航空发动机涡轮叶片的成功应用,满足了我国航空发动机发展的重大需求。

此外,针对热障涂层技术在我国行业内的应用情况,可简单概述为[37,38]:

(1) 新型航空发动机叶片要求采用热障涂层。“九五”期间,航空工业发展了多机种的预研工作,其中前期开始了高推重比发动机关键部件的研制,随着预研工作和地面试车考核工作的同期开展,高推重比发动机涡轮部件已进行深入研制,并已经在某型号发动机涡轮叶片上实现了 TBCs 的小规模应用。

(2) 舰用燃机使用热障涂层。在西安航空发动机(集团)公司承制的从乌克兰引进的某型舰用燃机的制造工艺中,其中涡轮 1 级导向叶片采用等离子热喷涂工艺和工作叶片采用 EB－PVD 工艺均要求施加热障涂层。

(3) 目前某新型发动机火焰筒、燃烧室部件,以及机匣部位也采用了热障涂层。此外,在国内航空发动机技术领域中,等离子喷涂制备热障涂层的工艺已经在某新型航空发动机的涡轮导向叶片和隔热屏等零件上成功应用。

(4) 对于现役发动机,在修理过程中也采用了这一工艺,利用热障涂层来修复发动机的热端部件,延长了某型号发动机的翻修寿命。

陶瓷热障涂层的研究和应用到现在已经有近 40 年的历史,但其应用范围主要集中在航空航天领域。随着科技人员的不断努力,陶瓷热障涂层的应用范围在不断扩大。目前,陶瓷热障涂层不仅应用于航空、航天、地面燃机、船舶、能源、核工业等国防领域,而且也成功地应用于动力装备、机械制造业、钢铁、冶金、石油化工、纺织、印刷、电子、电力等工业。

2.10 热障涂层的发展趋势

随着航空工业的发展,涡轮发动机的推重比越来越高,涡轮前进口温度也越来越高。根据目前国内外材料的研究历程及进展状况,在短时期内通过提高材料的使用温度来实现提升涡轮叶片耐高温能力具有相当大的难度,比较快速可行的方法是在涡轮叶片基体上沉积热障涂层以提高其使用温度。国内外对热障涂层的技术研究保持着强劲的活力,未来热障涂层技术的发展将着重研究以下几个方面:

(1) 研究适用于下一代超声速发动机的新的热障涂层材料体系,寻找能替

代 ZrO_2 的、具有更好相稳定性、更低烧结速率和导热系数的陶瓷材料是其中的关键。

（2）对现有涂层体系的材料及制备工艺的优化研究和机理研究，包括对 MCrAlY 粘结层的成分、YSZ 陶瓷新的稳定氧化物的选择及涂层微观结构的改进和优化以及对梯度涂层技术的进一步研究，从而提高涂层的工作温度、使用寿命和隔热性能。

（3）热障涂层隔热效果研究，通过实验模拟测试涂层的隔热情况即温度梯度，并结合传热学理论，根据涂层材料的导热系数、预期的隔热效果及热端部件的工作环境，为合理设计涂层厚度提供依据，也为涂层的改进提供方向。

（4）热障涂层寿命预测模型的进一步研究，若将热障涂层应用于涡轮发动机高危险部位，必须建立发动机寿命预测系统以保证安全。因此，进一步研究热障涂层剥落失效机理及服役条件下的力学行为等，建立较为完善的寿命预测模型，从而较为准确地评估涂层服役寿命，为热障涂层的实际应用提供可靠的保障。

（5）发展新的涂层性能检测技术，尤其是无损检测技术，准确表征涂层与基体的结合力、涂层开裂程度、相变程度等性能，更好地实现对涂层质量的控制。

参 考 文 献

[1] http://college. cauc. edu. cn/institute/clgy/images/hk14. jpg&imgrefurl

[2] Schulz U, Leyens C, Fritscher K, et al. Some recent trends in research and technology of advanced thermal barrier coatings. Aerospace Sci. Technol. , 2003, 7:73 – 80.

[3] D. Derek. Thermal barrier coatings via directed vapor deposition. USA: University of Virginia, 2000.

[4] http://www. sulzermetco. com

[5] http://www. ctemag. com/images/Articles/9808/9808 – tt – fig1 low. jpg

[6] Schulz U, Ratzer-Scheibe H J, Saruhan B, Renteria A F, Thermal conductivity issues of EB – PVD thermal barrier coatings. Mat. -wiss. u. Werkstofftech. , 2007, 38(9): 659 –666.

[7] Jaslier Y P, Malle A H L, Huchin J P, et al. Ceramic heat barrier coating having low thermal conductivity and process for the deposition of said coating. US Patent, 6,251,504 B1, 2001.

[8] Schulz U, Saruhan B, Fritscher K. Review on advanced EB – PVD ceramic topcoats for TBC applications. Int. J. Appl. Ceram. Technol. , 2004, 1(4): 302 –315.

[9] Gu S, Lu T J, Hass D D, Wadley H N G. Thermal conductivity of zirconia coatings with zig-zag pore microstructures. Acta Mater. , 2001, 49: 2539 –2547.

[10] http://www. logon. com. cn/baozha – 1. html

[11] 赵峰,杨艳丽. CVD 技术的应用与进展. 热处理,2009,24(4):7 – 10.

［12］ 傅永庆,朱晓东,徐可为,等. 离子束辅助沉积技术. 材料科学与工程,1996,14(3):20－30.

［13］ 刘福顺,宫声凯,徐惠彬. 大功率 EB－PVD 陶瓷热障涂层的研究与应用. 航空学报,2000,21: 530－535.

［14］ Su Y L, Trice R W, Faber K T, et al. Thermal conductivity, phase stability, and oxidation resistance of $Y_3Al_5O_{12}(YAG)/Y_2O_3 - ZrO_2(YSZ)$ thermal-barrier coatings. Oxide of Met. , 2004, 61: 253－271.

［15］ Dai H, Zhong X, Li J, et al. Thermal stability of double-ceramic-layer thermal barrier coatings with various coating thickness. Mater. Sci. Eng. A, 2007, 433: 1－7.

［16］ Vassen R, Tietz F, Stoever D. New thermal barrier coatings based on pyrochlore/YSZ double－layer systems. Int. J. Appl. Ceram. Technol. , 2004, 1(4): 351－361.

［17］ Cao X Q, Vassen R, Tietz F, et al. New double-ceramic-layer thermal barrier coatings based on zirconia-rare earth composite oxides. J. Eur. Ceram. Soc. , 2006, 26: 247－251.

［18］ Wilden J, Wank A. Application study on ceria based thermal barrier coatings. Mater. Sci. Eng. Technol. , 2001, 32(8): 654－659.

［19］ Xu Z H, He L M, Mu R D, et al. Double-ceramic-layer thermal barrier coatings of $La_2Zr_2O_7$/YSZ deposited by electron beam-physical vapor deposition. J. Alloys Compd. , 2009, 473: 509－515.

［20］ Bobzin K, Lugscheider E, Bagcivan N. Thermal cycling behavior of yttria stabilized zirconia and lanthanum zirconate as graded and bilayer EB－PVD thermal barrier coatings. High Temp. Mater. Proc. , 2006, 10: 103－116.

［21］ Ma W, Gong S, Li H, Xu H. Novel thermal barrier coatings based on $La_2Ce_2O_7$/8YSZ double-ceramic-layer systems deposited by electron beam physical vapor deposition. Surf. Coat. Technol. , 2008, 202: 2704－2708.

［22］ Lee D, Kim T W, Lee K S. Design of thermal barrier coatings using gadolinium zirconate ceramics: a study on gadolinium zirconate/YSZ bilayer. J. Ceram. Soc. Jpn. , 2009, 117(5): 550－554.

［23］ Chen H, Zhou X M, Ding C X. Investigation of the thermomechanical properties of a plasma-sprayed nanostructured zirconia coating. J. Eur. Ceram. Soc. , 2003, 23: 1449－1455.

［24］ Cao X Q, Vassen R, Stöver D. Ceramic materials for thermal barrier coatings. J. Eur. Ceram. Soc. , 2004, 24: 1－10.

［25］ Wu J. Novel low-thermal-conductivity ceramics for thermal barrier coating. USA: University of Connecticut, 2004.

［26］ 曹学强. 热障涂层材料. 北京:科学出版社,2007.

［27］ Brandon J R, Taylor R. Phase stability of zirconia-based thermal barrier coatings Part I: zirconia-yttria alloys. Surf. Coat. Technol. , 1991, 46: 75－90.

［28］ Sickafus K E, Minervini L, Grimes R W. et al. Radiation tolerance of complex oxides. Sci. , 2000, 289: 748－751.

［29］ Mccauley R A. Structural characteristics of pyrochlore formation. J. Appl. Phys. , 1980, 51(1): 290－294.

［30］ Vassen R, Cao X, Tietz F, et al. Zirconates as new materials for thermal barrier coatings. J. Am. Ceram. Soc. , 2000, 83(8): 2023－2028.

［31］ Cao X Q, Vassen R, Tietz F. et al. Lanthanum-cerium oxide as a thermal barrier-coating material for high-temperature applications. Adv. Mater. , 2003, 15(17): 1438－1442.

[32] Gadow R, Lischka M. Lanthanum hexaluminate-novel thermal barrier coatings for gas turbine applications-materials and process development. Surf. Coat. Technol. , 2002, 151: 392 – 399.

[33] Maekawa T, Kurosaki K, Yamanaka S. Thermophysical properties of BaY_2O_4: a new candidate material for thermal barrier coatings. Mater. Lett. , 2007, 61(11 – 12): 2303 – 2306.

[34] Kurosaki K, Tanaka T, Maekawa T, et al. Thermophysical properties of SrY_2O_4. J. Alloys Compd. , 2005, 398: 304 – 308.

[35] Guo H B, Zhang H J, Ma G H, et al. Thermo-physical and thermal cycling properties of plasma-sprayed $BaLa_2Ti_3O_{10}$ coating as potential thermal barrier materials. Surf. Coat. Technol. , 2009, 204: 691 – 696.

[36] 郭洪波,宫声凯,徐惠彬. 先进航空发动机热障涂层技术研究进展. 中国材料进展,2009,28(9 ~ 10):18 – 26.

[37] 周立江,汪波,邵义雄. 浅论热障涂层的应用与发展. 航空制造技术,2006,4:83 – 85.

[38] 刘纯波,林锋,蒋显亮. 热障涂层的研究现状与发展趋势. 中国有色金属学报,2007,17(1):1 – 13.

第3章 封严涂层技术

工业领域的实际需求推动了封严涂层技术的不断发展,而航空发动机的进步成为最直接的推动力量之一。航空发动机工作过程中,在离心力、气动力以及热膨胀的共同作用下,转子与静子都会发生形变,导致转子与静子之间的实际间隙随发动机工作状态的变化而改变。为了防止在各种状态下,转子与静子相互摩擦造成机械损伤,在设计、制造和修理过程中,转子与静子之间在构造上必须保留适当的间隙;但是发动机工作状态下转子与静子的间隙却会导致发动机效率的降低,如果采取适当的措施有效地减小发动机转子和静子之间的径向间隙,则可以大大提高航空发动机的可靠性和效率。

资料表明[1]典型发动机的高压涡轮叶片间隙若平均减少 0.245mm,涡轮效率可提高约 1%;如果压气机径向间隙增加 0.076mm,单位耗油率约增大 1%。图 3-1[2] 展示了径向间隙对部件效率及其耗油率的影响,随着叶片和机匣之间间隙的增加,发动机燃油效率下降,耗油率大幅增加。此外,压气机的运转间隙过大,会严重影响发动机工作时的气动特性,并有可能引起喘震,导致发动机稳定性下降。因此,为提高航空发动机的效率,降低油耗,改善发动机气动性能,应尽量减少压气机和涡轮机叶尖与机匣之间的径向间隙。

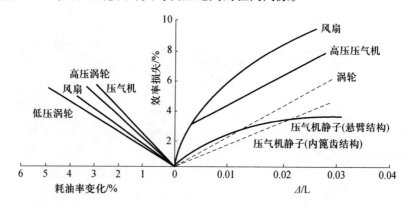

图 3-1 径向间隙对部件效率及耗油率的影响[2]

虽然减小气路密封间隙可以提高涡轮发动机的性能,但是间隙过小则可能导致运动部件和静止部件之间发生干涉摩擦,不但会损伤机件,甚至会导致钛合

128

金零部件出现起火的危险。导致转动部件(叶片及篦齿)与机匣之间刮擦损伤的主要原因有[3]:

(1)发动机转子与机匣材料的热膨胀差异;

(2)转子高速旋转引起的叶片伸长;

(3)零件加工误差;

(4)发动机的装配公差;

(5)零部件因工作震动引起的位移和变形;

(6)因起飞、加速、减速等飞行负载的改变及其他外界干扰引起的机械变化。因此,目前国内外通常在发动机结构设计上保留一定的径向间隙,然后采用气路封严技术改善发动机的性能。封严涂层是一种功能涂层,被广泛地应用于发动机的不同零部件之间,例如转子轴、鼓筒、轴承、转动叶片叶尖、压气机和涡轮之间的封严装置表面,以控制间隙和减少泄漏,成为有效的封严技术之一。封严涂层部位示意图如图3-2所示[4]。

图3-2 封严涂层部位示意图[4]

封严涂层应具有较好的表面质量、优良的热稳定性和较小的摩擦系数,并且与基体材料之间的界面结合性能要比较好。研制封严涂层需综合考虑涂层的各种性能,特别是涂层的磨损特性和耐冲击性能。目前采用的封严涂层主要有以下几大类[5]:有机涂层,热喷涂涂层,烧结金属粉末;耐温可达1000℃的填充或不填充的薄壁蜂窝结构涂层;耐温可达1200℃的可控制孔隙率的陶瓷基涂层。近年来。国外发展最快的是热喷涂涂层和耐高温的陶瓷基涂层。其中热喷涂封严涂层与其他几种封严涂层相比较具有明显的优势,已经被广泛地应用于燃气涡轮发动机系统的封严和维修等方面。如美国通用电气公司、普拉特·惠特尼公司、英国罗尔斯·罗依斯公司,相继在先进的军用、民用航空发动机上使用了热喷涂封严涂层。

为了达到提高效率、节约能源的要求,燃气涡轮机的工作温度几乎是以每年15℃的速率快速上升。推重比12~15航空发动机的涡轮前进口温度将超过1800℃,预计更高一级航空发动机的涡轮前进口温度很快将达到1930℃。虽然应用于发动机压气机部位的封严涂层服役温度较低,目前在600℃左右,但是这一服役温度也在不断提高。针对服役温度逐渐上升的趋势,封严涂层体系如何高温服役条件下具有高性能和长寿命,成为该领域的最大挑战。

3.1　涂层材料

封严涂层通常是成对出现的,即在压气机等的静子部件的表面喷涂可磨耗密封涂层,与叶片等动子尖端的硬质涂层形成一对可磨耗密封摩擦副。根据用途,可将封严涂层分为两大类,即可磨耗封严涂层和耐磨封严涂层。

3.1.1　可磨耗封严涂层

可磨耗封严涂层是喷涂在与转动组件相配合的静子环带上的允许磨耗的软涂层。可磨耗气路密封的设计要求是[6]:高速高温条件下,配副发生刮擦时封严材料必须优先被刮削;封严材料对转动部件(叶片或篦齿)没有损伤或只产生可容忍的损伤;封严材料能准确配合或适应对摩副的形状,形成最小的工作间隙。此外,可磨耗封严涂层还必须满足以下条件:具有良好减摩性能以降低能耗;磨痕表面光滑平整以减小空气动力损失;磨屑细小以避免对后级叶片造成损伤;封严表层兼备耐热、耐蚀、抗氧化、抗冲蚀等性能。因此,可磨耗封严材料表层必须兼顾各种性能要求并取得一定平衡[7],目前多采用复合涂层的设计和工艺来实现。

早期研制成功的封严涂层材料主要有 NiAl、Al－Si、NiCrAl 和 NiCrAlY 粉料,这些合金的耐高温极限温度在 650℃以上,并且与金属基体的界面结合性能良好,但是其可磨耗性较差,尤其是在高温条件下,该类涂层很可能发生熔化与叶片粘着,不但受热变形发生弯曲,而且对叶片损害较大。

为了解决粘着问题和低耐磨性问题,通常通过在涂层中添加软相的方法来改善涂层的性能。目前高性能可磨耗封严涂层大多由基体相、孔隙、脱模剂组成(见图 3－3),基体相起到支撑涂层的抗冲蚀、抗氧化、封严效果;孔隙的存在降低了涂层整体的硬度,保护了对磨叶尖不受到磨损,且对涂层的热冲击性能提高有所帮助;脱模剂则保证了涂层的可磨耗性、减磨和抗粘性能。

可磨耗封严涂层材料的种类随着发动机工作温度的升高而不断发展,在中低温阶段,涂层基体相通常为金属材料,如镍、铜、铬、铝等及其合金;脱模剂通常为具有自润滑功能的聚苯脂、石墨、硅藻土、膨润土、六方氮化硼等。目前,应用较成熟的可磨耗封严涂层为铝基合金涂层和镍基合金涂层体系,使用温度在 1000℃以下,表 3－1[8] 为常用的可磨耗封严涂层及其制备方法、适用温度和用途。

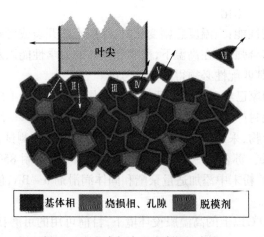

图 3-3 可磨耗涂层的磨耗示意图

表 3-1 常用的可磨耗涂层材料[8]

涂层材料	喷涂方法	适用温度/℃	用途
Al-Si-聚苯酯	等离子	-18～340	压气机和滑油系统封严
Al-Si-石墨	等离子、火焰	<400	压气机和涡轮蓖齿封严
铝合金-石墨	等离子、火焰	<450	压气机部位封严
Ni-石墨	等离子、火焰	<550	压气机部位封严
Ni-Cr-Fe-Al-氮化硼	等离子、火焰	<800	涡轮部位封严
Ni-硅藻土	等离子、火焰	<750	涡轮部位封严
Ni-Cr-硅藻土	等离子、火焰	<850	涡轮部位封严
Ni-Cr-Al-硅藻土	等离子、火焰	<1000	涡轮部位封严

国外对可磨耗封严涂层的研究起步于20世纪50年代,在60年代末期得到了实际应用,截至目前,已经有多种适用于发动机不同部位、不同温度要求的可磨耗封严涂层材料已商品化并得到应用[9],Sulzer-Metco公司生产的Metco307(Ni-石墨)、Metco610NS(AlCu-聚苯酯)、Metco601NS(AlSi-聚苯脂)等(详见[2010年Metco产品手册])。国内对可磨耗封严涂层的研究起步于20世纪70年代后期,涂层粉料和进口粉料具有类似的化学成分,主要包括北京矿冶研究总院研制的KF115(Al-BN)、KF21(Ni-石墨)、KF20B(NiCu-BN-石墨)等。

随着发动机工作温度的提高,传统封严涂层已经难以达到发动机的使用要求,因此非常有必要探索新的能够承受更高服役温度的封严涂层材料。相对于普通封严涂层,高温封严涂层还必须考虑如下几个方面的性能:

(1)高温稳定性:封严涂层在工作温度条件下,相结构必须稳定,不能发生分解或者性能显著恶化。

（2）抗热震性能：当温度急剧变化时，涂层不能开裂或者剥落。

（3）界面结合强度：在高温下，薄膜和基体的力学性能以及界面状态都会发生一定的变化，其匹配性必须得到充分考虑。

欧美发达国家已经对高温可磨耗封严涂层进行了多年的研究，研制开发了多种高温可磨耗封严涂层。美国通用（GE）公司[10]研制了一种金属键化合物和适量聚酯的化合物，采用等离子喷涂方法制备，经过试验测试，在900℃下，使用寿命超过24000h。苏尔寿—美科公司[11]研制了一种可耐850℃的高温封严涂层，在CoNiCrAlY粉末中添加适量聚酯和固体润滑剂h－BN，使用等离子喷涂方法制备。

但是在1000℃以上的高温服役环境下，目前可用的可磨耗封严涂层只有陶瓷涂层系统（见图3－4）[12]，但是陶瓷涂层系统的可磨耗性以及与基体的结合性能方面都存在一定的问题，必须对微观组织结构进行改进。氧化钇部分稳定的氧化锆（YSZ）是一种理想的耐高温材料，具有熔点高、热导率低、热稳定性好、高温蠕变小、热膨胀系数与金属接近的特点，但是直接喷涂YSZ获得的致密陶瓷涂层，不能满足硬度及可磨耗性能的要求。Heng等人[13]指出采用等离子喷涂空心ZrO_2粉末的方法，可以制备出孔隙率高，并且磨耗性良好的ZrO_2涂层；另外一些学者指出，可以采用纳米化的方法[14]，制备纳米ZrO_2陶瓷涂层。这些都为ZrO_2等材料作为封严涂层的应用提供了可能。

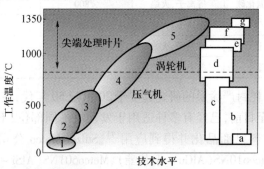

注：*尖端处理——在叶片尖端涂覆涂层

图3－4 叶片及涂层材料使用温度及其技术水平[12]

可磨耗涂层

1—聚合物；2—AlSi－聚合物；3—金属基＋固体润滑剂；4—MCrAlY＋聚脂；5—陶瓷。

叶片材料

a—纤维增强聚合物；b—钛；c—钢；d—超级合金；e—定向固化叶片；f—单晶叶片；

g—氧化物沉积增强超级合金。

目前应用较成熟的陶瓷基可磨耗封严涂层材料是在陶瓷粉末中添加聚酯，通过等离子喷涂制备，由于聚酯的烧损，可以得到多孔的氧化锆封严涂层，通过改变成分配比来调节涂层的孔隙率，可获得合适的硬度和可磨耗性能。例如，Sulzer metco 公司研制的 SM2460NS 粉末，其成分为在 YSZ 添加了 4% 的聚苯酯，其使用温度可达 1150℃，随后该公司还在 YSZ - 聚苯酯体系中增加了 h - BN 粉末，提高了涂层与叶片之间的润滑性，热循环寿命有所提高，在 50℃ ~ 1150℃ 状态下寿命达到 250 次[15]。

此外，Sulzer metco 公司的 D. Sporer、M. Dorfman 和 GE 公司的 I. Giovannetti 等人[16]对陶瓷涂层粉末成分进行了进一步调整与性能测试比较，选用的粉末体系主要有 YSZ - 4.7PE - 0.8bN(SM2395)、DySZ - 4.7PE - 0.8bN(SM2192) 和 YbSZ - 4.7PE - 0.8bN(SM219X)（其中 YSZ 为 7% ~ 8% 氧化钇部分稳定氧化锆，DySZ 为 9% ~ 11% 氧化镝部分稳定氧化锆，YbSZ 为 15% ~ 17% 氧化镱稳定氧化锆，PE 为聚脂），并且对制备的涂层进行了热循环、孔隙率等性能测试。研究结果表明，随着涂层孔隙率的增加，涂层热循环寿命增加，基相为 DySZ 时封严涂层性能优于 YbSZ、YbSZ 优于 YSZ，DySZ - 4.7PE - 0.8bN(SM2192) 涂层体系的热冲击寿命(50℃ ~ 1150℃，1h/次)可达 400 次以上，同时表现出优良的可磨耗性，在 GE 某型发动机通过 100 次热机循环测试后状态良好（见图 3 - 5[16]），成为具有较大前景的新一代高温可磨耗封严涂层。

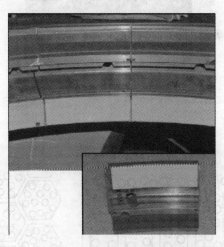

图 3 - 5　喷涂 SM2192 体系的涡轮外环[16]

另据报道，新型稀土氧化物掺杂的 ZrO_2 材料，如果采用相应的设计，也有作为封严涂层的潜力[12]。Metco 公司开展了两元/三元稀土氧化物(Y_2O_3、Yb_2O_3、Sc_2O_3) 掺杂 ZrO_2 或 HfO_2 作为可磨耗封严涂层基相材料的研究［US2010/

0311562],使用温度超过1200℃;北京航空航天大学郭洪波等人[17]发明了一种制备 $BaLn_2Ti_{3+x}O_{10+y}$(Ln 为 Pr,La,Nd 或 Sm,$x = 0.1 \sim 0.2$,$y = 0.1 \sim 2$)高温封严涂层的方法。该发明主要是通过喷雾造粒获得粒度合适的粉末,并且采用大气等离子喷涂,使得材料具有酥松的结构,使用温度可达到1500℃。

为了提高可磨耗封严涂层与基体材料的结合性能及匹配性,在制备陶瓷基相可磨耗涂层时,通常在基体与可磨耗涂层之间喷涂一层粘结层,常用的粘结层材料是 MCrAlY(M = Ni、Co、CoNi),如图3-6所示。此外,一些公司在可磨耗涂层体系结构方面也做了较多新颖的尝试,期望使可磨耗涂层体系具有更高的性能及寿命。在西门子公司设计的结构中,首先将金属蜂窝焊接在基体材料上,然后将空心陶瓷粉末混合物喷涂至蜂窝中,如图3-7所示(专利 US6235370)。西门子公司还进行了粘结层/双层多孔陶瓷层结构的设计(见图3-8),涂层体系由 MCrAlY/YSZ(8%,质量分数)-聚酯/YSZ(>8%,质量分数)或 YbSZ(>8%,质量分数)-聚酯组成,提高了陶瓷的抗烧结能力,在1200℃下测试性能优于 MCrAlY/YSZ-聚酯结构。GE 公司则采用喷涂遮挡工装设计了具有特殊表面蜂窝结构的可磨耗封严涂层体系(如图3-9所示,专利 US6887528),涂层由 MCrAlY/YSZ-聚酯组成,并在 Ni 基高温合金表面涂覆,热循环测试1000次(1093℃~室温,1h/次)后涂层无剥落迹象。

图3-6　典型的可磨耗封严涂层结构

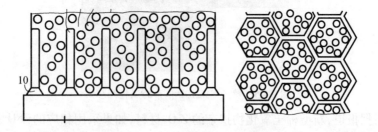

图3-7　西门子可磨耗封严涂层结构侧视图及俯视图(详见专利 US6235370)

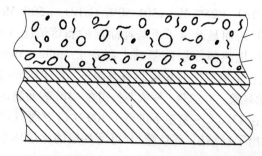

图 3-8 双陶瓷层封严结构示意图(详见专利 US6235370)

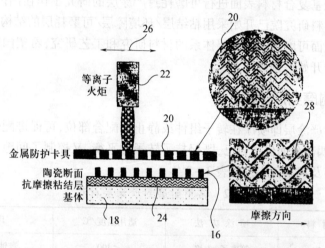

图 3-9 特殊表面蜂窝结构可磨耗封严涂层(详见专利 US6887528)

随着发动机推重比的增加和减重的需求,质量更轻的纤维增强陶瓷基复合材料(CMC)取代金属基材料作为发动机关键零部件的报道已屡见不鲜,并促进了 CMC 材料表面可磨耗封严涂层的应用研究。由于上述传统可磨耗封严涂层体系与 CMC 基材在热膨胀系数等方面不匹配性过高,对 CMC 基材已经不再适用。目前,国外已经开始针对 CMC 材料进行新型可磨耗封严涂层的研究。

在 CMC 材料可磨耗封严涂层方面,Thomas Edwartd Strangman 等人提出了一种设计思路(专利 US654113),该体系包括粘结层、功能层和可磨耗表面层,但未提到涂层材料的选择;在美国能源部项目中,多家机构采用热喷涂工艺对可磨耗封严涂层进行了研究,制备出了多种涂层体系[18],例如 Solar Turbines 的 Mullite based coating/$CaTiO_3$/Metco301 体系,在试验过程中发现金属基的 Metco301 与陶瓷之间因存在较大的热应力而剥落。随后在 $CaTiO_3$ 和 Metco301 之间增加了梯度层（75% CaTiO$_3$ + 25% Metco301/50% CaTiO$_3$ + 50% Metco301/25% CaTiO$_3$ + 75% Metco301），明显改善了可磨耗涂层的剥落情况；United Technologies Reserch Center 在环境热障涂层的基础上制备了 Mullite/Mullite + BSAS/BSAS（多孔）体系，并进行了模拟件的涂层制备及测试，在1100℃～室温（1h/次）条件下循环 50 次无剥落现象。罗尔斯·罗伊斯公司在 CMC 表面制备了 Si/Yb$_2$Si$_2$O$_7$ – 可磨耗涂层体系，在1316℃～室温下进行了 100 次（1h/周）热循环试验后，涂层状态良好，同时提出了粘结层/环境障层/可磨耗层的涂层体系设计（详见专利 US 2010/0129636）。

在陶瓷基复合材料表面进行可磨耗封严涂层的研究工作在国内还属空白，北京航空材料研究院已开始采用粘结层/环境障层/可磨耗层的结构进行陶瓷基复合材料表面可磨耗封严涂层体系的材料研究和工艺研究，希望国内能有更多的研究机构开始该领域的工作。

3.1.2 耐磨封严涂层

耐磨封严涂层即喷涂在转子组件或静止件配合部位，可促进配合部件的磨损，磨去对偶部分而保护自己，既保持了转子的平衡，又控制了间隙。常用的耐磨封严涂层及其制备工艺见表 3 – 2[19]。

表 3 – 2 常用耐磨封严涂层材料[19]

涂层材料	喷涂方法	适用温度/℃	用途
银铜合金	等离子、火焰	≤400	盘轴封严环
NiCrAl	等离子、火焰	900～1000	涡轮封严
Ni/Al	等离子、火焰	900～1000	涡轮封严
NiCrAlY	低压等离子	1100	涡轮封严
NiCrAlY/ZrO$_2$	等离子	1100	涡轮封严
Cr$_3$C$_2$/NiCr	等离子、爆炸	≤980	涡轮封严

耐磨封严涂层大多为耐高温的封严涂层。例如采用超声速火焰喷涂或者等离子喷涂工艺等方法制备的 Cr$_3$C$_2$ – NiCr 涂层可以在450℃～980℃氧化或者空气介质中，作为封严涂层使用，是应用最为广泛的金属/陶瓷复合材料。试验结果表明，在高温条件下 Cr$_3$C$_2$ – NiCr 涂层具有耐磨损、耐冲蚀和抗高温气体腐蚀和氧化的特性，能大幅度延长工件寿命[20]。

NiCrAlY 是航空领域内常用的抗氧化涂层，具有和金属基体匹配性好的优点,也可用作耐磨封严涂层材料,它多用于各种零部件的修复、强化及底层。Ni/Al 与 NiCrAlY 具有类似的性质,可用作耐磨封严涂层材料,也可用于涂层的打底。用等离子喷涂法制备 Ni/Al 底层和 Al/Si 面层封严涂层,并且在涂层内部通过共沉积法填充高聚物颗粒,具有制备成本低、使用寿命长、耐磨性能好,抗腐蚀性能高的优点,并且可以通过调节涂层金属和填充物的配比满足不同设备及运转条件下的使用要求。北京航空材料研究院在 MCrAlY(M 为 Ni、Co、Fe 或者 Ni + Co) 和铝化物涂层方面有大量的前期工作,并且已经成功地在多种型号的航空发动机叶片表面充当防护涂层。

3.2 可磨耗封严和耐磨封严涂层制备技术

封严涂层种类繁多,但是基于封严涂层性能的要求,制备方法以热喷涂为主,等离子喷涂和超声速火焰喷涂是最常见的两种制备技术。热喷涂技术是表面防护和强化的技术之一,是表面工程中一门重要的学科。热喷涂技术是指利用某种热源,如电弧、等离子弧、燃烧火焰等将粉末状或丝状的金属和非金属涂层材料加热到熔融或半熔融状态,然后借助焰流本身的动力或外加的高速气流雾化,并以一定的速度喷射到经过预处理的基体材料表面,与基体材料结合而形成具有各种功能的表面覆盖涂层的一种技术[21]。热喷涂法自从 20 世纪 20 年代初期研制成功并发展至今,不论在技术上还是在应用上都有了重大的突破。

所有的热喷涂加工方法均可分为三个主要工艺阶段:预处理阶段、喷涂阶段和喷后处理阶段,其工艺流程如图 3 - 10 所示[22]。

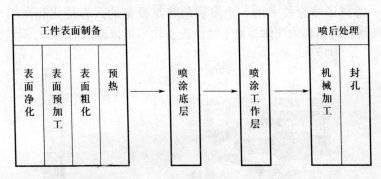

图 3 - 10   热喷涂的基本工艺流程[22]

热喷涂封严涂层的特点如下:

(1) 涂层容易施工,且涂层厚度可控;

(2) 涂层易于大修,可用机加工方法或其他方法将涂层去除,然后在同样的位置上再喷涂；

（3）有多种封严涂层材料可供选择，可满足不同温度及不同发动机的需求；

（4）可提供良好的可磨耗性及气流冲蚀性；

（5）涂层性能可通过改变喷涂工艺方法及工艺参数来调整；

（6）封严涂层可用于调整发动机装配偏心，补偿加工公差；

（7）涂层可吸收转子或静子部件热膨胀差异，降低其受高温燃气影响的程度。热喷涂封严涂层按其应用可也分为两类：一类是可磨耗封严涂层，涂层质地较软，孔隙率高，多用于涡轮篦齿、导向叶片、外环及压气机等的封严；另一类是耐磨封严涂层，其材料坚硬，多用于涡轮零部件的封严。根据器件的要求，两者应用于控制转动件与非转动件之间的间隙。

下面就封严涂层常用的四种热喷涂制备技术进行简单的介绍。

3.2.1 等离子喷涂

等离子喷涂技术是热喷涂技术中最具发展潜力的方法之一，其原理示意图如图 3 –11 所示。等离子喷涂的原理是某种气体如氮、氩、氢或氦等通过压缩电弧时，会产生电离而形成电中性的等离子体。等离子弧的能量集中，温度很高（其焰流的温度在 10000℃ 以上），可以将粉末材料雾化并喷射在基体表面形成涂层。由于等离子射流温度区的温度可以达到 20000K，能熔化所有的固体，所以一般的陶瓷和金属材料都可以通过等离子喷涂形成涂层。此外，等离子喷涂时基体受热损伤小，并且喷涂层的质量比火焰喷涂和电弧喷涂高，可达理论密度的 85% ~98%。国内外已有数百种材料用于等离子喷涂，是应用较为普遍的喷涂技术。等离子喷涂技术的一个发展趋势是设备的大容量化和高输出功率化[23]，市场现行出售的气体等离子喷涂设备功率可以高达 200kW，不但大大提

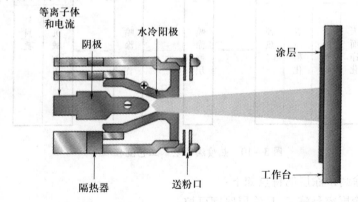

图 3 –11　等离子喷涂原理示意图

138

高了喷涂效率,还可以显著改善涂层的质量,实现大面积高质量涂层的连续生产。

3.2.2　火焰喷涂

火焰喷涂是所有热喷涂方法中应用最早的一种喷涂方法,它以气体的燃烧热为热源,将线材或粉末加热至熔融或塑性状态,在高速气流(压缩空气)作用下,将雾化的颗粒喷涂于工件表面,进而形成涂层。火焰喷涂技术具有设备简单、工艺成熟、操作灵活、投资少、见效快的特点,可用于制备各种金属、合金、陶瓷及塑料涂层,是目前国内最常用的喷涂方法之一。

但是,火焰喷涂技术制备的涂层具有明显的层状结构,含有较多的氧化物和显微孔洞,而且混有变形不充分的颗粒,致使涂层本身致密度较低,并且与基体材料的结合强度较差。所幸对于自熔合金,采用燃烧火焰将火焰喷涂的涂层进行二次重熔,不但可以改善涂层的显微组织,还可以确保涂层与基体材料呈冶金结合状态,大大提高两者之间的结合强度。采用适当工艺进行二次重熔后的火焰喷涂涂层,则可以应用于大冲击、重负荷的工况。

3.2.3　超声速火焰喷涂和爆炸喷涂

普通火焰喷涂存在很多缺陷:涂层的层状组织含有较多气孔和氧化物;涂层与基体结合不够致密;火焰温度一般为3000℃,只能用于对低熔点的金属和陶瓷材料进行涂层制备。因此,在普通火焰喷涂的基础上,近年又发展出爆炸喷涂、超声速火焰喷涂等新技术。

爆炸喷涂于1955年由美国联合碳化物公司(UCC)研制成功后,已经在航空航天领域得到了广泛应用[24]。爆炸喷涂技术是将燃气和助燃气按一定比例进行混合后,送入燃爆室内,并由电火花点燃,然后利用气体爆炸的脉冲式能量,将被喷涂的粉末材料加热、加速轰击到工件表面而形成涂层。气体燃烧和爆炸的结果是产生超声速高能气流,爆炸波的传播速度高达3000m/s,中心温度可达3450℃,粉末粒子的飞行速度可达1200m/s。因而,爆炸喷涂涂层的致密度高(可达99%),与基体材料的界面结合性能好。但是,爆炸喷涂技术的噪声大(约150dB),而且爆炸是不连续的,因而喷涂效率较低。爆炸喷涂技术问世后的许多年间,都由UCC公司所垄断。UCC公司不对外出售技术和设备,只在其服务公司内,为用户进行喷涂加工(主要喷涂陶瓷和金属陶瓷),或进行航空发动机的维修[25]。

继爆炸喷涂之后,美国J. Browning发明了超声速火焰喷涂(HVOF),并于20世纪80年代正式投入使用。HVOF是一种高能喷涂方法,是继等离子喷涂之后热喷涂工业最具创造性的进展。HVOF 的最大优点[26]是低温高速,超声速焰流速度很高(>2Ma),将喷涂粒子加热至熔化或半熔化状态,并加速到 300m/s ~ 500m/s 或者更高的速度,从而获得结合强度高、致密且表面光滑、孔隙率低、化学分解少、氧化物含量少的高质量涂层。虽然超声速火焰喷涂方法可喷涂的材料很多,但由于其火焰含氧少、温度适中,焰流速度很高[27],能有效地防止粉末涂层材料的氧化和分解,故特别适合于碳化物类涂层的喷涂,在许多工业部门获得了广泛的应用,如航空发动机中的耐磨涂层、造纸机械用的镜面涂层等。

3.2.4 电弧喷涂

电弧喷涂是将两根彼此绝缘的喷涂丝材料送入雾化气流区的某一点,利用引燃的电弧使喷涂材料的端部加热熔融,并达到过热状态,然后在强烈的压缩空气流的作用下,使融熔的金属喷射、雾化,并以微粒方式高速冲击(200m/s ~ 300m/s)到经过预先处理的工件表面上,最终在基体表面形成涂层的方法。该工艺具有设备一次投资少、使用方便、效率高等特点,但是涂层材料必须是导电的金属或合金丝,因而限制了其广泛应用。不过电弧喷涂技术涂层沉积效率高,在喷涂 Al、Zn 和不锈钢等大面积防腐涂层材料方面成为首选工艺,而且特别适合于野外作业。

上述几种常见热喷涂技术的技术经济指标一览表见表 3 - 3[28]。表中 4 种常见热喷涂技术中,火焰喷涂制备的涂层质量相对较差,成本较高,不适合大规模应用;电弧喷涂喷涂效率高,成本较低;等离子喷涂和超声速火焰喷涂优势明显。超声速火焰喷涂界面结合情况良好,涂层组织致密,氧化物含量低;爆炸喷涂没有列出,但是其优势明显,也是一种应用广泛的技术。

表 3 - 3　几种常见的热喷涂方法的技术经济指标一览表[28]

喷涂方法	火焰喷涂	电弧喷涂	等离子喷涂	超声速火焰喷涂
气流速度	低于亚声速	亚声速	3Ma	4Ma
结合强度/MPa	10 - 13	<60	<50	<70
空隙率/%	>6	>3	>12	4
氧化物含量/%	>3	>3	>3	>1
生产效率	低	高	较高	较高
生产成本	较高	低	高	高
结合形式	机械结合	机械结合	机械结合	半冶金结合

在可磨耗封严涂层体系中,粘结层通常为金属合金,要求涂层组织致密、与基体结合性能良好,所以适合于用超声速火焰喷涂、爆炸喷涂以及等离子喷涂进行制备;可磨耗封严涂层的面层(可磨耗层)一般为金属—有机物或陶瓷—有机物的混合物,涂层组织要求有适当的孔隙率,且厚度一般要达到1mm左右,所以适合采用火焰喷涂或等离子喷涂工艺进行制备。

3.3　涂层性能与检测技术

由于封严涂层结构的复杂性和工况的特殊性,涂层与叶片在刮擦过程中涉及多种磨损机制,并且可能发生磨损机制的转变。因此,评价封严涂层的性能需要综合多方面的指标。这些性能有的是由材料的成分、组织和结构等决定的固有特性,有的是与工况条件密切相关的服役特性,它们相互关联并且相互作用和影响。封严涂层的性能检测主要包括如下几个方面,并且每种性能都有相应的测试方法。

3.3.1　可磨耗性能

封严涂层的可磨耗性区别于通常所说的材料耐磨性,其定量数据不仅与磨损量有关,显然还应包括反映气路密封配副在高速高温条件下的刮擦力变化、能量损耗、表面状态改变以及磨损产物特性等相关内容[29]。

最初人们仅从硬度或强度等材料性能与磨损行为的关系来评价封严涂层的可刮削性,即将刮削过程简化为硬颗粒划过表面,以微切削机制来解释和判定封严涂层可刮削性,故降低涂层的硬度即可实现易于刮削的效果。然而对服役于工况的封严涂层,还应有足够高的抗冲蚀性能,这与降低硬度相互矛盾。此外,磨损过程中出现的转移层和涂层硬度的变化,也会严重影响后续的磨损机制。因此仅仅根据硬度或强度指标远远不能满足评价涂层可刮削性的需要。

对涂层可磨耗性的进一步研究发现,作为材料的服役性能,模拟工况下进行磨损试验得到的数据,在用于表征和评价封严涂层上更为有效。虽然目前对封严涂层的可刮削性评价尚未建立起公认的标准或试验方法,但其趋势是进行模拟高速高温条件下的摩擦磨损试验,以期寻求评价封严涂层的有效判据。

目前国外封严涂层可磨耗性能评价装置主要有以下几种:

1. 美国 NASA Lewis 研究中心研制的模拟试验台架(见图 3 – 12[30])

该装置可进行叶片和篦齿试验,其刮擦速度达 320m/s,最小损失速率

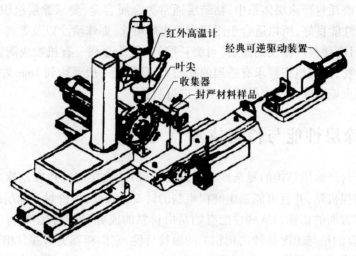

图 3 - 12 美国 NASA Lewis 的可刮削试验台架示意图[30]

红外高温计
叶尖
收集器
封严材料样品
经典可逆驱动装置

2.54μm/s。利用该试验装置,R.C.Bill 等人对多种封严材料的刮擦行为进行研究[31],发现以下问题:

(1)封严涂层尤其是低密度封严涂层的可磨耗性能对刮擦速度、入侵速率、叶尖外形等因素十分敏感;

(2)在磨耗试验过程中,低密度材料表面颗粒发生损耗,可以逐渐适应刮擦作用,但是发生涂抹时摩擦产热速率会显著提高,因而可用于指示磨损方式是否发生变化;

(3)致密易塑性变形材料的磨耗行为相对稳定,硬度是首要考虑的指标,并且存在一个相关指数值 N,N 越小,材料可刮削性越好,叶片磨损量越小。

2. 美国 PWA(Pratt & Whitney Aircraft)公司研制的高速刮削装置

PWA 公司该装置的一个显著特点是:以涂覆有涂层的圆盘为高速转动部件,以叶片为径向进给样品,通过两者的相对运动,进而模拟叶片和机匣的实际工作情况,示意图见图 3 - 13[32]。通过测定可磨耗封严涂层材料与模拟叶片叶尖在刮擦过程中的能耗,利用测得的温度分布和一维运动鳍片模型,就可以计算出传导给叶片、可磨耗封严涂层和磨屑的能量分数。从大量试验主要得出如下结论[32]:

(1)对封严涂层磨耗性能的影响大小排序依次为:入侵速率、刮擦速度和叶片厚度、入侵深度和封严涂层密度。

(2)入侵速率低时,能耗低、叶片磨损量少;入侵速率增大时,叶片磨损变得较为严重;而高入侵速率时,能耗高、叶片磨损更为显著。

142

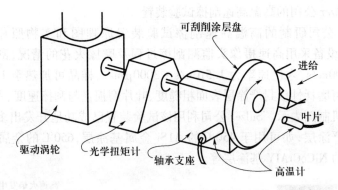

图 3 - 13 PWA 公司的高速可刮削试验台架[32]

3. METCO 公司设计制造的高温刮擦试验装置

该试验装置的入侵速率由施加的载荷决定,采用气体燃烧加热(温度高达1100℃),涂层与旋转叶片接触形成环形刮擦痕[33]。在试验过程中,使用两个涡轮叶片与涂层稳定接触,试验条件较工况恶劣,涂层的可磨耗性定义为涂层与叶片磨损量的比值,即

$$N = \frac{H_s}{H_b} \tag{3-1}$$

式中:H_s 为涂层磨痕深度;H_b 为叶片磨损高度。

4. 华盛顿大学 A. F. Emery 等人的高速刮削试验装置

A. F. Emery 等人[34]的装置在高速研磨机的框架上建成,与 NASA 的极为相似,最大转速达 10000r/min。A. F. Emery 等人对多种叶片材料和叶片外形条件下 80% Ni 20% Cr 封严涂层的刮擦行为进行了研究,发现研究结果与前人报道相一致。A. F. Emery 等人还定义了致密化因子 S_d,通过将服役条件下封严涂层的致密化因子与实验室数据、图形相结合,即可得到服役过程中的工况条件,进而定义衡量封严涂层可磨耗性能的参数磨损质量比 N。

$$S_d = (W_g + W_s)/W_g \tag{3-2}$$

式中:W_g 为通过磨痕体积计算得到的封严涂层质量;W_s 为刮擦过程中封严涂层的实际质量损失。

$$N = W_s/W_b \tag{3-3}$$

式中:W_b 为刮擦过程中叶片的质量损失。

143

5. Sulzer 公司的高温高速刮擦试验装置

Sulzer 公司研制的高温高速刮擦试验装置原理图和实物照片见图 3 – 14[35]。该设备采用高速摄像头监测刮擦过程及摩擦火花的情况,刮擦速度为 50m/s ~ 500m/s,入侵速率为 1.5μm/s ~ 3000μm/s,样品可加热至 1200℃。封严涂层的可磨耗性以封严涂层表面粗糙度、叶片磨损量与刮擦速度、入侵速率的三维磨损机制图表示。Sulzer 公司利用该试验装置已成功地开发出多个系列的高性能封严涂层,如可用于 450℃ 的 A1Si 金属基涂层,650℃ 的金属陶瓷基涂层,850℃ 的 NiCoCrAlY 基涂层等。

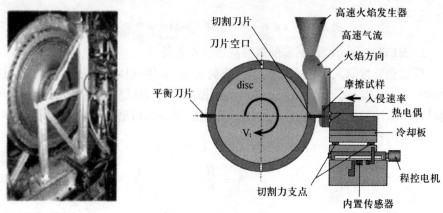

图 3 – 14　Sulzer 公司的高速/高温刮擦试验台架照片和原理示意图[35]

近年来,欧洲国家着手对封严涂层进行数值模拟研究[36 – 38],主要有以下 3 个步骤:

(1)采用图像分析软件和统计学方法,得到封严涂层的等效图:对现有的封严涂层形貌、显微结构,特别是对金属框架、固体润滑相和孔隙的形状、大小及分布进行分析,并通过模拟的方法将图像叠加形成封严涂层等效图;

(2)通过综合分析封严涂层的性能和可磨耗性试验结果,得出评价可磨耗性的有效判据:首先测定涂层的准静态力学、热学性能和摩擦学特性,然后结合高温高速刮擦试验测得的可磨耗性,以确定几种性能参数的组合,作为不同温度和速度条件下,最佳可磨耗性的有效判据;

(3)通过摸索涂层制备工艺和原材料的种类,以寻找获得最佳涂层的方法,但是尚没有现实应用的相关报道。

目前国内也有很多封严涂层可磨耗性评价方法的研究,常见的方法见表3 – 4[39]。但是国内的研究大多是定性的评价方法,并且大都不能很好地模拟实际工况。划痕法与划痕硬度法虽然简单易行,但是难以模拟封严涂层的实际工况。

144

车削法和盘削法没有加热和控温装置,而封严涂层的实际工作温度通常均在300℃以上。冲击刮削法的研究目前还仅仅处于理论阶段,并且引入的评价指标还不完善。滑动磨损法与实际工况较为接近,但是由于线速度低,难以模拟发动机叶片和机匣之间的高速运动。台架试验法虽然很接近试车,可以相对较好地模拟实际工况,但是费用昂贵,难以提供判据,并且国内的台架试验设备研制较为落后。

从国内外封严涂层可磨耗性评价测试设备和方法的发展历程来看,封严涂层的可磨耗性评价经历了从定性到定量的发展过程,以能耗、动态硬度或叶片与涂层磨损量的比值作为评价指标,近年则多以涂层的三维磨损机制图来了解磨损机理转变与刮擦试验参数间的联系,从而用于指导热喷涂工艺或封严涂层的选择,甚至开发出新型涂层。

表 3 - 4　国内封严涂层可磨耗性评价方法[39]

序号	方法	原 理 简 述	优 点	缺 点
1	划痕法	用一划针在一定载荷作用下划过涂层导致的重量损失来表征可磨耗性,重量损失越大则可磨耗性越好	简单易行	与工况差距甚远
2	划痕硬度法	以一定形状的压头在一定载荷下在涂层表面产生划痕,用与划痕宽度有关的划痕硬度表征可磨耗性	简单易行	与工况差距甚远
3	车削法	用刀片切削喷有封严涂层的棒材,每次切削深度为 0.6mm,以切削一定深度所需的时间表征可磨耗性	简单易行	无加热和控温装置
4	冲击刮削法	通过冲击式刮削试验机测定封严涂层的刮削功来考核可磨耗性,认为刮削功越小则可磨耗性越好	引入评价指标	离实际工况远,仅限理论研究
5	滑动磨损法	利用试环—试块型磨损试验装置,通过测试一定条件下金属试环与带封严涂层的试块间的磨损率来表征可磨耗性	接近模拟工况	线速度低,与实际工况有差距
6	盘销法	在销的端面部位喷涂封严涂层,通过圆盘旋转实现与销的对磨,以测得的磨损率来表征封严涂层的可磨耗性	线速度较高($\leqslant 150\mathrm{m\cdot s^{-1}}$)	无加热和控温装置,与实际工况有差距
7	台架试验法	接近上机考核,以涂层表观和叶片状态等作为判断可磨耗性的依据	模拟工况	费用昂贵,缺乏判据

3.3.2　其他性能测试

封严涂层的实际服役条件较为苛刻,其性能要求是多方面的,除了可磨耗封严涂层的可磨耗性能以外,还要考虑抗冲蚀性能、涂层和基体之间的界面结合性能、抗高温氧化性能、对发动机气动性能的影响等多个方面。相应的具体性能测试主要有以下几个方面:硬度、界面结合、抗氧化性能、表面粗糙度和抗冲蚀性能。

1. 硬度

涂层硬度的大小和涂层的耐磨性有直接的关系,因而检验涂层的硬度也是衡量涂层质量的一项重要指标。测量涂层硬度有几种常见的方法,但是压头压入深度过大,超过涂层厚度的 $1/7 \sim 1/10$ 时,测试得到的硬度则会受到基体的影响,而通常封严涂层的厚度一般在 1mm 以下,所以测量封严涂层通常只能采用表面洛氏硬度法和显微维氏硬度法。纳米压痕法对于涂层厚度的测试也较为准确,但是对于涂层的表面质量要求较高,不能用于测试疏松多孔的涂层。

显微维氏硬度的测试可参照 GB/T4340—1999《金属维氏硬度试验第 1 部分:试验方法》。其工作原理如下[40]:将相对面夹角为 136° 的正四棱锥体金刚石压头以预定载荷压入试样表面,在设定的保持时间后,卸除试验力,测量压痕两对角线长度 d,如图 3 – 15 所示。维氏硬度值是试验力除以压痕表面积所得的商。努氏压头是两相对面夹角不相等的金刚石四棱锥体,硬度等于压载与压痕投影面积之比,压痕面积可以通过在光学显微镜下,测量压痕对角线长度 d 换算得出。在相同的载荷下,努氏压头的压入深度要小于显微维氏压头,所以测试结果受基体的影响会更小。

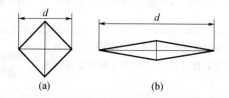

图 3 – 15　维氏和努氏压头的形状示意图[40]

(a) 维氏压头; (b) 努氏压头。

表面洛氏硬度的测试可参照 HB5147—96《金属表面洛氏硬度试验方法》。其工作原理如下:在初始试验力及总试验力的先后作用下,将压头(金刚石圆锥体或钢球)压入试样表面,保持规定时间后卸除主试验力,在初始试验力继续作用下测定残余压痕深度增量,并用标尺刻度满量程值与该增量之差计算硬度值。

2. 界面结合性能

涂层的结合强度包括基体和涂层之间的结合强度以及涂层颗粒之间的结合

强度。它反映了涂层的力学性能,是涂层质量的一项重要指标。界面结合性能的测试方法有两百多种,包括拉伸压入法、划痕法、纳米划痕法、弯曲法等,但是每种方法都有测试的适用范围和局限性。

划痕法测试简单易行,在涂层沉积之后,不需要特殊的样品制备过程,并且在目前界面结合性能的测试方法中,划痕法是最为成熟和应用最广的一种。测试时,压头在试样表面以一定速度划过,同时作用于压头上的垂直压力逐步或连续地增大直到薄膜脱离,以薄膜从基体上剥落时对应的最小载荷(临界载荷Lc_2)作为膜基界面结合强度的度量。但是,划痕法测量通常对软基体/硬涂层体系较为适用,并且涂层厚度要在$100\mu m$以下,所以对于孔隙率较高的可磨耗涂层难以测试。

目前,封严涂层的结合强度一般采用拉伸结合强度测试方法。拉伸法测试界面结合强度以国际通用的美国 ASTM—C633 为标准。即在一个对偶试样的端面按喷涂程序喷涂上涂层后,用粘结剂把涂层面和另一个对偶试样的端面对准粘结固化,然后将粘结处的周围多余粘结剂去除(标准拉伸试样示意图见图 3-16[41])。然后用拉伸试样将经过固化后的试样拉断,进而得出其结合强度的强度参量。在具体的试验过程中,粘结剂的选取比较重要,只有粘结剂强度足够大,并且粘结剂均匀时,才能保证拉伸的断面为涂层和基体之间的结合面,并且得出较为准确的测试结果。同时通常该方法对于涂层厚度过薄的情况不适用,不过对于一般的封严涂层该方法可以满足测试条件。

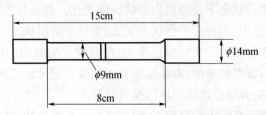

图 3-16 用于界面结合性能测试的拉伸样品示意图[41]

但是,拉伸法测试界面结合强度,得到的是临界载荷,或者固定载荷下的剥落面积,作为表征薄膜和基体之间的界面结合强度的参量。这些参量会受到涂层韧性和涂层厚度等诸多非界面因素的影响,并不是表征界面结合性能的本征参量。近年来,界面结合强度的测试和表征正在向界面断裂韧性这一表征界面结合的近似本征参量转变[42],并且针对球形、圆锥形和楔形压头已经有较多的有限元模拟和力学推导方面的演示模拟工作,但是由于该方法要对涂层和基体的一些常见力学性能进行测试,在实际应用中较为麻烦,并且实验过程中,还经常发生和有限元模拟过程及其力学推导假设偏差较大的情况,所以距离真正意义上的应用还有较大差距。

3. 抗冲蚀性能

冲蚀是指材料受到小而松散的流动粒子以一定的速度和角度冲击时表面出现破坏的一类磨损现象。压气机叶片直接和外界气流接触,受气流中所含粉尘颗粒的冲刷,冲蚀磨损是压气机叶片的主要失效形式之一,所以有必要对封严涂层进行抗冲蚀性能的检测。目前国外抗冲蚀性能评价采用较多的方法参照 GE E50TF121CL – A 规范进行,即采用 600g、平均粒径 50μm 的氧化铝颗粒,以 20°角对涂层表面进行冲蚀测试,喷嘴距离涂层距离为 100mm,后采用深度千分尺(ball point micrometer)对涂层表面受冲蚀的最大深度进行测量,再根据公式计算抗冲蚀系数。抗冲蚀性能检测的方法和设备详见本书第 4 章。

$$抗冲蚀系数 = \frac{测试时间(s)}{最大冲蚀深度(英尺) \times 1000} \tag{3-4}$$

4. 抗氧化性能

抗氧化性能检测主要包括循环氧化试验和静态氧化试验两项内容,目前国内尚没有专门的测试标准,但是可以借鉴并参照中国航空工业标准 HB 5258—2000《钢及高温合金的抗氧化性测定试验方法》进行测试,该标准涵盖了钢、高温合金和高温防护涂层的抗氧化性能检测。

循环氧化是测定在反复加热—冷却两个状态交替作用下,涂层抵抗热应力,避免涂层剥落的能力。循环氧化试验能很好地模拟飞机起飞、飞行、加速、减速和降落等一系列飞行状态下发动机内部的温度变化。高温封严涂层在工作状态时,处于高温环境之中;而在非工作状态下,通常处于常温状态,所以有必要对其抗循环氧化能力进行测试。在试验过程中,按照规定的时间间隔将试样反复放置于高温和设定的低温环境中,直至涂层发生剥落。记录涂层剥落时,热循环的次数和循环的周期,并结合试样损坏情况进行评定。

静态氧化是测定在恒定的温度下,涂层抵抗氧元素扩散,避免涂层剥落的能力。高温封严涂层在工作状态下,周围环境温度较高,静态氧化主要是为了模拟飞机在正常飞行状态时的抗高温能力。在试验过程中,把样品放置于设定温度的高温氧化炉中,并且记录涂层在固定时间间隔点的重量变化情况。

5. 表面粗糙度

封严涂层的表面粗糙度会对飞机发动机等部件的气动情况产生影响,过大的表面粗糙度会降低飞机燃油效率,并可能导致发动机运行不稳定。此外,可磨耗封严涂层大多采用热喷涂的方法制备,热喷涂粉体材料在喷涂的过程中以半熔融状态逐级堆积,涂层粗糙度较大。因此,必须对封严涂层的表面粗糙度进行相应的考虑。目前表面粗糙度的测试方法主要有粗糙度测试仪、原子力显微镜和三维视频显微镜几种手段。其中粗糙度测试仪设备简单,测试迅速,并能得到表征粗糙度的量化数值,是目前最常用的测试手段。

3.4 封严涂层的应用及发展趋势

封严涂层已经被试验证明可以大幅提高发动机燃油效率,国外已经在多种型号的航空发动机中获得实际应用。台架试验证实喷涂封严涂层的同一台发动机在 200h 试验中省油 3600kg[43]。2001 年 GE 公司通过间隙控制提高燃气涡轮发动机性能,平均每个气路密封部位降低热耗 0.2% ~ 0.6%,功率输出提高0.3% ~ 1%[44]。2002 年英国 Rolls – Royce 公司确认,封严材料(涂层)的应用至少降低 0.5% 的推力比油耗(TSFC),每台 Trent 500 型发动机由于降低叶片磨损而延长服役寿命,将直接获得 87000 英镑 ~ 232400 英镑的收益[45]。

由于压气机叶片直接和外界气流接触,受气流中所含粉尘颗粒的冲刷,所以冲蚀磨损是压气机叶片的主要失效形式之一,压气机叶片表面通常涂覆有抗冲蚀防护涂层。而涡轮机叶片由于服役温度较高,超出了叶片高温合金的使用温度极限,所以通常涂覆有热障涂层。因此,应用于静子部位的可磨耗封严涂层是封严涂层领域内的研究重点。图 3 – 17 为涡轮发动机运行的简要工况和可以选用的封严材料[46]。

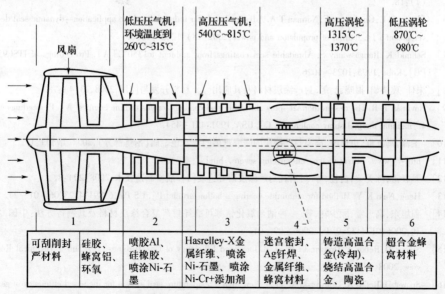

图 3 –17 涡轮发动机运行的简要工况环境与可磨耗封严材料的选用[46]

149

随着工作温度的进一步提升,发动机涡轮机部位、压气机部位等也都需要在更高的温度下服役,封严涂层也向具有高温隔热、可磨耗封严等多功能涂层的方向发展。目前,能耐1200℃以上、具有隔热、可磨耗的新型封严涂层材料及涂层结构已经成为现阶段的研究重点,如多元稀土氧化物共稳定的氧化锆、氧化铪等已开始应用于封严涂层体系,又如蜂窝填充结构、双陶瓷层结构、表面特殊蜂窝结构的设计。在封严涂层制备工艺方面也由原来单一的等离子喷涂、火焰喷涂等,向复合工艺发展,如采用超声速火焰喷涂或爆炸喷涂工艺制备致密、高结合强度的粘结层,采用等离子喷涂工艺制备多孔的可磨耗面层。

参 考 文 献

［1］ 赖师墨.控制航空发动机运转间隙的热喷涂封严涂层[J].航空制造技术,1995(S1):53-55.

［2］ 杨贵铭,王明富,王廉士.涡浆6发动机叶尖间隙的控制技术[J].航空工程与维修,1994(9):23-24.

［3］ 霍武军,孙护国.航空发动机钛火故障及防护技术[J].航空科学技术,2002(4):46-48.

［4］ Demasi J T. Protective coating in the gas turbine engine[J]. Surface and Coatings Technology,1994,68:1-9.

［5］ 戴赫,汪礼敏,张佳萍,等.新型高温隔热可磨耗封严涂层研究及展望[J].材料导报,2008,22(7):18.

［6］ Chupp R E,Ghasripoor F,Norman T A. Advanced seals for industrial turbine applications:dynamic seal development [J]. Journal of propulsion and power,2002(18):1260-1266.

［7］ Schmid K,Rangaswamy S. Abradable seal coatings from ambient to1350℃ [A]. Proceedings of ITSC95 [C]. Kobe,1995:1023-1026.

［8］ 朱佳,冀晓娟,揭晓武,等.封严涂层材料及其应用[J].材料开发与应用,2008,23(4):78.

［9］ Novinski E R. The design thermal spray abradable seal coatings for gas turbine engines[A]. Proceedings of 4th national thermal spray conference[C]. USA,1991:451-454.

［10］ 王磊,马江虹,史凤岭.高温封严涂层的研究进展[J].有色金属(冶炼部分),2008(增刊):10.

［11］ http://www. sulzer-metco. cn/envelop-severe. html.

［12］ 尹春雷,陈美英,占佳,等.可磨耗封严涂层研究进展[J].航空制造技术,2008(20):8.

［13］ Heng,Nam K Y. Method for aluminide coating a hollow article[P]. US Pat,6989174. 23006-01-24.

［14］ 程旭东,高忠宝,顾少轩,等.一种纳米氧化锆基可磨耗封严复合涂层材料及其制备方法:中国专利,200610124432. 9[P]. 2006-09-01.

［15］ Sporer D,Refke A,Dratwinski M,et al. Increased Efficiency of Gas Turbines[J]. Sulzer Technical Review,2008,edition 2.

［16］ Sporer D,Refke A,Dratwinski M,et al. New high-temperature seal system for increased efficiency of gas turbines[J]. Sealing Technology,2008,10.

［17］ 郭洪波,马国辉,宫声凯,等.超高温 $BaLn_2Ti_3 + xO_{10+y}$ 封严涂层材料及其制备方法:中国专利,

200710120616. 2[P]. 2008 - 03 - 12.

[18] Research & Development of Materials/Processing method for Continuous firber ceramic composites, CFCC Phase 2 Final Report. 2001.

[19] 钱强,刘克勇,俞韶华. 热喷涂技术在国内外的应用(2)[J]. 焊接,1995,5:6 - 9.

[20] 朱佳,冀晓鹃,揭晓武,等. 封严涂层材料及应用[J]. 材料开发与应用,2008,04:78 - 84.

[21] 蒋伟,赵金平,龚敏. 热喷涂技术及其发展[J]. 中国涂料,2006,21(11):48 - 53.

[22] 曾克里,刘广海,宋希剑. 我国热喷涂技术近期的应用概况与发展趋势(中). 机械工人,2002 (11):41 - 43.

[23] 周庆生. 等离子喷涂技术. 南京:江苏科学技术出版社,1982.

[24] 王洪涛. 镁合金表面热喷涂法制备耐蚀耐磨涂层性能研究[C]. 天津:河北工业大学,2008.

[25] 刘松. 爆炸喷涂技术及应用[J]. 焊接,1997,20(9):251.

[26] Enayati M H, Karimzadeh F, Tavoosi M, et al. Nanocrystalline NiAl Coating Prepared by HVOF Thermal Spraying[J]. Journal of Thermal Spray Technology,2011,20(3):440 - 446.

[27] Hamatani H, Ichiyama Y, Kobayashi J. Mechanical and thermal properties of HVOF sprayed Ni based alloys with carbide. Science and Technology of Advanced Materials,2002,3(4):319 - 326.

[28] 吴涛,朱流,郦剑,等. 热喷涂技术现状与发展[J]. 国外金属热处理,2005,26(4):2 - 6.

[29] 刘凤伟,李曙,刘阳. 封严涂层材料及其可刮削性研究[J]. 中国表面工程,2009,22(1):12 - 18.

[30] Bill R C, Wisander D W. Friction and wear of several compressor gas-path seal materials[R]. NASA TP - 1128, National Aeronautics and Space Administration,1978.

[31] Barbezat G, Clarke R, Nicoll A R, et al. The importance of tribology in the development and application of abradable plasma sprayed coatings for aircraft engines[C]. In: Proceedings of the International Symposium on Tribology(Vol. 2), Jin Y S Eds. , Beijing, China, October 19 - 22,1993,756 - 766.

[32] Laverty W F, Schmid R K, Dorfman M R, et al. Optimizing the performance of plasma sprayed clearance control coatings up to 850℃[C]. In: International Conference on Surface Modification Technologies, Sudarshan T S Eds, Rosemont, Illinois, October 12 - 14,1998,471 - 479.

[33] Novinski E, Harringyion J, Klein J. Modified zirconia abradable seal coating for high temperature gas turbine applications[J]. Thin solid films. 1982,95(3):255 - 263.

[34] Wolak J, Emery A F, Etemad S, et al. Preliminary results on the abradability of porous, sintered seal material[J]. Journal of Lubrication Technology(Transactions of the ASEM),1983,105:576 - 582.

[35] 刘阳. 评价封严材料可刮削性能的试验设备与方法[D]. 沈阳:中国科学院金属研究所,2006.

[36] Faraoun H I, Grosdidier T, Seichepine J L, et al. Improvement of thermally sprayed abradable coating by microstructure control[J]. Surface and Coatings Technology,2006,201(6):2303 - 2312.

[37] Faraoun H I, Seichepine J L, Coddet C, et al. Modelling route for abradable coatings[J]. Surface and Coatings Technology,2006,200(22 - 23):6578 - 6582.

[38] Chupp R E, Hendticks R C, Lattime S B, et al. Sealing in Turbomachinery[R]. NASA/TM - 2006 - 214341. National Aeronautics and Space Administration,2006.

[39] 章德铭,任先京,腾佰秋,等. 可磨耗封严涂层性能评价技术研究进展[J]. 热喷涂技术,2009,1 (2):19.

[40] 蔡丽清. 维氏硬度试验及其主要影响因素分析[J]. 冶金标准化与质量,2008 46(2):24 - 27.

[41] 杨吉军,孟卫如,贺林. 拉伸法评价钎料/金刚石单晶颗粒的界面结合特性[J]. 金刚石与磨料磨具

工程,2004,139(1):49-53.

[42] Zhang X M,K. W. A universal expression for interfacial indentation toughness of a ceramic coating on metallic substrate[J]. Xu. Scripta Materialia,2008,59(7):718-721.

[43] 段绪海.热喷涂技术在航空发动机上的应用[J].航空制造工程,1994,4:9-11.

[44] Chupp R E,Aksit M F,Ghasripoor F,et al. Advanced seals for industrial turbine applications[C]. In:37th AIAA/ASME/SAE/ASEE Joint Propulsion Conference and Exhibit, Salt Lake City, UT, July 8 - 11,2001.

[45] Sherrington I,Rowe W B,Wood R J K. Total Tribology - Towards on intefrated approach[M]. UK:Professional Engineering Publishing,2002,235-246.

[46] Borel M O,Nicoll A R,Schapfer H W,et al. The wear mechanisms occurring in abradable seals of gas turbines[J]. Surface and Coatings Technology,1989,39-40 (1-3):117-126.

第4章　高温抗冲蚀涂层技术

冲蚀指材料受到小而松散的流动粒子冲击时,表面出现材料损耗以至于破坏的一类磨损现象。冲击粒子直径一般小于 1000μm,冲击速度低于 550m/s。冲蚀磨损已经成为工业领域内材料失效破坏的重要原因之一,英国科学家 T. S. Eyre 认为冲蚀磨损占工业生产中经常出现的磨损破坏总数的 8%[1]。实际工程领域内,固体粒子的冲蚀磨损现象随处可见,例如,压气机叶片的导缘在极少量材料冲蚀的情况下,便能引进局部失速,空气中的尘埃和砂粒可使直升机发动机压气机叶片的寿命降低 90%;石油化工厂烟气发电设备中,烟气携带的破碎催化剂粉粒对回收过热气流能量的涡轮叶片会造成冲蚀;火力发电厂粉煤锅炉燃烧尾气对换热器管路的冲蚀造成的破坏大致占管路破坏的 1/3。表 4-1[2] 中列举了工业领域内经常遭受固体粒子冲蚀的系统,其中燃烧器和压气机叶片还面临高温问题。

表 4-1　遭受固体粒子冲蚀的常见工业系统[2]

工 业 系 统	设备及机械零件
化工厂	空气流中的磨粒材料、输送管道
水力、矿业机械	泵和阀
火箭推进器	火箭发动机尾部喷嘴、枪筒
燃烧器	燃烧器喷嘴、水冷壁、再热器、过热器、省煤器管
流化床燃烧器	锅炉热交换管、透平
煤气化器	透平、锁漏阀门
煤液化器	流体节流阀
航天器引擎	压缩机透平叶片
直升机引擎	气体透平叶片

在航空领域内,飞机在低空飞行、起飞和降落过程中,空气中的尘埃、沙粒、燃油燃烧的残余物和燃烧室壁脱落的氧化物薄层等在高速气流的作用下将对压气机叶片造成严重的冲蚀,从结构及航空动力学上破坏发动机性能,严重的甚至导致发动机失效。据文献报道[3],飞机在普通环境下飞行,如果发动机寿命为 2000h,在沙尘环境下飞行,没有涂层时则仅能持续 100h。飞机长

期在海洋或者多雨水环境下服役时,发动机一旦吸入沙尘,沙尘就会对叶片产生划擦和磨损,并慢慢冲蚀叶片。雨水等腐蚀性液体则会加速冲蚀进程;反之冲蚀又会加速腐蚀进程,进而以多米诺方式对叶片进行侵蚀,并最终导致灾难性后果。航空发动机压气机叶片的常规使用温度在300℃以上,并且为了提高发动机燃油效率,先进航空发动机的压气机服役温度逐渐提高,目前已经到达600℃甚至更高,所以极有必要对压气机叶片在高温条件下的抗冲蚀性能进行研究。

国外航空发动机不锈钢叶片、风扇叶片、钛合金叶片的抗磨蚀耐腐蚀研究起步较早,一些主要的性能指标如下:

(1)耐腐蚀性能:不锈钢基体上带涂层试样盐雾试验400h,涂层表面无锈蚀发生;钛合金基体上带涂层试样盐雾试验1000h,涂层表面无锈蚀发生。

(2)抗冲蚀性能:30°冲击角度时,带涂层试样抗冲蚀性能比无涂层试样抗冲蚀性能提高10倍以上。

(3)涂层基本不影响基体材料的力学性能。

(4)薄膜和基体间结合性能较好,划痕实验临界载荷较大。

我国现役发动机压气机叶片普遍使用不锈钢,不锈钢在海洋环境中使用时,会发生严重的腐蚀,目前采用氟橡胶涂层对其进行防护。但是氟橡胶涂层软且较厚(几百微米),抗冲蚀性能差,表面粗糙且影响压气机的气动性能。近年来,钛合金因其优良的性能,成为压气机叶片的首选材料。国内高性能抗冲蚀耐腐蚀涂层的研究还处于起步阶段,多项重要性能均不能很好地满足航空发动机叶片的需求,需要从薄膜体系和薄膜制备方法方面进行研究,并制定相应的性能测试和评定标准。

高温冲蚀磨损也是世界范围内燃煤发电厂锅炉管道失效的主要形式之一,已经受到多个国家的共同关注。火力发电厂燃煤锅炉管道受到飞灰冲刷的高温冲蚀磨损而产生管壁减薄,并可能会导致"爆管"现象,导致停炉检修,造成巨大的经济损失和麻烦。除了采用结构设计和管道材料选择以外,表面涂层防护成为较为切合实际的方法之一,而目前以电弧喷涂为代表的一系列表面喷涂技术已经获得较多应用。

了解各种抗冲蚀涂层研究进展及应用状况,开发新型高性能的抗冲蚀防护涂层,解决压气机叶片和锅炉管道的冲蚀问题已成为国内外研究的重点。目前涂层种类主要包括氮化物等二元硬质陶瓷涂层及其多元合金化、多层化复合薄膜。本章主要结合我国航空发动机的实际需求,以压气机叶片为背景,对高温抗冲蚀涂层的常见种类、制备方法、抗冲蚀性能评定、常见失效形式及其应用进行综述,并展望了其发展方向。

4.1 常见抗冲蚀涂层及其制备技术

4.1.1 常见抗冲蚀涂层

目前航空发动机压气机叶片的长期服役温度为 300℃ ~ 600℃,我国普遍使用的叶片基体材料为不锈钢,但是不锈钢的比强度较低,不利于减轻发动机的重量。我国新一代航空发动机压气机叶片将广泛采用钛合金,虽然钛合金压气机叶片的应用大大降低了飞机发动机的重量,有利于推重比的提高,但是钛合金质地较软,抗冲蚀性能差,解决这一问题的有效途径之一就是对压气机叶片进行抗冲蚀防护涂层研究。国内外针对叶片的抗冲蚀问题进行了多年的研究,先后研制了一系列的防护涂层,按照发展历程可分为以下几类:

1. 镀层及渗层

Ni – Gd 扩散镀层、FT – 16 氟橡胶涂层、$A_{12}S$ 低温渗铝外加硅酸盐涂层以及 WZL – TWL 无机铝涂层等涂层[4]在一定程度上对钢叶片起到了防护作用,尤其是无机防护铝涂层,对钢叶片有着相当好的抗冲蚀作用。但它们普遍存在表面粗糙度高、影响发动机气动性能的缺点,并且这些涂层硬度不高,抗冲蚀性能也不能很好地满足航空发动机的需要。此外,有机涂层不耐高温,Ni – Cd 扩散镀层会引起镉脆,都极大地限制了它们的工程应用。

2. 二元硬质涂层

20 世纪 80 年代以来,Ti、Zr、Hf 等的碳化物、氮化物和硼化物等陶瓷涂层因超硬、耐磨、抗冲蚀、化学稳定性高且耐腐蚀而逐渐受到人们的关注。国外对 TiN、ZrN 等[5-10]超硬耐磨涂层作为压气机叶片的抗冲蚀涂层的研究表明,该类涂层的抗冲蚀性能优异,对发动机气动性能影响小,是最有前景的防护涂层之一。国内外对二元硬质涂层经过多年研究,工艺技术已经成熟。随着钛合金在先进航空发动机压气机叶片及部件中的大量应用,众多科研工作者纷纷针对钛合金基体进行了抗冲蚀涂层的研究。国外已经成功地对钛合金压气机叶片进行了抗冲蚀防护,国内也取得了一定的成果。

3. 多元合金化涂层和复合涂层

多元合金化涂层硬度通常会提高,而复合涂层的界面结合性通常会更为优异,并且两者的抗高温氧化性能也得到明显改善,有利于提高涂层的高温抗冲蚀性能。此外,工件在遭受冲蚀的同时,通常还可能伴随着严重的腐蚀问题:压气机叶片在遭受冲蚀的同时还面临着腐蚀性物质的腐蚀问题,尤其是在海域环境下服役的飞机;燃煤发电厂锅炉管道也因管道内腐蚀性气体及其飞灰中的酸碱性物质的存在,而不得不考虑腐蚀造成的损害。然而,PVD 技术沉积的涂层通常会具有典型的柱状晶结构,或者表面存在凸起颗粒和显微孔洞,并且在冲蚀过程中,会产生显微裂纹,腐蚀性介质很容易地通过柱状晶间隙、凸起物颗粒的边界或者沿着显微裂纹渗入涂层内部,或者到达基体材料的表面,加速腐蚀的速率。因此,国内外在二元涂层的基础上开始进行合金化多元涂层及其复合涂层的研究,试图增强对压气机叶片抗冲蚀、耐腐蚀防护的能力。

1) 二元涂层的合金化

抗冲蚀涂层的发展趋势之一是向二元硬质涂层中加入合金化元素,尤其是抗氧化性的 Al 元素,制备 TiAlN 和 CrAlN 等硬质涂层,以提高涂层的硬度和抗氧化性能。北京航空材料研究院采用磁控溅射方法在钛合金(Ti‐6Al‐4V)基体上沉积了 TiAlN 涂层,其硬度可达 25GPa 以上,并且韧性明显改善,经过固体颗粒冲蚀试验发现,其抗冲蚀性能提高比常规的 TiN 涂层提高了数倍。这一结果与 Yang 等人[11,12]的研究结果一致。Yang 等人[11,12]的研究还发现,TiAlN 涂层的抗冲蚀性能与涂层的成分和涂层制备工艺(涂层显微结构)密切相关(见图 4‐1),而良好的硬度和韧性的综合作用是主要原因。

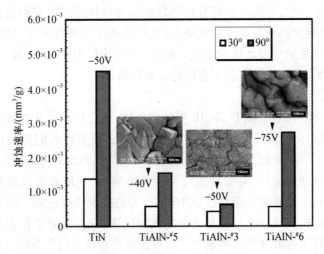

图 4‐1　不同基片偏压(显微结构)的 TiAlN 涂层的冲蚀速率[11,12](冲蚀条件:60m/s)

近年来,TiAlCN[13]、TiSiCN[14]、TiAlSiN[15]等四元氮化物涂层因为具有非晶体包围纳米晶的特殊纳米复合结构,可以兼具高达 40GPa 以上的硬度和"伪塑性",超过 1000℃的耐高温极限温度,成为研究的热点。图 4‐2 为采用高分辨透射电子显微镜,对 TiAlSiN 涂层进行显微结构分析的结果[16]。图中(a)区域和(c)区域具有明显的晶体结构,而(b)区域则为非晶体区域,是典型的非晶体包围纳米晶的纳米复合结构。纳米复合结构中晶体相和非晶体相之间存在大量

156

的晶界,并且晶界处为强结合界面。因此,当外载荷较小时,不会发生晶界的滑移,能够确保涂层的高硬度;当外载荷增大到一定程度时,晶界则会发生滑移,起到提高涂层韧性的作用。

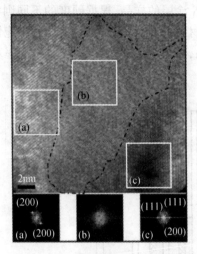

图4-2 TiAlSiN 的高分辨透射分析结果[16]

魏国荣等人[17]在 Ti-6Al-4V 钛合金表面,采用等离子增强磁控溅射技术制备了一系列 TiSiCN 涂层,并对涂层的显微结构、力学性能和抗冲蚀性能进行了表征与测试(见表4-2)。抗冲蚀试验中,选用 50μm 的 Al_2O_3 冲蚀颗粒,使用 14m/s 的冲蚀速率,在入射角为30°和90°的两种情况进行了冲蚀试验,试验结果

表4-2 不同成分 TiSiCN 薄膜的相结构、力学性能
和冲蚀速率等测试结果[17]

试样号	平均冲蚀速率/ $(\times 10^{-4} mm^3/g)$	XRD峰	晶粒尺寸① /mm	微观硬度/HV	纳米硬度/GPa	H^3/E^2 /GPa	Si含量 /%	微观结构排序	Rc 附着力排序
Ti-6Al-4V	312.80								
SN1	218.04	TiN	30.2	2620.5			0.73	4	2
SN2	118.11	TiCN	11.8	4110.2			0.55	4	1
SN3	103.36	TiCN	7.1	2274.5	21.8	0.068	1.90	2	1
SN5	61.26	TiN	10.2	4014.8	18.7	0.064	2.24	2	1
SN6	17.05	TiCN	5.5	2923.3	32.6	0.206	1.74	2	1
SN7	9.79	TiCN	7.2	3234.9	25.5	0.157	0.94	1	4
SN8	8.51	TiCN TiNSiC	4.8	2806.2	29.4	0.216	3.50	2	2
① 晶粒尺寸通过各膜层主要峰及 Material Data 公司 Jade3.1 软件估算									

见图 4 –3。通过对比发现,涂覆了 TiSiCN 涂层的 Ti –6Al –4V 冲蚀速率大幅下降,对于一些样品,冲蚀速率比基体下降可达 100 倍 ~200 倍。未涂覆涂层的 Ti –6Al –4V 试样,在 30°小冲蚀角度情况下的冲蚀速率比攻角为 90°时高很多,而涂覆了 Ti –Si –C –N 涂层的样品,根据硬度的不同则有所差别,与理论预计结果相一致,即延展性材料的冲蚀峰位于 15° ~30°,而脆性材料则位于 90°。对于一些质量较好的样品,其 90°冲击角条件下,冲蚀速率基本为 0,与 TiSiCN 涂层良好的韧性有关。

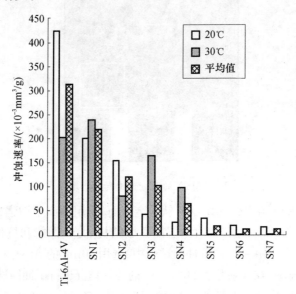

图 4 –3　不同成分 TiSiCN 涂层试样冲蚀速率测试结果[17]

2) 界面过渡层优化

在金属基体和硬质涂层之间制备金属过渡层或者其他种类的缓冲层,以提高两者之间的界面结合性能,也有助于提高涂层的抗冲蚀寿命。过渡层的加入可以降低基体和硬质涂层之间物理和力学性能的不匹配程度,有助于降低界面应力,提高界面结合性能,能有效阻止涂层在冲蚀过程中从基体表面轻易剥落。

北京航空材料研究院前期对此进行过一系列的探索,常见的缓冲层包括金属层和梯度过渡层等。在不锈钢或钛合金基体和二元、三元氮化物涂层之间采用了过渡层,例如 Ti 过渡层、Ti/TiAl/TiAlN 梯度过渡层等。尤其是在不锈钢表面沉积 TiAlN 涂层时,通过采用不锈钢/金属 Ti 层/TiN 层/TiAlN 梯度过渡层/TiAlN 涂层的结构,显著提高了涂层和基体之间的结合性能,划痕试验临界载荷可达 30N ~50N,延长了涂层的使用寿命。

国外众多科研工作者也在改善界面结合性能方面进行了大量的研究工作。

例如,Kim 等[18]采用阴极电弧离子镀方法,在金属基体和 TiN 涂层之间沉积了 Ti 过渡层,并对 Ti 过渡层的变化对界面结合性能的影响进行了研究。试验结果表明,过渡层厚度在一定范围内时,基体和 TiN 涂层之间的临界载荷相比未采用过渡层的膜基体系提高数倍。在粒子注入方面,Shum 等人[19]采用非平衡磁控溅射技术在金属基体表面沉积了 4μm 厚的 TiAlN 涂层。涂层沉积前先用金属蒸气真空弧源离子注入设备进行 Ti 离子注入,以在基体表面生成 Ti 注入层。试验结果表明,通过引入 Ti 注入层,减少了界面应力梯度和裂纹的产生,并且通过提高涂层硬度(硬度可达 32GPa)抑制了载荷过程中的塑性变形,进而提高了涂层与基体的结合力,改善了涂层的抗冲蚀性能。此外,离子注入的能力在一定范围内提高时,涂层抗冲蚀性能改善的效果越明显。但是,离子注入设备昂贵,相对于采用界面过渡层,涂层制备成本明显增高。

3)多层复合涂层

对涂层采用合金化或者改善界面过渡层虽然可以达到提高涂层抗冲蚀寿命的目的,但是却未能解决 PVD 技术沉积涂层的固有缺陷,因而对涂层抗腐蚀性能的改善作用则不明显。例如,磁控溅射技术制备的涂层通常具有柱状晶结构,柱状晶方向和基体表面垂直,含有大量的晶粒间隙[20](见图 4 - 4(a));多弧离子镀技术制备涂层时,靶材表面熔池的局部不稳定将导致涂层表面产生凸起的小颗粒和很多显微孔洞(见图 4 - 4(b))。化学气相沉积技术(CVD)制备涂层可以对涂层的晶体结构进行调控,但是由于工件加热温度过高,通常在 850℃以上,对压气机叶片常用的不锈钢或者钛合金基体的显微组织和力学性能会造成潜在的影响;即使采用等离子气相沉积技术(PE - CVD),可以将氮化物的反应温度降低至 550℃ ~ 650℃,但是该温度仍然超过了不锈钢的回火温度,并且 PE - CVD设备的价格昂贵,生产成本较高。

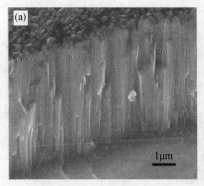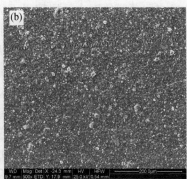

图 4 - 4 涂层表面形貌图

(a)磁控溅射[20];(b)多弧离子镀(北京航空材料研究院制备)。

多层涂层在改善基体的抗冲蚀性能的同时,由于晶体组织的细化,显微孔洞的减少,和层间界面的存在,可以对腐蚀性介质起到很好的阻隔作用,还可以显著改善基体的耐腐蚀性能。多层硬质涂层包括两个类别(示意图见图4-5):

(1)多层单种硬质涂层互相叠加,即图中A和B为同一种类的涂层。

(2)两种或者多种硬质涂层交替沉积,即图中A和B为不同种类的涂层。

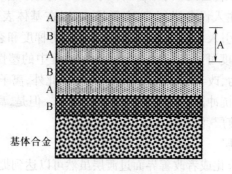

图4-5 多层涂层体系示意图

由于纳米粒子具有表面效应、小尺寸效应和量子效应,从而显著改变了材料的组织结构,并赋予材料优异的力学性能,因而纳米多层涂层具有比普通多层涂层更为优异的性能。纳米多层涂层由特征长度小于10nm的相组成,并由不同材料相互交替沉积或结构交替变化而成,每相邻的两层形成的周期成为调制周期。与各单层材料相比,纳米复合涂层由于存在大量的层间界面,减小了晶粒的尺寸,消除了孔隙,增加了涂层的硬度和韧性,并且可以降低硬质涂层中存在的残余压应力,进而改善涂层的硬度、韧性、抗氧化性能和耐磨损性能等性质。通过合理的涂层成分设计和结构设计,可以使得涂层兼具高硬度和高韧性,并显著改善涂层的耐腐蚀性能。

纳米多层薄膜体系大量层间界面的存在,可以细化涂层的晶体结构,并且阻止腐蚀性介质轻易到达涂层内部,起到很好的防腐蚀作用。Barshilia 等[21] 采用反应磁控溅射制备的 TiN/NbN 复合涂层不仅具有优良的力学性能,而且具有优良的热化学性能,比单层涂层具有更为优良的耐腐蚀性能。Ulrich 等[22] 研究了 TiN/ZrN 多层涂层结构和性能之间的关系,Harish 等[23] 采用直流反应磁控溅射技术,制备了 CrN/CrAlN 多层涂层体系,他们发现通过调整涂层厚度(调制周期)及层间结构,可以获得性能优良的复合涂层。李绍海[24] 以航空发动机压气机叶片涂层为应用背景,在分析涂层的工艺—结构—性能关系的基础上,应用电弧离子镀技术在 1Cr11Ni2W2MoV 不锈钢表面沉积了梯度纳米(Ti,Al)N 涂层,对其700℃空气调节下的氧化行为进行了研究,并用离散数据的拟合方法对涂层的氧化动力学进行了研究。结果表明:由于涂层具有纳米组织结构,其氧化动力学呈现出较低的增重趋势,涂层具有良好的抗氧化性能。

纳米多层涂层在结构设计上必须注意以下几个方面的问题:

(1)层间界面匹配性研究。纳米多层涂层层间界面必须形成良好的化学结合,才能确保涂层不发生剥落,这一点对于纳米交替多层涂层尤为重要。界面附近涂层的组织也会发生一定的改变,例如,柱状晶在上一层的基础上成核生长,界面附近柱状晶将细化,并有可能出现一层较薄的等轴晶区域。

(2)调制周期(层厚比)对涂层性能有显著影响。对纳米多层涂层进行的研究结果表明:涂层的硬度、韧性、摩擦磨损性能都与调制周期有一定的函数关系,并且通常会出现一个最佳调制周期,使得涂层的某一方面性能达到最优。

(3)层间元素互扩散问题。研究表明:交替涂层层间界面处在沉积过程中和涂层服役过程中,都会发生一定程度的元素互扩散,但是通常较为清晰的界面(元素互扩散程度较低)对涂层的抗氧化性能和力学性能是有利的。

常见的氮化物纳米复合涂层体系可以分为同构氮化物多层涂层和异构氮化物多层涂层。同构氮化物多层涂层具有相同的晶体结构和滑移系统,位错可以通过界面发生滑移。这类涂层主要有 TiN/VN,TiN/ZrN 和 TiN/CrN 等,其硬度提高的主要原因在于不同层间弹性模量的差异。异构氮化物多层涂层层间则具有不同的结构和滑移系统,层间界面能够对位错滑移和裂纹扩展起到明显的阻碍作用,进而起到提高硬度的作用。该类涂层主要有 TiN/AlN 和 ZrN/AlN 等。V. P. Swami 等人[25]针对发动机叶片抗冲蚀保护的纳米涂层进行了研究,并结合纳米涂层的力学性能和界面结合性能,对抗冲蚀性能进行了对比分析,证明纳米涂层能起到良好的抗冲蚀效果。

针对抗冲蚀涂层的性能需求和发展趋势,很多学者都对抗冲蚀涂层的设计提出了相关的思路。Hassani 等人[26]结合涂层材料的厚度、硬度、基体材料性能以及冲蚀过程中冲蚀速度和颗粒尺寸,通过试验和理论模拟,提出了抗冲蚀涂层优化设计的思路。抗冲蚀涂层设计思路的研究将成为抗冲蚀涂层领域内的一大热点。

4.1.2　涂层制备方法

目前耐冲蚀涂层的制备方法主要有化学气相沉积(CVD)、物理气相沉积(PVD)离子束辅助沉积(IBAD)、热反应扩散(TRD)、有机涂覆和表面处理等。但是针对耐高温抗冲蚀涂层,还主要以二元和多元硬质涂层为主。目前二元硬质涂层主要采用物理气相沉积方法制备,PVD 沉积温度低,不产生基体变形,膜层结合力好,涂层成分、性能在一定范围内可控,作为制备超硬耐磨陶瓷涂层的手段已被广泛应用。其中磁控溅射和离子镀是目前文献报道中普遍使用的方法,采用 Ti 或者 Cr 等高纯度金属靶材,并且通入 N_2 气体,在金属基体上沉积涂层。多元硬质涂层的制备方法也以磁控溅射和离子镀等 PVD 方法居多,但是随着等离子体增强化学气相沉积技术的成熟,基体预热温度大幅降低,相应的使用有逐渐增多的趋势。本单位主要采用多弧离子镀的方法制备抗冲蚀涂层,并且近期引进了瑞士爱尔邦德的大型 CVD 设备,为研发高性能抗冲蚀涂层提供了方便,所以本节着重对多弧离子镀和 CVD 技术进行介绍,并顺带介绍磁控溅射、离子束辅助沉积和热喷涂技术。

1. 多弧离子镀

多弧离子镀是把真空弧光放电用于蒸发源的涂层技术,也称真空弧光蒸镀法。蒸镀由于放电,阴极表面上出现许多非常小的弧光辉点,一般称为多弧法。在真空室通常设有一个或多个作为蒸发离化源的阴极以及放置工件的阳极(相对来讲处于负电位),有的还带有引弧电极。蒸发离化源蒸发材料制成的阴极,固定阴极的座架、水冷系统及电源引线极等,工作气压一般在 $10^{-1}Pa \sim 10^{-2}Pa$。低压大电流直流电源同时与蒸发离化源和引弧电极相接。引弧电极在与阴极表面接触与离开的瞬间引燃电弧,一旦电弧被引燃,低压大电流直流电源将维持阴极与阳极之间弧光放电过程的进行。

多弧离子镀技术的工作原理主要基于冷阴极弧光放电理论。按照这种理论,电量的迁移主要借助于场电子发射和正离子电流,这两种机制同时存在,而且互相制约。在放电过程中,阴极材料大量蒸发,这些蒸发原子产生的正离子在阴极表面附近很短的距离内产生极强的电场,在这样强的电场作用下,电子足以能直接从金属的费米能级逸出到真空,产生所谓的"场电子发射"。多弧法使用的是从阴极弧光辉点放出的阴极物质的离子。根据 J. E. Daoider 的解释能较好的说明这个现象(见图 4-6[27])。

(1)被吸引到阴极表面的金属离子形成空间电荷层。由此产生强电场,使阴极表面上功函数小的点(晶界或微裂纹)开始发射电子。

(2)个别发射电子密度高的点,电流密度高。焦耳热使温度上升又产生热电子,进一步增加发射电子,这种正反馈作用使电流局部集中。

(3)由于电流局部集中产生的焦耳热使阴极材料局部地、爆发性地等离子化,发射出电子和离子,然后留下放电痕。这时也放出熔融的阴极材料粒子。

(4)发射离子中的一部分被吸引回阴极表面,形成空间电荷层,并产生强电场,又使新的功函数小的点开始发射电子。这个过程反复进行,弧光辉点在阴极表面上激烈地、无规则地运动。弧光辉点通过后,在阴极表面上留下分散的放电痕。Djakov 和 Holmes 的研究成果表明[27],阴极辉点的数量一般与电流成正比增加,因此可以认为每一个辉点的电流是常数,并随阴极材料不同而异。这些辉

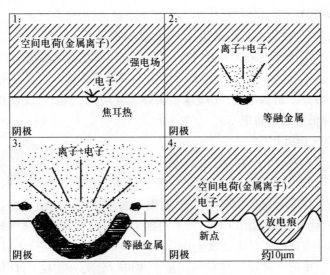

图4-6 真空弧光放电示意图[27]

点犹如很小的发射点,每个点的延续时间很短,约为几至几千微秒,在此时间结束后,电流就分布到阴极表面其它点上,并建立起足够的发射条件,致使辉点附近的阴极材料大量蒸发。

从弧光辉点放出的物质,大部分是离子和熔融粒子,中性原子的比例为1%～2%。阴极材料是低熔点的金属(如 Pb、Gd、Zn 等),其离子通常是 +1 价的;而金属的熔点越高,多价离子的比例越大(如 Ta 和 W 的离子中有 +5 和 +6 价的)。阴极辉点可以使阴极材料蒸发,从而形成定向运动的,能量为 10eV～100eV 的原子和离子束流,足以在基片上形成具有牢固附着力的膜层,并得到高的沉积速率。在这种方法中,如果在蒸镀室中通入所需要的反应气体,则能生成化合物膜层,其反应性能良好,膜层致密均匀,附着性能优良。

多弧离子镀技术具有明显的优势[28]:

(1)离化率高,一般可达 60%～90%,蒸镀速率高。

(2)入射粒子能量高,膜的致密度高,强度和耐久性好,并且在基片和涂层界面产生原子扩散,界面结合强度较高。

(3)设备较为简单,并且采用低电压电源工作,比较安全。但是多弧离子镀由于阴极会发射出很多小的液滴,进而沉积在基体表面,使得涂层的表面粗糙度较高,并且耐腐蚀性能下降。目前,一般在系统中设置磁场以改善蒸发离化源的性能,磁场使电弧等离子体加速运动,增加阴极发射原子和离子的数量,提高了这一束流密度和定向性,减少微小团粒(熔滴)的含量,这就相应的提高了沉积速率、膜层质量以及附着性能。

多弧离子镀技术已经广泛应用于工业生产,为沉积更高质量的涂层,镀层材料由单一的氮化钛,发展到碳氮化钛、氮化钛铝等多元化涂层和多层复合涂层。涂层的多元多层化特别是纳米多层膜,不但提高了涂层与基体的结合强度,还很好地改善了涂层的力学性能,是今后多弧离子镀涂层的重要发展方向。此外,采用多弧离子镀技术制备涂层,还应注重实际工业应用,不断开发新型高性能涂层,并大幅降低涂层制备成本。

2. 化学气相沉积

虽然磁控溅射、离子镀和离子束辅助沉积已经广泛应用于硬质涂层的制备,但这两种技术均为"视线"工艺过程,一般只能用于沉积简单形状的工件,对于形状复杂的工件或有遮挡的部位,如管的内表面,将很难沉积。为解决复杂形状工件的制备,化学气相沉积(CVD)技术得到了应用和发展。化学气相沉积是借助多元气体在加热的工件表面发生化学反应,生成所需的涂层。CVD 通常可以按照沉积反应中的产物母体材料和能量来源进行分类。常规 CVD 使用电阻或电磁感应加热,因此又称为热法 CVD。典型的热法 CVD 系统如图 4 − 7 所示[29]。

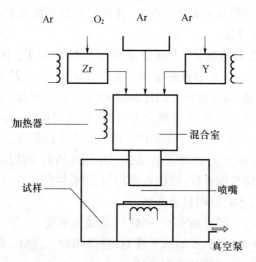

图 4 −7　普通 CVD 结构示意图[29]

采用 CVD 技术制备硬质涂层时,由于对反应气体的强制导流可使涂层元素到达复杂形状或内腔中的任何部位,所以该技术的最大特点是表面涂覆率极高。其次,CVD 技术由于克服了物理气相沉积技术的直线性缺点,整个腔体均可以均匀地沉积到涂层,便于涂层的大批量制备,可以大幅度降低涂层的制备成本。

常规 CVD 技术制备刀具涂层也存在自身的不足。首先,最大的不足是反应温度较高,文献中报道的三元和四元氮化物涂层 CVD 制备温度通常在 550℃ ~ 1100℃之间。高的反应温度有利于提高沉积速率,但是涂层与基体的粘结会因反应温度的升高而变差,并且基体可能因高的反应温度发生力学性能的改变(甚至可能发生熔融)或者形状和尺寸精度的改变。其次,制备抗冲蚀涂层时,沉积速率相对较低,不过 CVD 大批量生产的优势可以弥补这一缺点。

为了克服常规 CVD 沉积速率低和沉积温度高的缺点,研究者们发展了等离子增强化学气相沉积(PE – CVD)[30]和激光 CVD[31]。等离子体能极大地提高原材料反应的反应活性,因此能大幅度的提高沉积速率和降低反应温度。激光不但可以提高原材料反应的反应活性,还可以直接加热基体。尤其是 PE – CVD 的发展促进了 CVD 技术在多元硬质涂层领域内的推广应用。

3. 离子束辅助沉积

离子束辅助沉积技术(IBAD)是近些年出现的一种新型材料制备技术。它把物理气相沉积和离子束轰击结合在一起,在沉积的同时,利用高能离子轰击沉积表面,对表面环境产生影响,从而改变沉积薄膜成分和结构。典型的 IBAD 系统可分为两种类型。第一种以离子溅射方式作为沉积方法;第二种采用电子枪蒸发作为沉积方式,两种类型的系统示意图[29]分别见图 4 – 8(a)和图 4 – 8(b)。IBAD 系统所用辅助离子源均为低能离子束,其能量大小一般为5keV ~ 10keV。

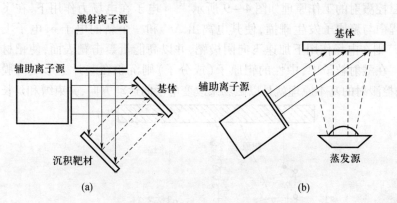

图 4 – 8　等离子辅助物理气相沉积设备示意图[29]

(a) 离子溅射型;(b) 蒸发型。

IBAD 工艺具有许多显著的优点。IBAD 技术可以提高沉积速率,并且能够精确控制涂层的成分。同时,由于辅助粒子和沉积原子之间的级联碰撞效应,增加了原子在基体表面的迁移能力。原子迁移能力的增强会产生一系列有利的影响:①可以降低基体的预热温度。②能够在一定程度上减轻"阴影"效应,并且增加可制备材料的尺寸。③原子的快速迁移可以在确保涂层致密度的同时,减小涂层的残余内应力。④在基体和薄膜之间可能形成一层薄的混合层,有助于界面结合性能的提高。总之,IBAD可以在较低温度甚至室温下沉积出均匀性强、聚集密度高、层间结合好的高质量涂层,也可以在涂层中引入密度变化、增加界面,从而实现多层、梯度等新结构抗冲蚀涂层的制备。

但是由于IBAD技术的研究起步较晚,设备及工艺发展还不够成熟,目前还存在一些尚未解决的问题。①辅助离子源的开发和研制工作还不够深入。IBAD技术的发展要求未来的辅助离子束源能够实现宽能、大束流、低气耗、低污染和可自动控制。目前应用最为广泛的霍耳等离子体源还不能很好地满足上述要求,并且辅助离子源的工作稳定性也是该领域有待解决的问题。②IBAD沉积TBCs的工艺还处于探索研究阶段,工艺稳定性及实施范围有待进一步研究,急需制定相关工艺规范和行业标准,以满足工程化应用要求。③由于蒸发离子束、溅射离子束及辅助离子束均为"视线"工艺过程,虽然辅助离子束增加了沉积原子的绕射性,能在很大程度上减轻EB-PVD技术中存在的"阴影"效应,但仍然不能完全消除。因此对于形状特别复杂的零部件,IBAD技术的应用仍然具有一定的局限性。此外,涂层晶体组织及显微结构的研究不够全面,涂层形成过程及晶体学机理等方面还需要进行系统的探讨。

4. 磁控溅射

磁控溅射的工作原理如图4-9所示[32]。电子在电场力作用下,在飞向基板过程中与氩原子发生碰撞,使其电离出Ar+和一个新的电子e,电子飞向基片,Ar+则在电场作用下加速飞向阴极靶,并以高能量轰击靶表面,使靶材发生溅射。在溅射粒子中,中性的靶原子(或分子)则沉积在基片上形成薄膜。可见,磁控溅射的基本原理就是以磁场来改变电子的运动方向,并束缚和延长电子

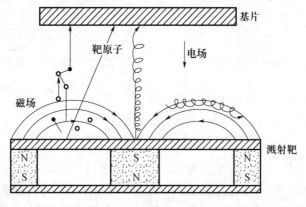

图4-9 磁控溅射工作原理[32]

的运动轨迹,从而提高电子对工作气体的电离几率,有效利用了电子的能量。因此,正离子对靶材轰击所引起的靶材溅射更加有效。同时,受正交电磁场束缚的电子,又只能在其能量要耗尽时才沉积在基片上。这就是磁控溅射具有"低温"和"高速"两大特点的原理。

采用磁控溅射技术制备薄膜时,沉积粒子以单个原子方式沉积到基片材料上,因而涂层的致密度较高,表面粗糙度在 PVD 技术制备的涂层中偏低,应用于发动机压气机抗冲蚀防护时,对发动机气动性能影响较小。此外,磁控溅射技术沉积温度较低,通常不超过 300℃,所以涂层制备过程中,基体材料加热温度较低,拓宽了基体材料的可选择范围,并且基体材料的变形量和涂层的热应力均较小。

5. 热喷涂技术

热喷涂就是利用某种热源,如电弧、等离子弧、燃烧火焰等将粉末状或丝状的金属和非金属涂层材料加热到熔融或半熔融状态,然后借助焰流本身的动力或外加的高速气流雾化,并以一定的速度喷射到经过预处理的基体材料表面,进而形成具有各种功能的表面覆盖涂层的一种技术。根据热源的种类,热喷涂技术主要分类如表 4 – 3 所列[33]。

表 4 – 3　热喷涂技术分类[33]

热源	温度/℃	喷涂方法
火焰	约 3000	粉末火焰喷涂(焊)
		丝材火焰喷涂
		陶瓷棒材火焰喷涂
		高速火焰喷涂(HVOF)
		爆炸喷涂(D-GUN)
电弧	约 5000	电弧喷涂
等离子弧	10000 以上	大气等离子喷涂(APS)
		低压等离子喷涂(LPPS)
		水稳等离子喷涂

等离子喷涂法是热喷涂技术中最具发展潜力的方法之一。其原理是某种气体如氮、氩、氢及氦等通过压缩电弧时会产生电离而形成电中性的等离子体(是物质除气、液、固态外的第四态)。等离子弧的能量集中,温度很高(其焰流的温度在万度以上),能够将粉末材料雾化并喷射在基体表面形成涂层。由于等离子体温度区的温度可以达到 20000K,能熔化所有的固体材料,所以几乎所有的陶瓷和金属材料都可以通过等离子喷涂形成涂层,国内外已将数百种材料用于等离子喷涂。

热喷涂技术的原理及工艺过程使得它具有以下一些显著优点：

（1）由于热源的温度范围很宽，热喷涂制备涂层种类繁多，只要是加热至于熔融状态而不发生气化或者化学反应的粉体材料均可以沉积成涂层，可以很方便地制备包括金属合金材料、陶瓷和高分子材料在内的多种涂层。

（2）喷涂过程中，基体材料温升较小，并且可以有效控制。因此，热喷涂可以在各种材料上进行喷涂，并且对基材的组织和性能几乎没有影响，工件变形也小。

（3）喷涂操作的程序较少，涂层沉积速率较高，制备成本较低，并且设备简单、操作灵活，既可对大型构件进行大面积喷涂，也可在指定的局部进行喷涂。

热喷涂技术制备的涂层也存在明显的缺点：

（1）热喷涂涂层和基体之间以机械结合为主，通常不会形成化学键，因而与基体之间的界面结合强度较低；不过对于一些热喷涂合金涂层，如果在涂层沉积后采用重熔处理，涂层和基体之间可以形成冶金结合。

（2）热喷涂方法制备的涂层有特殊的层状结构，但是由于涂层中存在较多孔洞，致密度较低。

（3）热喷涂技术的关键工艺参数有 10 种以上，且存在一定的相互关联，涂层质量尚无有效检测方法。这些缺点限制了热喷涂技术在高温耐冲蚀涂层领域内的应用。

4.2　涂层抗冲蚀性能试验

抗冲蚀涂层在实际的应用中面临着极其复杂的环境条件，根据流动介质和第二相可以将冲蚀现象分为四大类：气固冲蚀（喷砂式冲蚀）、液滴冲蚀、泥浆冲蚀和气蚀。表 4 - 4 为四种冲蚀现象的分类和损坏实例[34]。在实际工业领域内，航空发动机压气机叶片和燃煤发电厂锅炉管道是高温冲蚀破坏的多发部件，其冲蚀即主要为喷砂式冲蚀。因此，本章主要对喷砂式冲蚀破坏的基本原理和试验设备进行介绍。

表 4 - 4　冲蚀现象的分类及举例[34]

冲蚀磨损类型	介质	第二相	损坏实例
气固冲蚀磨损	气体	固体粒子	烟气轮机、管道
液滴冲蚀磨损		液滴	高速飞行器、汽轮机叶片
泥浆冲蚀磨损	液体	固体粒子	水轮机叶片、泥浆泵轮
气蚀（空泡腐蚀）		气泡	水轮机叶片、高压阀门密封面

4.2.1 冲蚀试验的主要影响因素

固体粒子冲击到材料的表面，当入射速度高于某一临界值时，一般都会对材料造成一定程度的冲蚀破坏。通常材料的冲蚀率受到入射粒子的速度、粒度、硬度、形状和入射角度等外界因素的影响，而且材料自身的物理和力学性能也会对冲蚀率产生重大影响。材料的耐冲蚀性能受到环境因素的影响较大，所以在一种条件下耐冲蚀性能良好的材料，在其他条件下并不一定能够适用，必须结合工件的具体工况进行合理的选材和试验方案制定。

由于压缩机叶片等高温防护涂层主要面临气固冲蚀破坏，所以本章主要针对该种破坏方式进行冲蚀机理的研究。为了更好地分析试验结果，有必要针对各种环境参数和材料自身性能对冲蚀性能的影响进行研究。

1. 环境参数

（1）冲击角度：通常把粒子入射轨迹与表面夹角称为入射角。冲击角度的不同将导致涂层损失模式发生变化，当冲击角度较小时，涂层倾向于被切削破坏，因而硬度对抗冲蚀寿命起主导作用；而冲击角度较大时，涂层倾向于形成裂纹以至于最后失效，所以涂层的韧性变得较为重要。因此，冲击角度在 $20° \sim 30°$ 时，典型的塑性材料冲蚀率达到最大值，而在冲击角度接近 $90°$ 时，典型脆性材料的冲蚀率出现最大值。并且通常认为冲击角度与冲蚀率之间的关系不随入射粒子的种类、形状及速度而改变。

（2）冲击速度：从大量材料受到不同种类和不同攻角下的冲蚀试验可以看出，粒子冲击速度越大，冲蚀率就越大，并且可以得出如下经验公式[2]：

$$\varepsilon = Kv^n$$

式中：ε 为冲蚀速率；K 为常数；v 为冲蚀速度；n 为冲蚀速率常数。通常冲蚀速度和携带固体颗粒的气压成正向关系。

（3）冲蚀时间：通常认为在冲蚀的早期阶段，会出现一个短暂的孕育期，紧接着出现入射粒子的嵌入，而出现增重现象。由于在同样的入射能量下，类似于离子注入，大冲击角度粒子和材料表面交换的能量要多，所以出现增重现象要更加明显。在短暂的冲蚀"增重"阶段之后，冲蚀进入减重阶段，并且冲蚀速率随着冲蚀时间（冲蚀磨粒用量）的增加开始进入稳定阶段。

（4）环境温度：环境温度的变化对冲蚀速率的影响过程比较复杂，难以用简单的规律进行描述。在很多情况下，冲蚀速率会随着环境温度的升高而提高，但是在更多情况下，材料自身性能会受到环境温度的影响，比如生成表面氧化物薄膜或者发生局部熔融，尤其是有涂层的情况下，这一规律不复存在。Wang 等人[35]对于 CrN 和硼化物涂层的冲蚀试验研究结果表明，过渡层的不同会对冲蚀造成显著影响:对于过渡层中存在微孔的情况,环境温度的提高反而会导致冲蚀速率在一定程度的下降。因此,有必要针对具体的涂层/基体体系进行相关的研究。

2. 磨粒性能

磨粒性能主要包括颗粒粒度、颗粒硬度和颗粒形状,它们对冲蚀试验结果的影响也较大。在颗粒粒度方面,一般认为颗粒粒度在 $20\mu m \sim 200\mu m$ 范围内,材料磨损率和硬度成正向关系;但是当粒度大于某一个临界值时,磨损率则几乎保持不变。截至目前,这一现象的机理性解释仍然没有达成共识。颗粒硬度方面,通常认为对于形状类似的冲蚀颗粒,颗粒硬度和冲蚀率成正向关系;而冲蚀颗粒存在不规则的尖锐棱角时,则会显著提高冲蚀率。

4.2.2　抗冲蚀性能评价设备

针对不同的科研目的,材料科技工作者们设计了多种类型的冲蚀设备,主要包括如下类别:

1. 典型试验设备

可以严格控制试验条件,以便于了解各参数对冲蚀行为的影响。在很多情况下,为了研究冲蚀的具体过程,试验条件往往和实际情况相距较大。单颗粒冲蚀试验设备是具有代表性的典型试验装置,对冲蚀机理的研究较为方便[36]。

2. 评价材料用试验设备

为了使实验结果具有一定代表性,冲蚀实验过程中几个关键的参数(如磨粒的种类、形状、粒度、速度、冲击角度)必须尽可能接近或者达到实际工作情况。但是在保持冲蚀机理不变的前提下,可以进行高强度试验,以在较短的时间内获得可靠的数据。

气体喷砂型设备可以模拟大气环境下颗粒冲蚀,图 4 – 10 是增压气流固体颗粒冲蚀试验装置的示意图[37]。通过加料斗加入磨粒后,气压可调的压缩气体通过气体管路时,将会夹带固体磨粒以一定速度冲击试样表面。高压气流的冲击方向是固定的,通过旋转试样固定角度,就可以实现对冲击角度的控制。如果配置适当的加热设备,则可以更好地模拟压气机叶片实际工作环境,进行高温条件下的冲蚀试验。

3. 大型台架设备

为了满足某些工程的设计要求,需要对材料的抗冲蚀性能作实际测定,而大型台架设备正是针对这一需求专门设计建造的。大型台架设备能同时在几个关键性参数上达到或者接近实际工况条件,对于工程项目研究是不可或缺的。但是,该设备耗资巨大,试验周期较长。

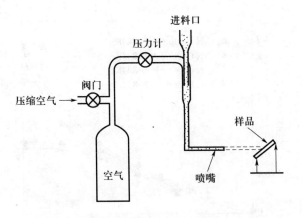

图 4 – 10　增压气流固体颗粒冲蚀试验装置示意图[37]

4.2.3　抗冲蚀涂层的主要性能指标

1. 涂层厚度

研究表明：抗冲蚀涂层存在一个临界厚度，在临界厚度以下，涂层很快就会因冲蚀而剥落失效，抗冲蚀寿命较短；而大于临界厚度时，涂层的抗冲蚀寿命则与厚度正向相关。Hassani 等人[38] 的研究表明，在他们的试验条件下，采用 84m/s 的冲蚀速度和直径 0.1mm 的球形冲蚀颗粒，涂层厚度在 $8\mu m$ 以下时，随着涂层厚度的降低，冲蚀率会逐步增大；当涂层厚度在 $8\mu m$ 以上时，涂层冲蚀试验的失重率则很低。Wang 等人[35] 在金属基体上沉积了硼化物涂层和 CrN 涂层，并且针对涂层厚度对耐冲蚀性能的影响进行了研究，发现临界厚度在 $20\mu m$ 左右。Wang 等人认为薄膜厚度增大时，薄膜的刚度也相应增大，对抗冲蚀性能有利，尤其是对于大角度冲蚀的情况（见图 4 – 11）。临界厚度以上的薄膜，其剥落类似于块状材料，呈现层状剥落，剥落点数量大幅减少；而临界厚度以下的薄膜，其剥落方式则主要为塌陷剥落。通常塌陷剥落方式的冲蚀速率要明显大于层状剥落方式（见图 4 – 12）。

但是，并不能简单地认为涂层厚度越大越好。这是因为随着涂层厚度的增加，涂层中残余内应力将逐渐增大，涂层中晶体组织也会变得粗大酥松，导致涂层易于开裂或者恶化膜/基界面结合性能。事实上，硬质涂层的厚度通常都存在一个临界最大值，当涂层厚度大于该临界值时，涂层在没有外载荷作用的情况下，就会发生剥落。

2. 涂层硬度和韧性

涂层的硬度和韧性是衡量涂层抗冲蚀性能的最重要指标之一，并且两者的

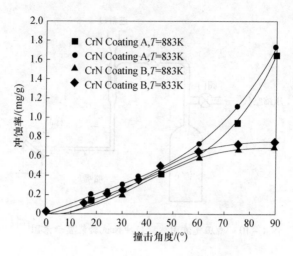

图 4 - 11　不同厚度多弧离子镀 CrN 涂层的冲蚀率[35]

（试验条件：420m/s，A 涂层 0.02mm，B 涂层 0.04mm）

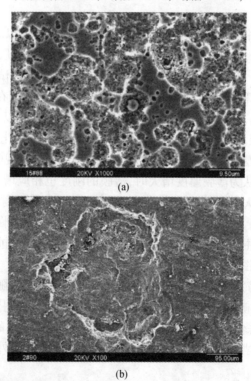

(a)

(b)

图 4 - 12　0.02mm 厚 CrN 涂层 833K、420m/s 冲蚀速度条件下的 SEM 形貌

（a）15°冲蚀角；（b）75°冲蚀角[35]。

相对重要性与冲蚀条件有关。高的硬度有利于抵抗外界载荷的切削磨损,而良好的韧性可以有效抵抗涂层中裂纹的萌生和扩展。冲蚀角度和冲蚀颗粒硬度的变化,对涂层的抗冲蚀寿命影响较大。在冲蚀角度方面,在小角度冲蚀试验中,涂层主要的破坏方式为切削,所以高的硬度对抵抗冲蚀破坏是有利的;而在大角度冲蚀试验中,涂层的主要破坏方式为裂纹的萌生和扩展,导致最后的剥落,所以良好的韧性可以提高涂层的抗冲蚀寿命。在冲蚀颗粒方面,冲蚀颗粒棱角越多、硬度越大,对涂层的硬度和韧性的要求则越高。Evans 等人[39]在试验结果的基础上提出,裂纹尺寸和硬度 $H^{-1/4}$ 呈正比。Finnie[40]声明冲蚀速率和硬度 H 呈反比。

目前以 TiAlN 和 CrAlN 为代表的三元硬质涂层,相比 TiN 和 ZrN 等常见抗冲蚀涂层,兼具高硬度和良好的韧性。据文献报道,采用合适的制备工艺,TiAlN[41,42] 和 CrAlN[42,43] 的硬度可以达到 30GPa 以上,并且在压入试验中发现韧性也相对提高,因而往往具有更为优良的抗冲蚀性能。此外,由于四元纳米复合涂层具有特殊的非晶体包围硬质纳米晶颗粒的特殊显微结构,在硬度高达40GPa 以上的同时,还能由于晶体和非晶体界面之间的滑移和非晶体对位错的良好包容性,兼具良好的韧性,表现出"伪塑性"特征,被形象地称为"变色龙"。目前,以 TiAlCN[13]、TiSiCN[14] 和 TiAlSiN[15] 等位代表的四元纳米复合涂层成为研究的热点,有在抗冲蚀领域内获得广泛应用的前景。

3. 涂层与基体界面结合性能

由于抗冲蚀涂层硬度的要求,通常都采用硬质涂层,并且对涂层厚度有一定的要求。但是,硬质涂层硬度的提高和厚度的增加,往往会伴随着涂层内应力的增大,使得涂层和基体之间不匹配性增大,最终导致涂层和基体之间界面结合性能的下降。在高温冲蚀过程中,由于力学冲击和热应力的双重作用,更加重了涂层从基体界面剥落的可能性。因此,必须在满足涂层硬度和厚度的同时,采取足够的措施来提高涂层和基体之间的界面结合性能。

目前,提高硬质涂层和基体之间界面结合性能最常用的方法包括多层过渡层、梯度过渡层和界面混合层等,其原理都是降低硬质涂层和基体之间的成分和性能梯度。例如,对于抗冲蚀常用的 TiN 涂层,目前普遍在金属基体上制备一层薄的金属 Ti 层,然后再沉积 TiN 层,利用 Ti 层降低金属基体和 TiN 之间的性能不匹配,并且起到缓冲和降低界面应力的作用。TiAlN 三元涂层,如果采用金属基体—金属 Ti 薄层—TiN 薄层—TiAlN 梯度过渡层—TiAlN 涂层的方式,则可以有效地提高金属基体和 TiAlN 涂层之间的界面结合性能。此外,采用离子注入或者热扩散方式,在金属基体中形成混合层,也能够起到改善界面结合性能的作用。

4. 涂层抗高温氧化性能

随着航空发动机推重比的提高,高温抗冲蚀涂层的服役温度也逐步上升,所以必须对涂层的抗高温氧化性能进行分析。目前普遍认为抗高温氧化性能方面 CrAlN > TiAlN > CrN > TiN,即三元含 Al 元素的涂层优于二元氮化物涂层,含有 Cr 元素的涂层优于含 Ti 元素的涂层。文献报道[45],采用阴极电弧镀技术制备的 CrAlN 涂层,在 700℃ 才出现 Cr 的氧化物 Cr_2O_3,在 900℃ 还能保持较高的硬度。而同样采用阴极电弧镀技术制备的 TiN 涂层,在 600℃ ~ 700℃,硬度就发生显著下降,在 900℃ 就出现明显的剥落。北京航空材料研究院在对 TiN、ZrN、TiAlN 和多层涂层研究的基础上,已经开始 CrAlN 涂层的相关研究,并成功地制备了硬度超过 30GPa 的涂层。四元纳米复合涂层的抗高温氧化温度为 1000℃ 甚至更高,抗氧化性能优异,是抗冲蚀涂层领域内的研究方向之一。

5. 涂层耐腐蚀性能

在多雨或者海洋环境下服役的飞机,压气机叶片还面临着腐蚀的问题,所以抗冲蚀涂层还要兼具一定的抗腐蚀性能。由于氮化物涂层制备工艺的固有缺陷,例如,磁控溅射技术涂层的柱状晶组织和多弧离子镀涂层表面的小颗粒和显微孔洞,必须采取适当的技术途径来改善抗冲蚀涂层的耐腐蚀性能。早期的研究中,试图通过对涂层进行表面致密化处理或者添加封孔剂,来达到隔绝腐蚀性介质进入涂层内部缺陷的目的。但是由于抗冲蚀涂层在冲蚀过程中,涂层表面不断消耗,表面处理的效果大打折扣。目前的主要研究趋势是调节制备工艺和进行多层结构设计,利用层间界面来隔绝腐蚀性介质,已经取得了一些研究成果。

4.3　冲蚀理论研究进展

从 1958 年第一个冲蚀理论—微切削理论问世开始,研究者们提出了一系列关于冲蚀的模型[46],分别侧重于弹塑性变形、脆性材料脆断和二次冲蚀等角度,力图解释或预测材料的冲蚀行为。此外,还有以疲劳裂纹为主引起的冲蚀磨损模型和流体冲蚀模型,但是截至目前,仍然没有一种能全面地揭示材料冲蚀的内在机理。

4.3.1　弹塑性变形为主的冲蚀磨损模型

冲蚀磨损模型主要包括微切削模型、变形磨损模型和锻造挤压模型三种,微切削模型侧重于低冲击角冲蚀磨损的切削作用;挤压锻造模型偏重于高冲击角的冲蚀;变形磨损模型则主要对不同冲击角冲蚀后,变形磨损和切削磨损两种情况下的能量变化进行分析。

1. 微切削模型

Finnie[46]最早研究了塑性变形仪器的冲蚀现象,进而提出了微切削模型。因颗粒切削冲蚀而造成的总磨损体积与颗粒的质量和速度的平方之积呈正比,与被冲蚀物体的流变应力呈反比,并且由于不同冲击角度下,涂层切削破坏机制和裂纹扩展失效机制所起贡献不同,还与冲击角度具有一定的函数关系。该模型可以很好地说明塑性材料在多角形刚性颗粒和低冲击角度的条件下的冲蚀规律,但是对于高冲击角度或者脆性材料,由于裂纹萌生和扩展对冲蚀性能起决定作用,则与实际情况严重不符。

2. 锻造挤压模型

该理论模型由 Levy 等人[47]在大量冲蚀实验数据的基础上提出,也被称为"成片"理论。Levy 等人通过使用分步冲蚀试验法和单颗粒寻迹法,对塑性材料在高角度冲蚀的情况进行了研究。该理论认为:冲蚀颗粒对材料施加挤压力,使材料表面出现诸多凹坑和凸起唇片,然后冲蚀颗粒对唇片进行锻打,进而发生严重的塑性变形,并最终以片状从材料表面发生剥落。在冲蚀过程中,材料表面会吸收入射颗粒的部分动能,并产生热量,使得材料表层软化,次表层受到冲击挤压而加工硬化,材料的冲蚀率则取决于畸变层的性质。

3. 变形磨损模型

Abitter[48]等人从能量平衡的观点出发,将冲蚀磨损分为变形磨损和切削磨损两部分,而 90° 冲击角下的冲蚀磨损和冲蚀颗粒冲击造成的变形有关,进而提出了变形磨损理论,推导出了变形磨损方程和切削磨损方程,两者之和则为总的磨损量。该理论认为冲击应力是否到达材料的屈服强度,决定着材料是否会发生塑性变形,并最终形成裂纹。不过材料表面受到冲蚀颗粒反复冲击后,将出现加工硬化现象,屈服强度得以提高。该理论较好地解释了塑性材料的冲蚀现象,并且得到单颗粒冲蚀磨损试验结果的验证,但是缺乏物理模型的支撑。

4.3.2 脆性材料的冲蚀模型

脆性材料和塑性材料不同,在冲蚀颗粒的冲击作用下,几乎不会发生塑性变形,裂纹的萌生和扩展对冲蚀性能起决定作用。冲蚀颗粒冲击到材料表面有缺陷的地方时,会萌生径向裂纹;在随后的离开过程中,则会产生横向裂纹,并逐渐扩展,最终导致脆断。因此,脆性材料冲蚀模型建立的关键在于寻找裂纹萌生扩展与冲蚀条件和被冲蚀材料的性能之间的关联。1966 年,Sheldon 和 Finnie[49]

对球状粒子冲蚀脆性材料行为进行了研究,提出了第一个脆性材料的冲蚀模型。目前,Evans 等人[50]提出的弹塑性压痕破裂理论影响力较大。该理论假定冲击中接触力包括动态应力,并且冲击颗粒透入被冲蚀材料表面不产生破坏,进而推导出了材料被冲蚀的体积与入射颗粒的速度、尺寸、密度和材料的硬度、临界应力强度因子之间的关系式。

4.3.3 二次冲蚀模型

Tilly[51]用高速摄影术、筛分法和电子显微镜技术研究了离子的碎裂对塑性材料冲蚀的影响,指出粒子碎裂程度与冲蚀颗粒的力度、速度和入射角有关,并且粒子碎裂后可产生二次冲蚀。Tilly 把冲蚀过程分为粒子直接入射造成的一次冲蚀和破碎粒子造成的二次冲蚀两部分,较好地解释了脆性颗粒高角度冲蚀的问题。颗粒的碎裂程度与粒度、速度及冲击角有关,造成二次冲蚀的能力正比于颗粒的动能和破碎程度,总冲蚀量为第一次和第二次冲蚀之和。

4.4 抗冲蚀涂层研究现状

北京航空材料研究院自"八五"期间,就开始了抗冲蚀涂层的研究工作,截止目前,相继进行了"不锈钢压气机叶片抗冲蚀耐腐蚀复合防护涂层研究"、"金属陶瓷复合涂层在航空发动机钛合金压气机叶片上工程化应用研究"、"防热耐冲刷、隔热抗烧蚀涂层技术"压气机叶片涂层部分、"钛合金压气机叶片防护涂层工艺研究"等科研课题的研究。

鉴于我国航空发动机发展水平,北京航空材料研究院抗冲蚀涂层的早期研究主要集中于不锈钢基体材料。近年来,随着钛合金压气机叶片的大量应用,则实行不锈钢和钛合金的抗冲蚀保护并重的策略。在涂层材料方面,早期采用过传统的无机涂层和等离子喷涂的合金涂层,后续的研究则以 TiN、ZrN 涂层和 TiAlN 三元涂层为主,并且逐步由单层涂层拓展到了多层交替涂层、多层界面过渡层等新的研究方向。

4.4.1 单层 ZrN 和 CrN 涂层

吴小梅等采用多弧离子镀技术在钛合金以及不锈钢基体表面制备了 TiN[52] 和 ZrN[53]涂层,采用增压气流颗粒冲蚀试验装置测试涂层的抗冲蚀性能发现,ZrN 涂层的抗冲蚀性能比基体钛合金提高了 16 倍,且不影响基体的疲劳性能,为压气机叶片抗冲蚀涂层的实际应用打下了基础。通过研究涂覆 ZrN 涂层后的 TC11 合金的抗冲蚀性能,发现 TC11 钛合金沉积 ZrN 涂层后遭受冲蚀时更容易达到稳定冲蚀阶段,显著提高了 TC11 钛合金抗冲蚀性能(见图 4 – 13)。

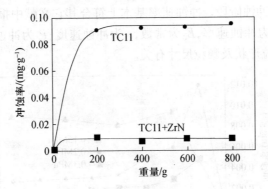

图 4 – 13　TC11 合金有无 ZrN 涂层的冲蚀率[53]

冲蚀条件为:Al_2O_3 颗粒,45°冲蚀角,加速气压 0.3MPa。

吴小梅等人还发现,冲蚀条件对 ZrN 涂层冲蚀性能有很大影响。总体上来讲,冲蚀颗粒硬度、冲击角度及颗粒冲蚀速度越大,ZrN 涂层冲蚀速率也越大,冲蚀越严重;冲蚀颗粒硬度越大,涂层越易达到稳定冲蚀,90°角冲蚀时涂层冲蚀速率最大。

1. 冲蚀颗粒硬度(见图 4 – 14)

冲蚀颗粒硬度对材料冲蚀率的影响并不是孤立的,与被冲蚀材料硬度有关,即冲蚀颗粒硬度与被冲蚀材料硬度之比 H_p/H_t 是衡量冲蚀行为的一个重要参数,在一定范围内冲蚀率随 H_p/H_t 的增加而增加,但这种作用并不是无限的,当 H_p/H_t 增加到一定程度时,冲蚀率趋于稳定。图 4 – 14 中,Al_2O_3 的硬度高于 SiO_2 的硬度。

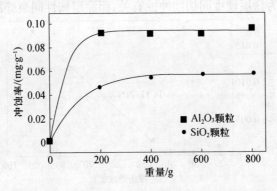

图 4 – 14　不同冲蚀颗粒对 ZrN 涂层冲蚀速率的影响[53]

冲蚀条件:45°冲蚀角,加速气压 0.3MPa。

2. 冲蚀颗粒速度(见图4-15)

固体颗粒冲蚀速度越大,ZrN涂层冲蚀速率越大,涂层冲蚀磨损越严重,并且越易于达到稳定冲蚀阶段。冲蚀速率基本上符合其它文献中报道的 $E = E_0 \cdot v^P$ 的规律,其中 E 为冲蚀速率,E_0 为常数,v 为冲蚀速度,P 为冲蚀速率指数,与冲蚀角度、冲蚀颗粒形状及颗粒尺寸有关。

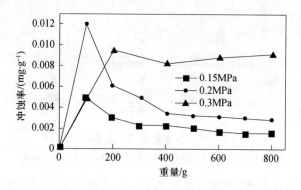

图4-15 冲蚀速度对ZrN涂层冲蚀速率的影响[53]

冲蚀条件:Al_2O_3颗粒,45°冲蚀角。

3. 冲蚀角度

图4-16是ZrN涂层不同冲蚀角度与稳定冲蚀速率的关系。实验结果表明,冲蚀角越大,ZrN涂层试样冲蚀速率越大,90°角冲蚀时试样冲蚀速率最大。这是因为ZrN涂层为脆性材料,而脆性材料的冲蚀速率随冲蚀角度的增加而增大。ZrN在高角和低角两种冲蚀条件下的冲蚀行为有所不同,在低冲蚀角下,切削是主要冲蚀机理,在高冲蚀角下,裂缝对损坏起主要作用。对于不同的冲蚀损坏机理,普遍认为涂层硬度同切削冲蚀有关,而涂层韧性同裂缝冲蚀有关。

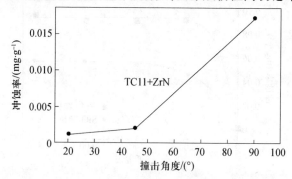

图4-16 冲蚀角度对ZrN涂层冲蚀速率的影响[53]

冲蚀条件:Al_2O_3颗粒,加速气压0.3MPa。

在高角冲蚀条件下,裂缝对损坏起主要作用,粒子的冲击动能主要消耗为材料的沿晶裂纹扩展功,高角冲蚀使材料表面的裂纹沿晶扩展,相互交截破碎而造成材料的冲蚀流失。ZrN 涂层脆性大,高角冲击时没有足够的塑性变形能力,只能以裂纹扩展方式耗散冲击能,裂纹扩展消耗功小,所以高角冲蚀磨损较大;在低角冲蚀条件下,材料冲蚀机制由沿晶剥离冲蚀及犁削冲蚀共同控制,硬冲蚀粒子对材料的切入造成犁削冲蚀,犁削冲蚀率随材料硬度的提高而降低。ZrN 硬度高而韧性不足,所以抗粒子切入及犁削冲蚀能力较强,表现为低角冲蚀率大为降低。冲蚀角度和涂层韧性对冲蚀破坏方式的影响和国外的相关研究结论一致[54-56]。

4.4.2　TiAlN 涂层(及 CrAlN 涂层)

北京航空材料研究院采用多弧离子镀设备在不锈钢和钛合金基体上沉积了 TiAlN 涂层(及其 CrAlN 涂层),并对涂层的抗冲蚀性能进行了研究。相关研究主要集中于以下两个方面:

(1)涂层制备工艺。采用纯 Ti 靶(纯度 99.99%)和纯 Al 靶(纯度 99.99%),以及一系列复合靶材制备 TiAlN 涂层,在理论研究的基础上,系统地摸索了多种制备工艺,并对每种制备工艺条件下,涂层的成分、显微结构、力学性能和抗冲蚀性能进行了测试和分析。

(2)界面过渡层设计。通过采用 Ti/TiN 界面过渡层,并对界面过渡层的厚度和制备过程中弧电流、基体偏压以及气体分压进行调控,涂覆了 TiAlN 涂层的不锈钢样品的临界载荷可以达到 30N ~ 50N。

北京航空材料研究院制备的 TiAlN 涂层力学性能相对于 ZrN 和 TiN 二元氮化物涂层显著改善,并成功地为航空发动机设计所提供了涂覆了 TiAlN 涂层的钛合金叶片,在经过地面力学性能、抗冲蚀性能和涂层对基片力学性能影响方面的测试后,将进行实际试车考核。TiAlN 涂层作为不锈钢和钛合金压气机叶片抗冲蚀涂层的研究将成为北京航空材料研究院抗冲蚀涂层领域内的一个研究重点。

4.4.3　抗冲蚀耐腐蚀涂层

为了提高抗冲蚀涂层的耐腐蚀性能,北京航空材料研究院早期进行了抗冲蚀涂层表面封孔技术和表面致密化处理的尝试,试图对腐蚀性介质起到一定的阻隔作用,并且取得了一些成果。但是由于抗冲蚀涂层服役过程中的消耗性特点,难以达到持久提高涂层耐腐蚀性能的目的。因此在后续的研究中,则更倾向于多层涂层的研究,并且获得了相关课题的支持。北京航空材料研究院通过进行复合涂层结构设计,采用电弧离子镀技术,在不锈钢基体上制备了抗冲蚀耐腐蚀复合防护涂层,研究了复合涂层对基体抗冲蚀和耐腐蚀性能的影响、复合涂层层间结构对复合涂层抗冲蚀耐腐蚀性能及其界面结合性能的影响、对比复合涂层与单层涂层性能上的差异、探讨复合涂层失效机理、并调整优化涂层结构,为开发与应用抗冲蚀耐腐蚀复合防护涂层,解决压气机叶片的冲蚀和腐蚀问题奠定了坚实的技术基础。

北京航空材料研究院现在对 Ti/TiN、TiN/ZrN、TiN/TiAlN 和 CrN/CrAlN 等多层交替复合涂层进行了一系列的研究,成功地改善了抗冲蚀涂层的耐腐蚀性能。"十一五"期间,在不锈钢表面涂覆 Ti/TiN 多层涂层体系后,达到了如下技术指标:划痕临界载荷大于 30N,标准盐雾试验 180h 无锈迹,抗冲蚀性能比未涂覆涂层的基体材料提高 10 倍以上,对基体疲劳性能和室温拉伸性能影响较小,更好地满足了压气机叶片抗冲蚀耐腐蚀的防护需求。

"十二五"期间,北京航空材料研究院则在钛合金表面涂覆多层硬质交替涂层,朝着冲蚀性能和耐腐蚀性能大幅提高的方向努力,各项性能指标在国内处于领先水平。目前,压气机叶片抗冲蚀涂层主要性能指标如下:

(1) 耐腐蚀性能:钛合金基体上带涂层试样盐雾试验 300h,涂层表面无锈蚀发生;

(2) 抗冲蚀性能:30°冲击角度时,带涂层试样抗冲蚀性能比无涂层试样抗冲蚀性能提高 4 倍以上;

(3) 涂层与基体结合力:采用划痕试验方法,涂层划透临界载荷大于 20N;

(4) 涂层对基体材料的力学性能影响不大。

4.5 抗冲蚀涂层的应用与发展

4.5.1 抗冲蚀涂层的应用现状

国外近年来开展了 TiN、TiC 硬质涂层在压气机叶片上的应用研究,如:法国幻影机的一、二级压气机叶片上沉积 TiN 涂层,使用 160h 仍保持完好。苏联制出了涂有 TiN、CrC 涂层的叶片,并做了大量的基础研究工作,取得了令人瞩目的成果,已将 TiN 涂层成功应用于米－24、米－28 直升机发动机引擎螺旋桨叶片及转子叶片的冲蚀防护,ZrN 涂层也在压气机叶片上得到应用。美国早在 20 世纪 70 年代就研究了多种硬质涂层(TiN、TiC)对抗冲蚀磨损性能和基体力学性能的影响,并将 TiN 涂层应用于海军的 CH－46E"海上骑士"运输直升机引擎螺旋桨叶片,使叶片寿命提高了 3 倍～4 倍。英国也针对"三猫"直升机压气机叶片冲蚀严重的特点,对抗冲蚀涂层进行了大量应用研究。

国内也对压气机抗冲蚀涂层做了许多应用研究。某发动机的 1 级 ~ 6 级压气机工作叶片采用低温渗铝—硅酸盐复合涂层（A – 12S 涂层）后，叶片的防腐蚀效果明显，发动机可靠性得到提高。某发动机在 1 级 ~ 2 级压气机工作叶片上采用了涂氟橡胶或镀 TiN 涂层，但防护效果一般，涂层结合力不太好，而且对发动机功率影响较大。中国南方航空动力机械公司[57]将沉积的 TiN 涂层用于压气机叶片的防护，对压气机叶片起到了一定的冲蚀防护作用。国内外目前应用的主要是二元硬质涂层及无机涂层，合金化多元涂层及纳米涂层等还处在理论研究和应用研究阶段，要实现这些涂层压气机叶片抗冲蚀防护的实际应用，还有大量的工作要做。

4.5.2　抗冲蚀涂层的发展趋势

二元硬质涂层对压气机叶片起到了很好的抗冲蚀防护作用，但飞机在海洋环境下飞行，还要求压气机叶片同时具有优良的耐海洋环境腐蚀能力，因此为了进一步提高涂层寿命，得到更优化的综合性能，必须开展多元合金化涂层、复合涂层工艺及应用研究，并对这些涂层进行纳米结构研究，从而开发出高性能的抗冲蚀涂层，满足压气机叶片抗冲蚀、耐腐蚀的要求。

参 考 文 献

[1]　Eyre T S. Treatise on materials science and technology[J]. Wear,1979,13:363.

[2]　李诗卓,董祥林. 材料的冲蚀磨损与微动磨损[C]. 北京:机械工业出版社,1987.

[3]　DeMasi-Marcin J K,Gutpa D K. Protective coatings in the gas turbine engine[J]. Surface and Coatings Technology,1994,68/69:1 – 9.

[4]　吴小梅,李伟光,陆峰. 压气机叶片抗冲蚀涂层的研究及应用进展[J]. 材料保护,2007,40(10):54.

[5]　Ronghua Wei,Edward Langa,Christopher Rincon,et al. Deposition of thick nitrides and carbonitrides for sand erosion protection[J]. Surface and Coatings Technology,2006,201,4453 – 4459.

[6]　魏荣华. 适用于涡轮叶片硬质颗粒冲蚀保护的磁控溅射厚氮化物层及纳米复合镀层研究[J]. 中国表面工程,2007,20(3):1 – 7.

[7]　Brown H,Alias M N. The effects of composition and thickness on corrosion behavior of TiN and ZrN thin films[J]. Surface and Coatings Technology,1993,62:467 – 473.

[8]　Rickerby D S,Burnett P J. The wear and erosion resistance of hard PVD coating[J]. Surface and Coating Technology,1987,33:191 – 211.

[9]　Sue J A,Toue H H. High temperature erosion behavior of titanium nitride and zirconium nitride coatings[J]. Surface and Coatings Technology,1991,49:31 – 39.

[10] Swadzba L, Formanek B, Gabriel H M, et al. Erosion and corrosion resistant coatings for aircraft compressor blades[J]. Surface and Coatings Technology, 1993, 62:486 – 492.

[11] Yang Q, Zhao L R, Cai F, et al. Wear, erosion and corrosion resistance of CrTiAlN coatings deposited by magnetron sputtering[J]. Surface and Coatings Technology, 2008, 202, 3836 – 3892.

[12] Yang Q, See D Y, Zhao L R, et al. Erosion resistance performance of magnetron sputtering deposited TiAlN coating[J]. Surface and Coatings Technology, 2004, 188, 189:168 – 173.

[13] Zhang X H, Zeng Y Q, Lin J L, et al. Effect of carbon on TiAlCN coatings deposited by reactive magnetron sputtering[J]. Surface and Coatings Technology, 2008, 203(5 – 7):594 – 597.

[14] Xu H, Nie X. Tribological behavior of a TiSiCN coating tested in air and coolant[J]. 2006, 201(7):4236 – 4241.

[15] Barshilia H C, Ghosh M, Shashidhara, et al. Deposition and characterization of TiAlSiN nanocomposite coatings prepared by reactive pulsed direct current unbalanced magnetron sputtering[J]. 2010, 256(21):6420 – 6426.

[16] Fukumoto N, Ezura H, Suzuki T. Synthesis and oxidation resistance of TiAlSiN and multilayer TiAlSiN/CrAlN coating[J]. 2009, 204:902 – 906.

[17] 魏荣华. 等离子增强磁控溅射 Ti – Si – C – N 基纳米复合膜层耐冲蚀性能研究[J]. 中国表面工程, 2009, 22(1):1 – 10.

[18] Kim G S, Lee S Y, Hahn J H, et al. Effects of the thickness of Ti buffer layer on the mechanical properties of TiN coatings[J]. Surface and Coating Technology, 2005, 23(4):593 – 598.

[19] Shum P W, Li K Y, Shen Y G. Improvement of high-speed turning performance of TiAlN coatings by using a pretreatment of high-energy ion implantation[J]. Surface and coatings technology, 2005, 198(3):414 – 419.

[20] Keunecke M, Stein C, Bewilogua K, et al. Modified TiAlN coatings prepared by d. c. pulsed magnetron sputtering[J]. Surface and Coatings Technology, 2010(205):1273 – 1278.

[21] Barshilia H C, Rajam K S, Jain A, et al. A comparative study on the structure and properties of nanolayered TiN/NbN and TiAlN/TiN multilayer coatings prepared by reactive direct current magnetron sputtering[J]. Thin Solid Films, 2006, 503(1 – 2):158 – 166.

[22] Ulrich S, Zerbert C, Stuber M, et al. Correlation between constitu-tion, properties and machining performance of TiN/ZrN multilayers[J]. Surface and Coatings Technology, 2004, 188/189(3):331 – 337.

[23] Harish C B, Deepthi B, Selvakumar N, et al. Nanolayered multilayer coatings of CrN/CrAlN prepared by reactive DC magnetron sputtering[J]. Applied Surface Science, 2007, 253:5076 – 5083.

[24] 李绍海. 梯度纳米(Ti, Al)N 涂层高温氧化性能研究[D]. 哈尔滨:哈尔滨工程大学, 2004.

[25] Swami V P, Ronghua Wei, David W. Gandy. Nanotechnology coatings for erosion protection of turbine components[J]. Journal of Engineering for Gas Turbines and Power, 2010, 132, 082104 – 1.

[26] Hassani S, Klemberg-Sapieha J E, Bielawski M, et al. Design of hard coatings architecture for the optimization of erosion resistance[J]. Wear, 2008, 265:879 – 887.

[27] 车德良. 多弧离子镀氮化物薄膜的性能及应用[C]. 大连理工大学, 2005.

[28] 张均, 田红花, 戚羽, 等. 多弧离子镀合金涂层表面颗粒的研究[J]. 真空, 1997, 4:17 – 20.

[29] 牟仁德, 何利民, 陆峰, 等. 热障涂层制备技术研究进展[J]. 机械工程材料, 2007, 31(5):1 – 4.

[30] Jedrzejowski P, Cizek J, Amassian A, et al. Mechanical and optical properties of hard SiCN coatings pre-

pared by PECVD[J]. Thin Solid Films,2004,447~448.

[31] Goto T. Thermal barrier coatings deposited by laser CVD[J]. Surface and Coatings Technology,2005,
      198:367 – 371.

[32] 张继成,吴卫东,许华,等. 磁控溅射技术新进展及应用[J]. 材料导报,2004,18(4):56 – 59.

[33] 周克崧,刘敏,邓春明,等. 新型热喷涂及其复合技术的进展[J]. 中国材料进展,2009,28(9 –
      10):1 – 8.

[34] 董刚. 材料冲蚀行为及其机理研究[C]. 浙江:浙江工业大学,2004.

[35] Wang S S,Liu G W,Mao J R,et al. Effects of coating thickness,test temperature,and coating hardness on
      the erosion resistance of steam turbine blades[J]. Journal of Engineering for Gas Turbines and Power,
      2010,132:022102 – 1 ~ 7.

[36] 董刚,张九渊. 固体粒子冲蚀磨损研究进展[J]. 材料科学与工程学报,2003,21(2):307 – 312.

[37] 冯艳玲. 新型高温冲蚀磨损测试装置及方法的研究[C]. 北京:北京工业大学,2009.

[38] Hassani S,Beres M,Martinu W,et al. Predictive tools for the design of erosion resistant coatings[J]. Sur-
      face and Coatings Technology,2008,203(3 – 4):204 – 210.

[39] Evans A G,Gulden M E,Rosenblatt E. Impact damage in brittle materials in the eastic-p;astic response
      regime[J]. Proctor Research Society,1978,361(1706):343 – 365.

[40] Finnie I. Erosion of surfaces by solid particles[J]. Wear,1960,3(2):87 – 103.

[41] Wang Y K,Xiao L F,Lei T O,et al. A research microstructure and properties of (Ti,Al)N coating[J].
      Surface and Coatings Technology,1995(72):71 – 75.

[42] Keunecke M,Stein C,Bewilogua K,et al. Modified TiAlN coatings prepared byd. c. pulsed magnetron
      sputtering[J]. Surface and Coatings Technology,2010,205(5):1273 – 1278.

[43] Uchida M,Nihira N,Mitsuo A,et al. Friction and wear properties of CrAlN and CrN films deposited by ca-
      thodic arc ion plating method[J]. Surface and Coatings Technology,2004(177 – 178):627 – 630.

[44] Harish H C,Selvakumar N,Deepthi B,et al. A comparative study of reactive direct current magnetron
      sputtered CrAlN and CrN coatings. Surface and Coatings Technology,2006(201):2193 – 2201.

[45] Kawate M,Hashimoto A K,Suzuki T. Oxidation resistance of Cr1 – xAlxN and Ti1 – xAlxN films[J]. Sur-
      face and Coatings Technology,2003,165:163 – 167.

[46] Finnie I. The mechanism of erosion of ductile metals[J],3rd U. S. National Congress of Applied Mechan-
      ics,1958:527 – 535.

[47] Levy A V. The solid particle erosion behavior of steel as a function of microstructure[J]. Wear of Materi-
      als,1981,68:269 – 287.

[48] Abitter J G. A study of erosion phenomena:part I[J]. Wear,1963,6:5 – 21.

[49] Sheldon A L,Finnie I. On the ductile behavior of nominally brittle materials during erosive cutting[J].
      Journal of England Industry,1966,88:348.

[50] Evans A G,Gulden M E,Rosenblatt M. Impact damage in brittle materials in the elastic-plastic response
      regime[J]. Proceedings of the Royal Society of London A,1978,361:343 – 365.

[51] Tilly G P. A two stage mechanism of ductile erosion[J]. Wear,1973,23:87 – 96.

[52] 吴小梅,李伟光,贺世美,TC11 钛合金 TiN 耐冲蚀防护涂层[C]. 庆祝北京腐蚀与防护学会成立二
      十周年论文集. 北京:腐蚀与防护学会,2005:206 – 210.

[53] 吴小梅,李伟光,陆峰. 固体颗粒冲蚀对钛合金 ZrN 涂层抗冲蚀性能的影响[J]. 航空材料学报,

2006,26(6):26-29.

[54] Bose K, Wood R J K, Wheeler D W. High energy solid particle erosion mechanisms of superhard CVD coatings [J]. Wear,2005,259,135-144.

[55] Wheeler D W, Wood R J. Solid particle erosion behavior of CVD boron phosphide coatings,2006,200, 4456-4461.

[56] Wensink H, Elwenspoek M C. A closer look at the ductile-brittle transion in solid particle erosion [J]. Wear,2002,253:1035-1043.

[57] 许樵府. 离子镀在航空发动机中的应用[J]. 航空制造技术,2002(7):71-72.

第 5 章 涂层的去除与再涂覆技术

EB-PVD 热障涂层具有优良的高温热防护性能,国外已经在多种机型上得到批量生产和工程化应用,在国内的新型发动机上的工程化应用也即将开始。为了满足发动机生产、使用和维护以及热障涂层的规模生产,热障涂层的退除修复技术已经成了涂层工程化应用的重要关键技术。此外,在涂层加工过程中,由于叶片复杂的形状,基材微小的冶金缺陷均可能造成涂层局部或全部损伤和破坏;在叶片涂覆过程中,有时还可能出现涂层厚度或化学成分的超标而导致叶片涂层不合格,由于高温合金和叶片加工的费用比较昂贵,远高于涂层费用。因此,对涂层不合格叶片的返工或返修是十分必要的,通过局部或全部退除涂层和修复,在保证叶片基材原有性能的情况下可以安全使用,具有重要意义。

涂层的修复技术是实现工程化应用的关键技术。在涂层制备过程中,由于意外原因导致涂层损伤,必须进行修复,否则,会引起叶片报废造成很大的经济损失。叶片在服役过程中,也会因为某种原因导致涂层剥落、鼓包等,也需要及时修复,以便叶片重新投入使用。

5.1 研究背景

在高温涂层的涂覆过程中,基体合金微小的冶金缺陷、涂层厚度或化学成分的超标都会导致叶片涂层不合格。由于高温合金叶片的加工费用远高于涂层涂覆费用,若仅仅因为涂层不合格而报废叶片便会造成很大的浪费,修复涂层需要退除旧涂层后进行再涂覆。

涡轮叶片防护涂层的退除及再涂覆技术对于发动机大修具有重要的意义[18]。高温合金叶片在发动机服役环境条件下使用一定的周期后,由于涂层的退化与失效,需要对叶片及涂层进行修理,或当涂层在使用过程中遭到意外损伤时,都要求退除原有的涂层后再涂覆新的涂层。

涂层的退除和再涂覆可能会引起零部件从尺寸到结构性能的很多变化,这些变化将影响航空发动机的性能,甚至会危及安全,所以必须对涂层的退除和再涂覆工艺进行认真深入地研究,摸索出系统的工艺参数以及性能评价方法,为涂层的返修提供重要的技术保障。

5.2 涂层退除

5.2.1 退除方法

与高温涂层制备技术一样,国外对涂层的退除和再涂覆技术也严格保密。美国材料咨询委员会在1996年的一份报告中,简要介绍了有关情况:通常用酸液退除铝化物涂层,用喷砂等机械方法或电化学方法退除包覆型涂层,而高压水既可退除铝化物涂层也可退除包覆型涂层,后者的应用越来越普遍。

国外退除高温涂层的方法很多,大致的分类见图5-1。

图 5-1 涂层退除方法

物理退除高温涂层主要有以下几种方法:

(1) 喷砂或喷丸:将一定大小的钢丸,以适当的压力和角度喷向工件的涂层表面,用切向力使涂层剥落下来。这是一种直接的机械退除方法。缺点是钢丸不能重复使用,消耗较多。

(2) 打磨:砂纸、砂布或用砂轮机械打磨,适于局部退除涂层。

(3) 吹砂:用形状不规则的砂子,以一定的速度吹向待处理的表面,可去除氧化皮、表面的油污和涂层,获得一个粗糙(形貌为锐利的角度)的表面。

(4) 离子轰击方法:这种方法的优点是可以除去较厚的氧化皮。

(5) 电火花处理:可以退除局部损伤的涂层。

(6) 光饰工艺:可以局部或整体退除涂层。

(7) 高压水:用50MPa高压水作为磨料的加速动力,配合干式或湿式供料系统,可以整体退除各种涂层,缺点是设备需进口,价格昂贵。

化学退除高温涂层主要有以下几种方法:

(1) 用酸、钝化剂等配制的化学溶液退除。

(2) 用抛光液、刻蚀液等溶液退除。

（3）电解法退除。

物理退除方法的缺点是费力费时，而且不容易控制精度。化学退除方法的缺点是溶液有毒，操作时需非常小心，废液也很难处理。因此，MCrAlX 涂层的退除可分别采用物理和化学两种方法。如俄罗斯在退除 Ni – Cr – Al 涂层时，先用化学溶液处理，后用机械方法退除涂层。

国外主要采用酸溶液、碱溶液（氢氧化钠）、熔融盐等来去除包覆型 MCrAlX 涂层，常用退除溶液见表 5 – 1。

表 5 – 1　国外退除涂层常用溶液

溶液号	溶液成分	适用范围
1	盐酸 硝酸 氯化铁六水化合物 乙二胺四乙酸	适于退除 Co 基上铝化物涂层
2	氯化铁六水化合物 盐酸	适于退除 Ni 基上铝化物涂层
3	氯化铁 磷酸 硝酸	适于退除 Co 基上铝化物涂层
4	高锰酸钾	适用于退除热障涂层
5	硝酸 盐酸 水	适于退除镍基上包覆型涂层

我国高温涂层的工艺说明书中多数包括涂层的返修程序，但是都比较简单，也缺乏必要的检验方法和要求。目前国内去除高温涂层（主要是扩散型涂层）的方法主要采用喷砂（或砂纸打磨）和化学退除二种方法，部分化学退除溶液及操作方法列于表 5 – 2。

表 5 – 2　涂层的化学退除溶液及操作方法

涂　层	化学溶液成分	含量/(g/L)	温度/℃	时间
Ni – Cd 扩散层	间硝基本磺酸钠 氰化钠	70 ~ 80 70 ~ 80	70 ~ 80	退尽为止
	浓硝酸 盐酸	9 份(V) 1 份(V)	室温	退尽为止
中温铝涂层	氢氧化钠 葡萄糖酸钠	225 58	80 ~ 90	30min

涂　层	化学溶液成分	含量/(g/L)	温度/℃	时间
铝硅涂层	硝酸 氨基磺酸	100%（V） 20~50	40	2h~4h
离子镀铝层	NaOH	20%	沸水	全溶

5.2.2　退除方案

1. 物理方法局部或整体退除涂层

主要进行局部退除及再涂覆试验。

1）材料

基体材料:IC6 合金

涂　　层:NiCrAlYSi（HY3）涂层和 NiCoCrAlYHf（HY5）涂层

热冲击试样:30mm × 10mm × 1.5mm。

高温持久试样:$d = 5$mm　台肩试样。

室温拉伸试样:$d = 5$mm　螺纹圆形试样。

2）涂层制备

采用真空电弧镀设备分别涂覆 HY3（NiCrAlYSi）涂层和 HY5（NiCoCrAlY-Hf）涂层,并在试样的有效位置制造涂层缺陷(缺陷面积为试样有效面积的10%~30%)。

3）退除、再涂覆试验方法

涂层扩散前后,采用机械方法(如油石、砂纸打磨或吹砂处理)清除缺陷部位涂层,试样无缺陷涂层部位也同样进行上述清理,目的是清除涂层表面氧化膜露出新鲜表面,然后对试样整体再涂覆相同厚度的涂层,方法见表5-3。

表5-3　HY3 涂层和 HY5 涂层的退除及再涂覆方法

方法 1	沉积涂层→油石、砂纸打磨→再沉积涂层→扩散
方法 2	沉积涂层→扩散→油石、砂纸打磨→再沉积涂层→扩散
方法 3	沉积涂层→油石、砂纸打磨→吹砂→再沉积涂层→扩散
方法 4	沉积涂层→扩散→油石、砂纸打磨→吹砂→再沉积涂层→扩散

2. 化学方法局部或整体退除涂层

化学法退除涂层工艺研究主要包括化学退除溶液配制、筛选试验;化学退除溶液温度、时间选择试验;化学退除速率试验;局部退除。

研究探索了不同高温合金(DZ22、K3、K6、K13、DD3、DZ125 和 IC6 等)基体上沉积 20μm~30μm 的 HY3（NiCrAlYSi）和 HY5（NiCoCrAlYHf）防护涂层的退

除工艺;对化学退除溶液的十几种配方进行了筛选。经过筛选,确定溶液温度及局部保护方法,并测定了涂层退除速率。化学退除涂层试验方法包括以下几种:

(1) 沉积涂层→扩散→化学溶液退除→擦净→称重→金相→溶液分析

(2) 沉积涂层→扩散→电化学退除→擦净→称重→金相→溶液分析

(3) 沉积涂层→局部保护→化学溶液退除→擦净→称重→金相→溶液分析

(4) 沉积涂层→化学退除→擦净→称重→金相→溶液分析

退除工艺流程如下:

(1) 吹砂:采用 100 目的刚玉对零件进行湿吹砂,压力为 5Pa ~ 5.5Pa;

(2) 水洗:用流动水冲干净零件内外表面的砂粒;

(3) 保护:用封闭剂保护工件的孔、齿等无涂层的部位和不需退除的部位;

(4) 浸泡退除:根据需要将工件以一定方式悬挂于溶液内进行退除;

(5) 称量:取出工件,中和,清洗,除封闭剂,称量;

(6) 检查:根据重量以及外观决定是否重新去除。

5.2.3 涂层化学退除研究

化学法退除 HY3 涂层的影响因素较多,研究涂层的退除机理需要考虑退除速率、涂层元素的性质、溶液各成分的作用以及在化学溶液中可能发生的各种反应。

涂层的型号、退除液的成分、侵蚀的制度和试样悬挂的方式等因素都会影响化学溶液的退除速率。使用过的高温合金耐蚀性降低,特别是沿晶界处较为薄弱,因此退除涂层后基体,特别是变形合金的工件极有可能发生晶间腐蚀,所以应该侧重研究腐蚀性小的溶液来退除涂层。

为了保证再涂覆涂层的质量,退除时不能引起或者加重基体表面腐蚀,而且必须保证零件的几何尺寸不受到大的影响。这就要求用化学溶液退除时仅退除零件表面的涂层,而不损害基体合金。退除溶液的成分直接影响到退除速率,只有在合适的参数下才能快速退除涂层,又不影响基体。

根据涂层中各种元素(镍、铬、铝、铁等)的性质(见表 5 - 4),结合国内外退除涂层的常用化学溶液,选用以下化学退除方法(见表 5 - 5)。

表 5 - 4　涂层中各元素在部分环境中的耐蚀性

元素	部分不耐蚀的介质		
	酸溶液	盐溶液	气体
镍	氧化性酸、硝酸、硫酸(>80%)、氢氟酸(高温状态)、磷酸(热的、浓的)	大多数氧化性盐类,三氯化铁	

元素	部分不耐蚀的介质		
	酸溶液	盐溶液	气体
铬	盐酸、浓硝酸（高温），硫酸（＞5%，＞50℃），氢氟酸、磷酸（＞60%，＞100℃）；	氧化形盐（三氯化铁）会引起全面腐蚀	氢氟酸（＞250℃）
铁	除了浓硝酸、H_2CrO_4，硫酸（＞70%），氢氟酸（＞70%）外的酸都能腐蚀铁	盐溶液：氧化性盐类如三氯化铁	水气（＞500℃）
铝	盐酸、硫酸、氢氟酸、磷酸、次氯酸	重金属盐类	湿的二氧化硫、盐酸、氨气等

表 5-5　化学退除溶液

溶　液	化 学 成 分	应　用
8#	强酸	试样＋涂层
9#	强氧化剂/氧化性酸/非氧化性酸	试样＋涂层＋时效
10#	强氧化剂/非氧化性酸	试样＋涂层＋时效

由表 5-5 可见，8#溶液适用于退除时效前的涂层，9#、10#溶液适用于退除经过时效的涂层。

化学退除过程中，退除速率的影响因素分析如下：

当氧平衡电位比 M 金属正，构成阴极反应，组成腐蚀电池。金属发生氧去极化腐蚀时，多数情况下阳极过程发生金属的活性溶解，阴极过程受到氧的扩散控制，即金属腐蚀受到阴极浓差极化控制，可以得到腐蚀速度 i_{corr} 的表达式：

$$i_{corr} = i_{c2} = i_L = nFDC°/\delta \qquad (5-1)$$

式中：n 为电极反应式中电子数；i_L 为极限扩散电流密度；$C°$ 和 D 分别为阴极去极化剂的整体浓度和扩散系数；δ 为扩散层有效厚度。

根据式（5-1）影响腐蚀速度的有下列因素：

（1）i_{corr} 与 $C°$ 成正比，即去极化剂浓度降低，会使腐蚀速度减小。

（2）搅拌溶液或者使溶液流速增大，会减小扩散层厚度，增大极限电流 i_L，因而会加速腐蚀。

（3）降低温度，会使扩散系数 D 减小，使腐蚀速度变慢。

由此，可通过搅拌、升高温度、提高去极化剂的浓度或更换溶液的方法来加快腐蚀反应的速率。

5.2.4　退除速率及分析

测出不同反应时刻反应物（生成物）浓度，可以绘出反应物浓度与时间变化曲线(动力学曲线),然后从图上求出不同反应时刻的 ds/dt 即可在 t 时刻作出曲线的切线,就能求出 t 时刻的反应速率。

对 DD3 和 DZ125 合金沉积的 HY3(NiCrAlYSi)包覆型涂层(涂层厚度20μm ~ 30μm)进行了针对性研究。通过称取不同状态试样的重量,利用式(5-1)来计算各个时间段下的退除速率。涂层平均退除速率见表5-6和表5-7。

表5-6 HY3 包覆型涂层化学法(非氧化型酸溶液)退除速率

材料	涂层	试样尺寸/(mm×mm×mm)	退除时间/h	退除速率/(mg/cm² · h)
DD3	HY3	30×10×1.5	7	2.18
	HY3 + 时效		14	1.09
DZ125	HY3		7	2.14
	HY3 + 时效		14	1.07

表5-7 HY3 包覆型涂层化学法(氧化性酸溶液)退除速率

材料	涂层	试样尺寸/(mm×mm×mm)	退除时间/h	退除速率/(mg/cm² · h)
DD3	HY3	30×10×1.5	12	1.27
DZ125				1.25

退除速率的主要影响因素是退除溶液本身的成分含量及试样涂层状态,对于不同基体上的同种涂层,用同种化学溶液的退除速率基本相同。时效后的涂层的退除时间相对较长。

由酸对涂层中各种元素的侵蚀性可知,硝酸为氧化性酸,其标准状态下的吉布斯自由能 G 与盐酸(非氧化性酸)不同。对于腐蚀体系,它是由金属与外围介质构成的多组分敞开体系。恒温恒压下,腐蚀反应自由能的变化 $(\Delta G)_{T,P}$ 可由反应中各物质的化学位 μ_i 计算:

$$(\Delta G°)_{T,P} = \sum \mu_i = nE°F = n(E°_M - E°_H) \cdot F \qquad (5-2)$$

反应方程式(5-2)中 $E°_M$、$E°_H$ 为金属和氢的标准电极电位。由反应方程式(5-2)可以推算出在理想状态下,盐酸、硝酸两者的吉布斯自由能值 $(\Delta G)_{T,P}$ 不同,与盐酸相比,硝酸更容易与涂层元素发生反应。

5.3 涂层的微观结构和防护性能研究

涂层结构与其防护性能有密切的关系,通过研究涂层的结构,可以进一步分析涂层退除的机理。通常用以下方法来研究涂层的微观组织结构。

(1) X 射线衍射分析涂层以及基体的表面相结构变化。

（2）扫描电镜分别观察涂层表面和截面形貌。

（3）电子探针分析涂层、基体、涂层与基体界面处各元素成分分布。

无论用何种退除方法都应该将旧涂层清除干净,否则将影响再涂覆涂层与基体金属的结合力。为保证再涂覆涂层质量,必须对其进行各种性能测试。根据涂层的防护性能要求,通常对再涂覆的涂层进行如下性能测试:抗高温氧化、抗热腐蚀和抗热冲击。

5.3.1 微观结构、成分分析

试样经 $1200^{\#}$ 砂纸研磨后用抛光液（采用氧化镁和氧化铝混合的粉加入水稀释配制而成）进行抛光,用去离子水和乙醇清洗并干燥,然后根据基体成分和涂层种类,分别在氢氟酸—硝酸溶液（体积比为 $1:2$）、硝酸—盐酸溶液（体积比为 $1:3$）或磷酸—硝酸—硫酸溶液（体积比为 $1:3.5:4$）中浸蚀。

采用金相显微镜 Newford 21 和 JSM – 5600LV 扫描电镜（SEM）分析基体合金、涂层以及涂层—基体合金界面处各相的组成、形状、大小和分布、涂层和基体的显微组织及涂层—基体界面的结合情况,并且采用扫描电镜所附带的 Oxford X 射线能谱仪（EDS）定性、定量分析各相组成和涂层—基体之间的元素互扩散情况。

1. 化学退除及再涂覆涂层的外观

（1）一次退除涂层的外观。图 5–2 为涂层一次化学退除前后的外观。

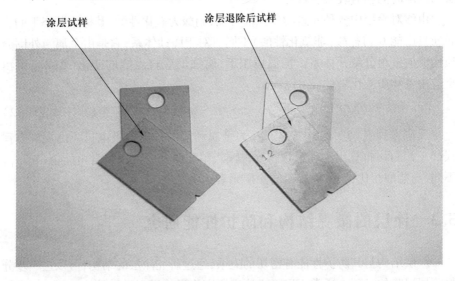

涂层试样　　　　涂层退除后试样

图 5–2 涂层退除样件

由图 5 - 2 可见,涂层退除后基体合金没有受到损害,表面状态完好,依然具有明显的金属光泽。

(2)一次退除及再涂覆涂层的外观。图 5 - 3 为涂层经过一次化学退除及再涂覆的热腐蚀试样的外观。

合金2   涂层原始态2   涂层退除后4   涂层再涂覆

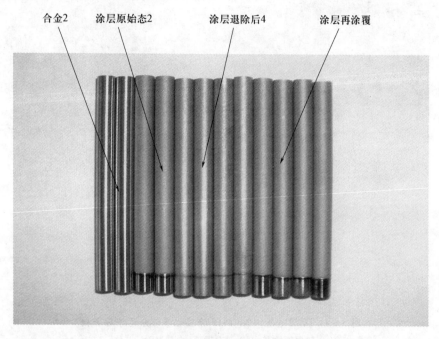

图 5 - 3   涂层退除和再涂覆样件

由图 5 - 3 可见,涂层退除后基体合金没有受到损害,表面状态完好,再涂覆的涂层与原始涂层相比,颜色均匀,外观没有明显变化。

2. 化学一次退除涂层的显微组织

(1)化学退除部分涂层的微观结构。图 5 - 4 为经过一次化学退除部分涂层的金相显微组织。

由图 5 - 4 对比可知,用化学溶液部分退除后,残余涂层的内部组织与涂层原始态基本一致,涂层依然很致密。涂层与基体界面完好,说明剩余涂层内部没有遭受退除溶液的明显侵蚀,这部分涂层对基体仍然具有一定的保护作用,基体表面完整平滑未出现过腐蚀现象。

(2)化学退除全部涂层的微观结构。图 5 - 5 是合金沉积涂层经过一次化学退除(完全退除)前后的金相显微组织图。

图 5 - 5 中的(a)、(b)都是用背散射电子成像,放大 2000 倍得到的基体(K13 铁基合金)与涂层的显微组织结构。图中表层及内层中灰色相为 HY3 涂

193

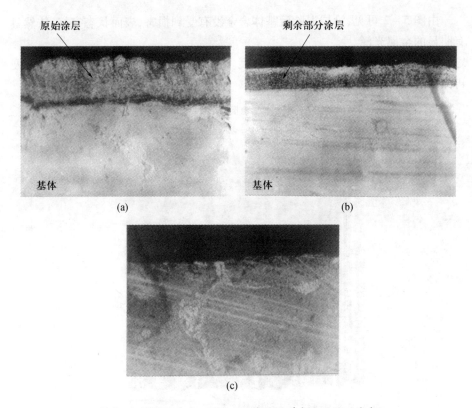

图 5 - 4　DZ22 合金 + NiCrAlY 涂层化学部分退除后金相
（a）涂层原始态；（b）部分退除；（c）退除后基体。

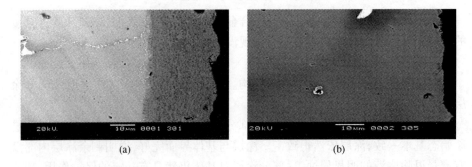

图 5 - 5　K13 合金涂覆 HY3 涂层完全退除前后用背散射法(BEI)得到的金相
（a）涂层原始态；（b）涂层完全退除后的基体。

层,浅灰色为基体,白色相为富钼和钨相。图 5 -5(a)中涂层的厚度约为 20μm ~ 30μm,能谱分析(EDS)结果显示该涂层为 HY3 涂层。图 5 -5(b)是用硝酸—磷酸溶液完全退除的试样。由图 5 -5(a)可见,涂层与基体界面比较整齐,没有明显的界限,表明是冶金结合。由图5-5(b)可见,涂层退除后基体的表面比较平整,没有明显缺陷,说明用该方法退除涂层对基体的显微组织没有明显影响。

3. 化学一次退除及再涂覆涂层的显微组织

图5-6为合金沉积涂层经过一次化学退除后再涂覆的金相显微组织图。

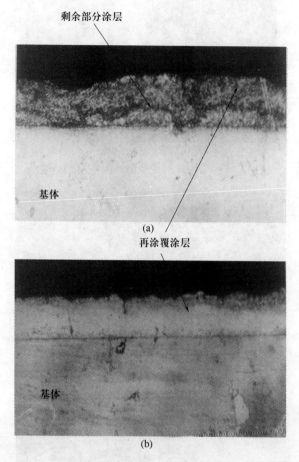

图5-6　DZ22合金+NiCrAlY涂层化学退除后再涂覆金相
(a)部分退除+再涂覆;(b)全部退除+再涂覆。

由图5-6可见,涂层退除再涂覆后基体合金不受影响,再涂覆的涂层与原始涂层的内部组织相近,说明涂层的退除及再涂覆对涂层以及基体合金的显微组织基本没有影响。显微组织分析表明,退除及再涂覆后的涂层形貌、元素分布与原始涂层相似,与基体金属结合紧密,界面清晰,无冶金缺陷。

4. 化学多次退除及再涂覆涂层的显微组织

图5-7~图5-11是DD3合金沉积涂层后经过多次化学退除及再涂覆后

的 SEM 组织。图中表层及内层深颜色区域为 HY3 涂层,浅灰色区域为基体,白色粒子区域为涂层与基体互扩散区。

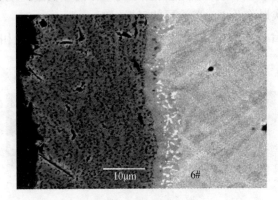

图 5-7 一次退除 + 再涂覆

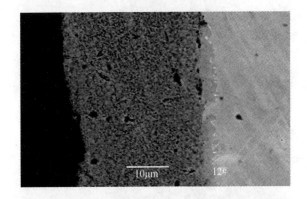

图 5-8 二次退除 + 再涂覆

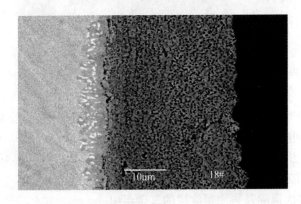

图 5-9 三次退除 + 再涂覆

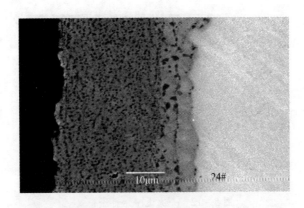

图 5 – 10　时效 + 退除 + 再涂覆

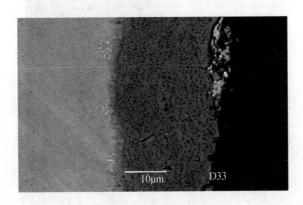

图 5 – 11　涂层原始态

由图 5 – 7 ~ 图 5 – 11 对比可知，HY3 涂层经过多次退除及再涂覆，涂层的厚度依然为 20μm ~ 30μm，与原始涂层的厚度相近，扩散区的厚度为 5μm 左右，时效后退除及再涂覆涂层的影响区比多次退除及再涂覆的影响区要大一些。经多次化学退除及再涂覆涂层与基体的结合仍然很好，界面清晰，说明涂层的多次退除及再涂覆对基体合金的显微组织基本没有影响。

图 5 – 12 ~ 图 5 – 16 为 DZ125 合金沉积涂层后经过多次退除以及再涂覆后的涂层界面 SEM 组织。图中深颜色区域为 HY3 涂层，白色区域为 DZ125 基体。

由图 5 – 12 ~ 图 5 – 16 对比可知，多次退除及再涂覆的涂层厚度与原始涂层相近，均在 20μm ~ 30μm 范围之内，除了时效后一次退除及再涂覆的涂层与基体的影响区接近 10μm 外，多次退除及再涂覆的涂层与原始涂层的扩散区厚度都接近为 5μm。三次退除及再涂覆涂层试样的基体中均有白色相出现。涂层与基体的界面处没有孔隙、裂纹等缺陷出现。

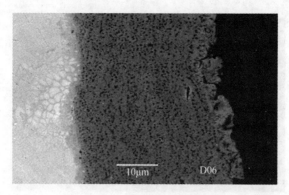

图 5 – 12　一次退除 + 再涂覆

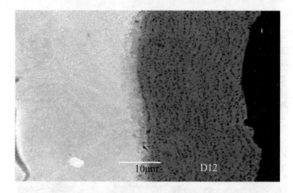

图 5 – 13　二次退除 + 再涂覆

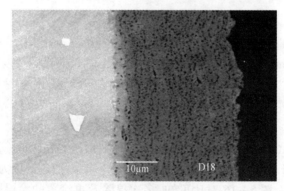

图 5 – 14　三次退除 + 再涂覆

　　由图 5 – 7 ~ 图 5 – 11 以及图 5 – 12 ~ 图 5 – 16 对比可以看出，HY3 涂层经过多次的退除及再涂覆，涂层与各种基体合金（DD3、DZ125）的结合依然很好，涂层致密，合金组织没有变化，说明涂层的退除以及再涂覆对基体合金的显微组织基本没有影响。

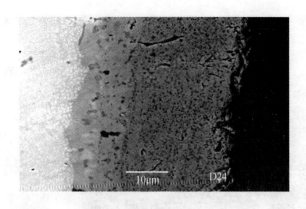

图 5-15 时效+退除+再涂覆

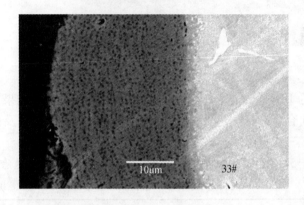

图 5-16 涂层原始态

5.3.2 涂层修复后的防护性能

1. 再涂覆涂层的抗氧化性能

采用 HB 5258—2000《钢及高温合金的抗氧化性测定试验方法》进行涂层的抗氧化性能测试。试样尺寸采用 30mm×10mm×1.5mm 试片;试验装置包括自动控制井式循环抗氧化炉(见图 5-17)、万分之一分析天平;试验条件为 1100℃保温 60min,室温冷却 5min 为一周期,按规定的周期称量试样,试验过程中氧化皮任其自然脱落,当试样增重≤0 时,视其寿命终止,停止试验。按下式计算试验过程中试样重量变化:

$$\Delta G = (m_i - m_0)/S \qquad (5-3)$$

式中:ΔG 为单位面积质量变化(g/m^2);m_i 为各称量点试样质量(g);m_0 为试样原始质量(g);S 为试样原始表面积(m^2)。

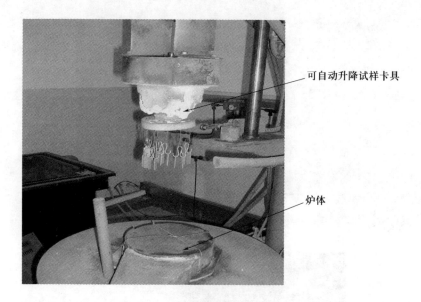

可自动升降试样卡具

炉体

图 5 - 17　井式循环抗氧化炉

表 5 - 8 为 DD3 合金沉积 HY3 涂层 1100℃ 循环氧化试验结果,试样状态包括无涂层 DD3 合金、DD3 合金沉积原始态 HY3 涂层、一次退除及再涂覆、二次退除及再涂覆、三次退除后及再涂覆和涂层时效后退除再涂覆。

表 5 - 8　DD3 合金沉积 HY3(20μm ~ 30μm)涂层退除

及再涂覆后循环氧化试验结果

试 验 条 件	材 料	涂 层 状 态	氧化寿命/h
1100℃ 保温 60min,出炉冷却 5min 为一周期	DD3 合金 + HY3 涂层	合金无涂层	10
		合金 + 原始态涂层	235
		一次退除 + 再涂覆	230
		二次退除 + 再涂覆	235
		三次退除 + 再涂覆	235
		涂层时效 + 退除 + 再涂覆	235

从表 5 - 8 可以看出,DD3 合金沉积 HY3 涂层经过一次、二次、三次退除后再涂覆及时效后一次退除并且再涂覆的涂层,在 1100℃ 循环氧化条件下,抗氧化性能相近,循环氧化寿命与原始涂层的抗氧化寿命基本相同。总之,在 1100℃ 循环氧化条件下,经过退除及再涂覆后的涂层与原始涂层相比,抗氧化性能相当。

图 5 - 18 为 DD3 合金沉积 HY3 涂层经过退除及再涂覆后 1100℃ 循环氧化动力学曲线,图 5 - 3 示出了 DD3 合金沉积 HY3 涂层经过退除及再涂覆后

1100℃循环氧化试验后外观,可以看出所有状态的涂层重量变化和外观规律一致。

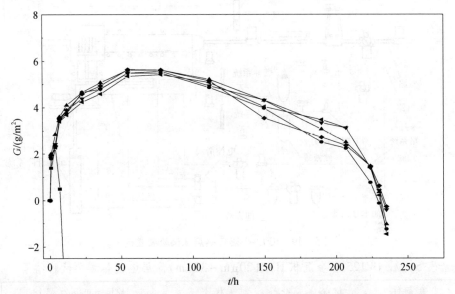

图 5 - 18　DD3 合金沉积 HY3 涂层经过退除/再涂覆后 1100℃循环氧化动力学曲线

■—DD3 合金; ◀—原始态涂层; ●——次退除 + 再涂覆;

▲—二次退除 + 再涂覆; ▼—三次退除 + 再涂覆; ◆— 涂层时效后退除 + 再涂覆。

2. 再涂覆涂层抗热腐蚀性能

(1) 抗热腐蚀试验。采用 HB 7740—2004《燃气热腐蚀试验方法》规定进行涂层的抗热腐蚀性能测试,考验原始涂层、再涂覆涂层(含一次、二次、三次退除及时效后一次退除再涂覆涂层)在腐蚀介质条件下的抗热腐蚀能力及涂层对合金的防护效果。

试样尺寸采用 $\phi5 \times 60$ 标准试棒;试验装置是 RFL - 1 燃气热腐蚀试验装置(见图 5 - 19)。试验条件:试验温度 900℃、煤油流量 0.2L/h、人造海水浓度 20mg/g、油气比 1/45,试验时间 200h。

试验后对试样进行电解碱洗,以清除试样表面生成的氧化物及杂质如盐类等腐蚀产物。按下式计算试样的腐蚀速度 g/m² · h:

$$K = (m_0 - m_1)/(S \cdot t) \tag{5 - 4}$$

式中:K 为燃气腐蚀速度($g/m^2 \cdot h$);m_0 为试样原始质量(g);m_1 为清除腐蚀产物后的试样质量(g);S 为试样原始表面积(m^2);t 为试验时间(h)。

(2) 抗热腐蚀性能。DD3 合金和 DZ125 合金沉积 HY3($20\mu m \sim 30\mu m$)涂层经退除/再涂覆(含多次退除/再涂覆燃气热腐蚀试验结果参见表 5 - 9、表 5 - 10。

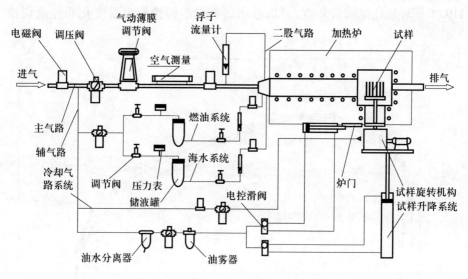

图 5－19　RFL－1燃气热腐蚀试验装置示

表 5－9　DZ125合金沉积HY3(20μm～30μm)涂层燃气热腐蚀试验结果

试验条件	材料	状态	腐蚀速度/[g/(m²·h)]
900℃,100h	DZ125合金 HY3涂层	无涂层	4.4
		合金＋原始态涂层	0.15
		一次退除＋再涂覆	0.12
		二次退除＋再涂覆	0.12
		三次退除＋再涂覆	0.16
		涂层时效＋退除＋再涂覆	0.15

表 5－10　DD3合金沉积HY3涂层(20μm～30μm)涂层燃气热腐蚀试验结果

试验条件	材料	状态	腐蚀速度/[g/(m²·h)]
900℃,100h	DZ125合金 HY3涂层	无涂层	8.27
		合金＋原始态涂层	0.17
		一次退除＋再涂覆	0.18
		二次退除＋再涂覆	0.16
		三次退除＋再涂覆	0.16
		涂层时效＋退除＋再涂覆	0.17

由表5－9、表5－10可知,HY3涂层具有优良的抗热腐蚀性能,涂层的腐蚀速度比合金下降了一个数量级,说明涂层显著提高了合金在高温条件下抵抗腐

蚀介质侵蚀的能力。一次退除、多次退除及时效后退除并经再涂覆后，DZ125 合金沉积的 HY3 涂层腐蚀速度在 $0.12g/m^2 \cdot h \sim 0.16g/m^2 \cdot h$ 之间，相当于无涂层合金腐蚀速度的 1/30 左右。经过一次、二次、三次退除后再涂覆和时效后退除再涂覆的涂层，热腐蚀试验的结果与原始涂层相比，在同一数量级上，试样腐蚀速度分别为 $0.15g/m^2 \cdot h$、$0.12g/m^2 \cdot h$、$0.12g/m^2 \cdot h$、$0.16g/m^2 \cdot h$、$0.15g/m^2 \cdot h$，没有大的变化。

DD3 合金沉积的 HY3 涂层腐蚀速度在 $0.16g/m^2 \cdot h \sim 0.18g/m^2 \cdot h$ 之间，相当于无涂层合金腐蚀速度的 1/50 左右，经过一次、二次、三次退除后再涂覆和过时效后退除再涂覆的涂层与原始涂层相比，热腐蚀试验的结果同样在一个数量级上，试样腐蚀速度分别为 $0.17g/m^2 \cdot h$、$0.18g/m^2 \cdot h$、$0.16g/m^2 \cdot h$、$0.16g/m^2 \cdot h$、$0.17g/m^2 \cdot h$，没有大的变化。

综上所述，涂层的退除与再涂覆基本不影响涂层的腐蚀速率，在 900℃ 燃气热腐蚀试验条件下，涂层经过退除、再涂覆后与原始涂层相比，抗热腐蚀性能相当。

3. 再涂覆涂层抗热冲击性能

抗热冲击性能。DD3 合金和 DZ125 合金沉积 HY3($20\mu m \sim 30\mu m$) 涂层经退除及再涂覆(含多次退除及再涂覆)后抗热冲击试验结果参见表 5 - 11、表 5 - 12。

表 5 - 11　DD3 合金沉积 HY3($20\mu m \sim 30\mu m$) 涂层抗热冲击试验结果

试验条件	材　料	状　态	重量变化/(g/m^2)
1100℃，保温 2min 冷却 1min 为一周期，共进行 700 个周期	DD3 合金	合金 + 原始态涂层	3.75
		一次退除 + 再涂覆	3.89
		二次退除 + 再涂覆	3.96
		三次退除 + 再涂覆	3.82
		涂层时效 + 退除 + 再涂覆	3.75

表 5 - 12　DZ125 合金沉积 HY3($20\mu m \sim 30\mu m$) 涂层抗热冲击试验结果

试验条件	材　料	状　态	重量变化/(g/m^2)
1100℃，保温 2min 冷却 1min 为一周期，共进行 700 个周期	DZ125 合金	合金 + 原始态涂层	5.56
		一次退除 + 再涂覆	5.56
		二次退除 + 再涂覆	5.28
		三次退除 + 再涂覆	5.28
		涂层时效 + 退除 + 再涂覆	5.42

由表 5 - 11、表 5 - 12 可知，经过一次、二次、三次退除后再涂覆的涂层、时效后退除及再涂覆的涂层与原始涂层的抗剥落性能相近，试样重量变化在同一

数量级上,这表明涂层退除及再涂覆对涂层的抗热冲击性能基本不影响。总之,在 1100℃下的热冲击试验条件下,涂层经过退除、再涂覆后与原始涂层相比,热态结合强度相当。

5.4 退除及再涂覆涂层对基体合金力学性能影响研究

涂层退除及再涂覆需考虑对基体性能的影响,一般考虑持久、拉伸、疲劳及热疲劳性能。

5.4.1 力学性能试验

1. 试样

高温持久及拉伸:$\phi 5$,$L = 50mm$

室温、低温拉伸试样:圆形(Q/6S977)

高周疲劳:$\phi 4$,$L = 52mm$ 光滑小试样(Q/6S977)

冷热疲劳:$50mm \times 20mm \times 1.5mm$,缺口半径 $R = 0.1mm$

2. 高温力学性能试验方法

高温持久:按 HB 5150—96《金属拉伸持久试验方法》分别进行

1100℃ 900MPa、1000℃ 196MPa、60℃ 785MPa,980℃ 221MPa 和 850℃ 340MPa 试验;

瞬时拉伸:选择 900℃,按 HB 5143—96《金属室温拉伸试验方法》

进行试验;

旋转弯曲疲劳:选择 900℃ 510MPa、800℃ 380 MPa,按 HB 5153—96《金属高温旋转弯曲疲劳试验方法》进行试验。

热疲劳:按 HB 6660—92《金属板材热疲劳试验方法》进行,试样涂覆涂层后,放在硅碳棒炉内加热到 1000℃保持 55s,然后放入 20℃流水中冷却 15s 为一周期,经一定循环次数后观察缺口处裂纹长度。

5.4.2 物理方法退除及再涂覆涂层对基体力学性能影响

经退除及再涂覆的涂层,需考虑对基体合金力学性能的影响。因此,对再涂覆后的试样进行了主要力学性能试验,即 1100℃,90MPa 的高温持久试验和室温拉伸试验。

1. 高温持久试验

高温持久试验的条件为 1100℃/90MPa,为了研究四种退除、再涂覆方法对合金持久性能的影响,所有的试样都拉断为止,试验结果见表 5 - 13、表 5 - 14。

由表 5 – 13、表 5 – 14 可知,四种返工方法的涂层对合金的持久寿命无明显影响,且返工后的持久寿命均超过了合金的持久性能指标(1100℃/90MPa 的持久寿命指标为 30h)。

表 5 – 13　IC6 合金沉积 HY3 涂层退除、再涂覆后高温持久性能

试 样 状 态	试验条件	持续时间/h
IC6 合金	1100℃90MPa	126
HY3 涂层		212
方法 1		127
方法 2		178
方法 3		122
方法 4		121.5

表 5 – 14　IC6 合金沉积 HY5 涂层退除、再涂覆后高温持久性能

试 样 状 态	试验条件	持续时间/h
IC6 合金	1100℃90MPa	126
HY5 涂层		131
方法 1		161
方法 2		233
方法 3		202
方法 4		207

2. 室温拉伸性能

IC6 合金沉积 HY3 涂层和 HY5 涂层经不同方法退除、再涂覆后的室温拉伸试验的结果见表 5 – 15、表 5 – 16。为进行对比,未经涂覆的 IC6 合金及原始涂层试样的性能数据也列于表中。试验结果表明,涂层的退除及再涂覆对合金屈服强度 $\sigma_{0.2}$ 有轻微影响,而对于铸造高温合金而言,拉伸性能的波动范围在 ±15% 内属正常。因此可见涂层返工后合金的拉伸性能降低基本上在正常的性能波动范围内,这一结果表明四种涂层退除、再涂覆方法都是可行的。

表 5 – 15　IC6 合金沉积 HY3 涂层退除、再涂覆后室温拉伸性能

试 样 状 态	$\sigma_{0.2}$/MPa	σ_b/MPa
IC6 合金	758.5	1140.5
HY3 涂层	756.8	1108.8
方法 1	676	1025.5
方法 2	637.5	1033
方法 3	683.5	1024
方法 4	642	995

表 5-16　IC6 合金沉积 HY5 涂层退除、再涂覆后室温拉伸性能

试样状态	$\sigma_{0.2}/MPa$	σ_b/MPa
IC6 合金	758.5	1140.5
HY5 涂层	666.7	1039.3
方法 1	716.5	1041
方法 2	665	1122
方法 3	715	976.5
方法 4	657	1047.5

表 5-15、表 5-16 的试验结果表明,IC6 合金沉积 HY3 涂层和 HY5 涂层经局部退除、再涂覆后对合金的主要力学性能(高温持久、室温拉伸)未产生明显影响。

5.4.3　化学方法退除涂层对基体力学性能影响

试样材料主要是 GH118 合金和 DZ22 合金,试验内容包括高温持久性能(见表 5-17);瞬时拉伸性能(见表 5-18);旋转弯曲疲劳性能(见表 5-19)及热疲劳性能(见表 5-20)。

表 5-17　GH118 合金沉积 NiCrAlY 涂层化学退除后高温持久性能

试样编号	试验条件	试样状态	持续时间/h	
1		GH118 合金	250.5	242.35
2			234.2	
3		GH118 + 涂层	176.8	165.3
4			153.8	
5	850℃340MPa	GH118 + 涂层部分退除	266.6	262.3
6			258	
7				
8		GH118 + 涂层全部退除	204	215
			226	

由表 5-17 可知,涂覆涂层后,GH118 合金的持久寿命稍有下降,但在允许范围之内,可以认为涂层不影响基体的高温持久力学性能;退除涂层后合金的持续时间较涂层原始态有所上升,还是比未涂覆过的基体要低,也在允许范围之内,可以说涂层化学退除并不影响基体的高温持久力学性能。

表 5 - 18　GH118 合金沉积 NiCrAlY 涂层化学退除后室温拉伸性能

试 样 编 号	试 样 状 态	σ_b/MPa	
		测量值	平均值
11	GH118 合金	1331	1362
12		1393	
13	GH118 + 涂层	1375	1381
14		1387	
15	GH118 + 涂层部分退除	1385	1368
16		1351	
17	GH118 + 涂层全部退除	1385	1369
18		1353	

　　由表 5 - 18 可知,涂覆后,GH118 合金抗拉强度 σ_b 有所上升,涂层退除后 GH118 合金的抗拉强度 σ_b 较涂层原始态稍有下降,但还是比空白基体的抗拉强度 σ_b 要高,这说明:涂层能够提高基体的室温拉伸性能,而且涂层的化学退除并不影响基体的瞬时拉伸性能。这可能是由于退除以后多少会残留一些涂层,扩散层也可能有部分残留,因此退除涂层后基体的抗拉强度 σ_b 不比空白基体低。

　　由表 5 - 19 可知,经过退除后,基体合金的循环次数 N_f 基本在同一个数量级上,经过偏差 X、S^2 分析表明,数值没有大的偏差,说明 DZ22 试样的涂层退除并不影响基体的旋转弯曲疲劳力学性能。

表 5 - 19　DZ22 合金沉积 NiCrAlY 涂层退除后
旋转弯曲疲劳性能(900℃,422MPa)

试 样 编 号	试 样 状 态	循环次数 N_f	X	S^2
1	DZ22 合金	$>1.25 \times 10^7$	6.3537	0.1528
2		$>1.01 \times 10^7$		
3		2.02×10^6		
4		1.02×10^6		
5	DZ22 + 涂层	1.16×10^6	6.0595	0.0015
6		1.25×10^6		
7		9.90×10^5		
8		1.20×10^6		
9	DZ22 + 涂层部分退除	1.52×10^6	6.1636	0.0101
10		1.58×10^6		
11		1.88×10^6		
12		1.00×10^6		

试样编号	试样状态	循环次数 N_f	X	S^2
13		1.20×10^6		
14	DZ22 + 涂层全部退除	1.70×10^6	6.0817	0.0026
15		1.02×10^7		
16		$>1.02 \times 10^7$		

由表 5 – 20 和图 5 – 20 可知,从热疲劳裂纹扩展情况(裂纹长度)看,沉积 HY3 涂层对 DD3 合金的热疲劳性能没有不良影响;涂层退除基本不影响合金的热疲劳力学性能。

表 5 – 20　DZ22 合金沉积 NiCrAlY 涂层化学退除后热疲劳性能

		裂纹长度/mm			
试样编号	试样状态	\multicolumn{4}{c}{1000℃ ⟷ 20℃,150 次,循环时间 60s}
		30	60	100	150
1	DZ22 合金	0.38	0.82	1.58	2.31
2		1.20	2.68	4.04	5.65
3	DZ22 + 涂层	0.98	1.70	2.44	3.55
4		1.06	1.49	1.60	2.70
5	DZ22 + 涂层全部退除	0.76	2.22	3.40	4.90
6		0.60	2.23	2.85	4.48

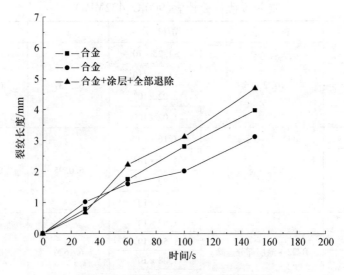

图 5 – 20　DZ22 热疲劳裂纹扩展速率图

从表 5 – 13 ～ 表 5 – 20 以及图 5 – 20 的试验结果看, 涂层经化学退除后, 对基体合金力学性能(高温持久性能、瞬时拉伸性能、旋转弯曲疲劳性能及热疲劳性能)没有明显影响。

5.4.4　化学方法退除及再涂覆涂层对基体力学性能影响

退除后再涂覆 HY3 涂层的试样力学性能测试结果分别见表 5 – 21 ～表 5 – 23。

从表 5 – 21 可知, DD3 合金涂覆 HY3 涂层后, 持续时间有所提高, 高温持久性能有所改善;一次退除和二次退除后再涂覆的试样高温持久性能比空白合金要好, 比涂覆原始涂层的试样持续时间有所下降。总之, 涂层退除及再涂覆(含多次退除后再涂覆)基本不影响基体合金的持久寿命。

表 5 – 21　高温持久试验结果

材料	试验条件	编号	状　态	持续时间/h	
DD3 合金 + HY3 涂层	980℃ 221MPa	1 – 1	合金无涂层	146:15	133. 2
		2 – 1		120:10	
		1 – 2	合金有涂层	163:00	155. 5
		2 – 2		148:00	
		1 – 3	一次退除 + 再涂覆	134:50	140. 54
		2 – 3		146:15	
		1 – 4	二次退除 + 再涂覆	153:15	142. 3
		2 – 4		131:20	

表 5 – 22　拉伸试验结果

材料	试验条件	编号	状　态	σ_b/MPa	
DD3 合金 + HY3 涂层	25℃	19 – 1	合金无涂层	1046	1017
		27 – 1		988	
		19 – 2	合金有涂层	974	967
		27 – 2		960	
		19 – 3	一次退除 + 再涂覆	1017	997
		27 – 3		977	
		19 – 4	二次退除 + 再涂覆	991	979. 5
		27 – 4		968	

由表 5 - 22 可知,合金加上涂层后,拉伸性能中抗拉强度 σ_b 略有下降,但满足合金技术指标的要求;一次退除和二次退除后再涂覆涂层的试样与空白基体相比,σ_b 略有下降,但是比涂覆原始涂层的试样拉伸性能要好。退除涂层及再涂覆后对拉伸性能有轻微影响,而对于铸造高温合金而言,拉伸性能的波动范围在 ±15% 内属正常,因此涂层拉伸性能满足使用要求。总之,涂层退除(含多次退除)及再涂覆基本不影响基体合金的室温拉伸性能。

由表 5 - 23 可知,HY3 涂层对 DZ125 合金的旋转弯曲疲劳性能没有明显影响,有时会有所改善。涂覆涂层对 DD3 合金高周疲劳性能基本没有影响,多次退除及再涂覆 HY3 涂层的 DD3 合金试样与空白试样的循环次数 N_f 在同一个数量级上。退除及再涂覆涂层对基体合金旋转弯曲疲劳性能略有影响,但能够满足发动机热端部件试车的工作要求。

表 5 - 23　高周疲劳试验结果

材料	试验条件	编号	状 态	循环次数	统计分析	
					lg$N$	X
DD3 合金 + HY3 涂层	800℃510MPa	D1	合金无涂层	2.85×10^5	6.1847	6.1320
		D2		2.65×10^5	6.0792	
		D3	合金有涂层	1.45×10^5	6.0212	5.9086
		D4		1.75×10^5	5.7959	
		D5	一次退除 + 再涂覆	1.35×10^5	5.8633	6.0494
		D6		4.50×10^4	6.2355	
DZ125 合金 + HY3 涂层	800℃380MPa	53	合金无涂层	$>1.10 \times 10^7$	7.0414	7.0453
		89		$>1.12 \times 10^7$	7.0492	
		45	一次退除 + 再涂覆	$>1.01 \times 10^7$	7.0043	6.8405
		46		4.74×10^6	6.6758	
		47	二次退除 + 再涂覆	5.72×10^6	6.7574	6.8824
		48		$>1.01 \times 10^7$	7.0073	
		49	三次退除 + 再涂覆	$>1.00 \times 10^7$	7.0000	7.0147
		50		$>1.07 \times 10^7$	7.0294	
		51	涂层时效 + 退除 + 再涂覆	$>1.01 \times 10^7$	7.0073	7.0073
		52		$>1.01 \times 10^7$	7.0073	

由表 5 - 21 ~ 表 5 - 23 可知,涂层经化学方法退除后再涂覆,对基体合金的力学性能(高温持久、室温拉伸、旋转弯曲疲劳)无明显影响。

5.5　退除及再涂覆涂层待解决的问题及发展趋势

涂层的退除及再涂覆过程存在着以下亟待解决的问题：

（1）探索出毒性小、效果又好的化学腐蚀溶液。

（2）物理退除方法难以控制精度，费力费时。

（3）焊接和钎焊部位的退除及再涂覆问题。

（4）研究不同退除方法的退除机理，探索出一种较好的退除工艺。

目前国外倾向于采用下列方法退除 MCrAlX 涂层。

（1）脉冲束流轰击法：采用化学法退除涂层可能影响合金的组织，为避免这种情况，全俄航空材料研究院采用脉冲高压电源电离 Ar 气，使高束流的 Ar 离子轰击叶片表面以达到退除涂层的目的。该方法在实验室使用效果良好，尚未投入实际工程应用。

（2）离子退除：对金属工件（包括高温合金）表面进行离子退除，可以通过这一过程在退除涂层的同时消除材料表面缺陷。该方法的优点是对基体性能影响小，且便于精确控制。缺点是厚涂层的退除成本高，因为退除的整个工艺过程是通过消耗阴极靶材产生的高能金属离子来实现的。这种方法要求阴极靶材成分与涂层成分相近，才可以达到理想的效果，侵蚀速度可以达到 $30\mu m/h \sim 40\mu m/h^{[53]}$。

参 考 文 献

[1]　Hocking, M G. Hot corrosion&protection mechanism of marine gas turbine materials. 1985, 130.

[2]　陈文. 高能等离子涂层—俄罗斯在涂层上的创新[J]. 航空制造工程技术, 1998, 6:1 – 3.

[3]　宋尽霞, 李树索, 肖程波, 等. IC6 合金 NiCoCrAlY 涂层在制造过程中的退除及再涂覆研究[J]. 材料工程, 2002(7):12 – 15.

[4]　Scrivani A, Rizzi G, Bardi U, Rizzi G. Removal of the thermal barrier coatings from turbine blades: A comparison of mechanical and chemical methods. Thermal Spray 2001: New Surface For A New Millennium (Ed.) C. Moreau And B. Marpli, Published By Asm Inernational, Materials Park, Ohio, USA, 2001.

[5]　Strawbidge A, Evans H E, Poton C B. Spallation of oxide scales from NiCrAlY overlay coatings. Materials Science Forum, 1997, 251 – 254:365 – 372.

[6]　言今. 未来航空发动机维修特点和航空发动机修理工艺（二）[J]. 航空维修, 1997, 2:28 – 31.

[7]　Arthur C. Fricke. Parts cleaning and thermal spray coatings removal using the ultrahigh pressure waterjet process. Concurrent Technologies Corporation 1450 Scalp Avenue Johnstown, Pennsylvania 15905 (814) 269 – 2728.

[8] Fernihough, John, Khan, Abdus S, Konter, Maxim. Process for repairing a coated Component. United Stetes Patent Application 20010053410. Decmber 20, 2001.

[9] Scrivani A, Soranzo M, Rizzi G, et al. On the stripping of turbine blades and vanes; mechanisms and performances of chemical stripping for the removal of nicraly thermal spary coatings. Thermal Spray 2003; Advancing the Science & Appling the Technology, (ED.) C. Moreau and B. Marpli, Published by ASM Inernational, Materials Park, Ohio, USA, 2003.

[10] Scrivani A, Bardi U, Ballerini G, Bonacchi D. Removal of zirconia thermal barrier coatings and mcraly bond coatings from tubrine blades; A comparison of methods based on chemical atripping. The 25th Annual International Conference on Composites, Advanced Ceramics, Materials and Structures; B. Cocoa Beach of Florida, West erville, OH, USA. American Ceramic Sociery, 2001; 367 – 374.

[11] Jim D. Reeves etc. Method for chemically stripping a Cobalt – base subsrate. United States Patent, US005944909A. Aug. 31, 1999.

[12] 宋尽霞. Ni$_3$Al 基合金 IC6 的工程应用研究[学位论文]. 北京航空材料研究院, 2002.

[13] 朱日彰, 等. 金属腐蚀学[M]. 北京: 冶金工业出版社, 1989.

[14] 傅献彩, 沈文霞, 姚天扬. 物理化学[M]. 北京: 高等教育出版社, 1998.

[15] 李美栓. 金属的高温腐蚀[M]. 北京: 冶金工业出版社, 2003.

第6章 高温防护涂层技术的发展趋势与展望

6.1 高温防护涂层技术的发展趋势

高温防护涂层在技术上具有很大的潜力和良好的发展前景,但也存在一些有待解决的问题,如涂层附着力的控制、涂层失效机理的研究,以及涂层使用寿命的提高等。其中,涂层的耐热性和与基体结合力的增强是高温防护涂层的关键问题。从发展趋势看,未来的高温防护涂层极有可能是有梯度成分和多层结构,可以在更高温度和较陡温度梯度下工作,具有很好的隔热性能和腐蚀冲刷等严重环境下长时间工作的能力。

为此应从以下几个方面努力:

(1)结合多种涂层技术的优势,制备多层功能性复合涂层;

(2)研究纳米结构涂层;

(3)着重研究功能梯度涂层,解决涂层和基体之间的结合力及物理化学相容性问题;

(4)充分发挥活性元素在高温材料及涂层中的作用,制备多活性元素的复杂涂层;

(5)开发新型高温防护涂层体系和新型涂层制备技术;

(6)构建新型结构高温防护涂层寿命评估模型及失效机理分析;

(7)无损检测新型高温防护涂层体系性能表征;

(8)高温防护涂层评价体系完善;

(9)高温防护涂层研制规范及考核标准。

6.2 高温防护涂层技术的展望

随着科学技术的发展,高温材料的应用范畴不断增大,这对高温涂层的研究提出了更高的要求,包括[1]以下几点:

(1)针对不同的高温基体材料的需求;

(2)改善涂层与基体间的结合力;

（3）进一步提高涂层的抗高温氧化性；

（4）充分利用新型材料优异的性能，研制具有特色的高温涂层；

（5）高温涂层使用寿命预测模型构建；

（6）相关涂层无损检测技术开发；

（7）涂层试验件稳定性的模拟考核；

（8）改善涂层在更苛刻环境下抗高温腐蚀性能。

6.2.1　强化铝化物复合材料防护涂层

根据稀土元素的添加能够改善抗高温氧化性能的特点，李铁藩等人研制了"强化铝化物复合材料防护涂层"[2,3]，先将镍与稀土氧化物共电沉积形成 $Ni - Re_xOY$ 的复合镀层[4]，此时稀土氧化物均匀分布于镍基相镀层中，然后采用热扩散渗铝技术制备出稀土氧化物弥散分布于 $\beta - NiAl$ 母相中的 $NiAl - Re_xOY$ 型复合涂层。研究发现，纳米级的稀土氧化物在涂层/界面形成连续的 Re_xOY 的富集层，此富集层是一种理想的扩散障，它可有效减少涂层/界面的互扩散，从而抑制涂层退化，是复合涂层抗氧化寿命得以提高的重要原因，而微米级的稀土氧化物仍然均匀分布于 $\beta - NiAl$ 母材中，可提高氧化膜的抗剥落能力。

6.2.2　抗高温氧化微晶涂层

大部分高温涂层的共同特点是涂层与基体合金由不同材料组成。高温环境下，涂层与基体间界面发生扩散，易产生对抗氧化性能和材料力学性能有害的脆性相，它还会改变涂层的成分，导致涂层性能退化。为了满足不同环境的使用要求，近年来研究出一种新型抗高温氧化涂层——高温微晶合金涂层[5-7]，它采用与基体成分相同的微晶合金制成涂层，实现自防护。

将微晶溅射 CoCrAl 层与 CoCrAlY 合金层进行比较，发现晶粒的超细化可大大提高表面氧化膜的粘附性和 CoCrAl 合金的抗循环氧化性能，其有效程度可与添加活性元素的作用相比。相同成分的铸态合金在高温氧化时形成 Ni、Cr、Al、Ti 的复杂氧化物，且产生内氧化层，粘附性也较差。而微晶溅射层氧化后形成一层连续致密的膜，且无内氧化，其抗氧化性能比热扩散渗铝层好，试验结果表明，微晶化涂层表面氧化膜有很强的自愈能力。

6.2.3　纳米功能复合涂层

纳米材料是一种新型材料，它具有特殊的结构和一系列优异的功能特性，引起科学家们的广泛关注，并应用于各种涂层中。将纳米 ZrO_2 颗粒与化学镀 $Ni -$

P 非晶合金共沉积,再经适当的热处理使 Ni – P 非晶合金晶化成纳米颗粒,从而得到纳米 Ni – P/ZrO$_2$ 功能涂层[8]。在 600℃ 高温下测试其抗高温氧化性,经长时间加热后,复合涂层仍然光亮如初,且氧化动力学曲线呈对数规律。这说明涂层具有良好的耐高温性能,可能是由于纳米 ZrO$_2$ 颗粒的存在,使涂层的纳米尺寸更加稳定。

6.2.4 智能涂层

智能涂层(Smart Coatings)能对环境产生选择性作用或对环境变化作出响应,而实时改变自身一种或多种性能参数以适应环境的变化。它被认为是 21 世纪新一代涂层发展的方向,已引起了广泛的关注。智能涂层的特点主要有以下几方面:

(1)具有"智能"的功能,即缺陷的自愈合功能;

(2)涂层厚度范围较大,在几纳米到几十微米;

(3)以固体薄膜的形式稳定存在,不易被周围的水、油或其他液体溶解;

(4)与周围环境接触的表面积比较大,能快速对环境产生作用或者响应环境的改变。

智能涂层赋予了涂层既抗高温氧化又抗低温热腐蚀的功能。英国克莱菲尔德大学、伯明翰大学与一些企业合作研制成功的"智能"型涂层,能根据燃气轮机部件不同的类型腐蚀进行防护。智能涂层材料能自己"感觉"到何时用不同的防护层,这比普通涂层更能在温度范围内对燃气轮机发挥保护作用。智能涂层的"应变能力"来自于其内部的结构设计。它带有 2 个保护层:最外部是含铝层,900℃ 以上的高温环境中可快速形成氧化铝而发挥保护作用;温度较低时,燃气轮机的腐蚀主要是一些盐类沉积物熔融后局部形成了危害性很强的点状蚀损斑,为此,智能涂层外部含铝层下还有一层含铬层,当点状蚀损斑进入含铬层时,铬氧化物会阻止其进一步深入而损害燃气轮机内部材料。

6.2.5 复合材料的抗氧化涂层

复合材料的发展非常迅速,由于其密度小、强度高、高比模量、耐腐蚀等特点,使其在航空航天等领域得到了广泛应用。其中 C/C 复合材料,C/Si 陶瓷基复合材料是目前较为理想的耐高温工程结构材料[9]。但它们都存在高温氧化的问题,即在超过一定的温度后(如 600℃)就开始发生氧化,而它们又常在氧化气氛下使用,为了提高其抗高温氧化性,除了对材料本身进行改进外,重要的是研制出适合它们的耐高温涂层。

(1)C/C 复合材料。在其表面通常使用陶瓷涂层,SiC 陶瓷涂层是最普遍的,因为它在高温下防护能力较好,但由于其与 C/C 复合材料基体在热膨胀系数上不匹配,容易引起涂层的开裂与剥落,从而使它的使用受到限制。而 $MoSi_2$ 具有良好的高温稳定性,且在高温下表现出一定的塑性变形能力,正好弥补了陶瓷涂层的欠缺。综合这两种材料的特点制备出 $MoSi_2$ – SiC 复相陶瓷涂层,大大提高了 C/C 复合材料的高温防护能力[10-12]。

(2) C/Si 陶瓷基复合材料。研制 C/Si 陶瓷基复合材料的抗高温氧化涂层,同样利用了 $MoSi_2$ 的高温稳定性和自愈合功能,但同时也必须考虑到涂层与基体之间热膨胀系数匹配问题,在涂层与基体之间制备一层过渡层。刘荣军等人采用包渗法在 C/Si 陶瓷基复合材料基体上制备了 $MoSi_2$ – SiC – Si 涂层[13],其中 SiC 是过渡层,有非常好的粘附作用,同时能有效阻挡氧的渗透,最外层是由 $MoSi_2$ 和 SiC 组成的 $MoSi_2$ – SiC 复相陶瓷涂层,实践证明其具有十分有效的氧化防护作用。

6.2.6　抗热腐蚀涂层

热腐蚀是指在熔融盐 Na_2SO_4 等存在下的一种加速氧化及破坏形式。提高合金抗热腐蚀性能的涂层技术主要有在合金表面沉积合金涂层以及在合金表面施加氧化物陶瓷涂层。合金涂层要达到抗热腐蚀的目的,合金涂层与环境相互作用时需要形成保护性的氧化膜,且氧化膜的生长速率要始终大于熔盐对氧化膜的熔融速率。稀土元素可起到改善氧化膜粘附性的作用,使得氧化膜不容易发生破裂。从而可改善合金的抗热腐蚀性能。硅能明显提高合金的耐热腐蚀性能,钛、铌对热腐蚀性能也有良好的作用。研究表明,生成 Cr_2O_3 保护膜可以有效地抗热腐蚀。对抗热腐蚀而言,Cr 是最有效的合金元素,它能在合金表面形成致密粘附的 Cr_2O_3 保护膜。当合金表面沉积熔融 Na_2SO_4 时,Cr_2O_3 优先与 Na_2SO_4 反应,既能降低熔盐中的 O^{2-} 活度。抑制 NiO 的碱性熔融,又不致将 O^{2-} 活度降低到能发生酸性熔融的程度。当 $w(Cr) > 15\%$ 和 $w(Al) < 5\%$ 时,高温合金表面可形成完整的 Cr_2O_3 膜。Al_2O_3 膜有优异的抗氧化性能,但其单独使用对液态 Na_2SO_4 的保护能力较差。图 6 – 1 是高温涂层种类与抗氧化和耐热腐蚀的关系。

由图 6 – 1 可以看出,铝化物涂层有较好的抗高温氧化能力,但耐热腐蚀性却比较差。而高 Cr 涂层却具有很好的抗热腐蚀性能。为了达到有效的抗热腐蚀的目的,合金中的铬含量至少需要在 20%（质量分数）以上,由此产生了高铬含量的 NiCoCrAlY 涂层及其各种改进涂层。为了阻碍涂层与合金基体的互扩散,在涂层中常常加入扩散障元素或弥散陶瓷相。合金涂层抗热腐蚀的寿命主要取决于氧化膜的熔融速率和涂层与基体的互扩散速率,其使用寿命有限。

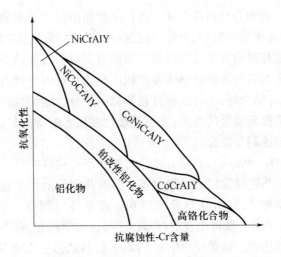

图 6 - 1　高温涂层种类与抗氧化及耐热腐蚀性的关系

氧化物陶瓷涂层可以显著抑制熔盐发生界面电化学和化学反应,将熔盐对氧化物进行熔融作用的酸碱梯度降低到最低限度。因此,氧化物陶瓷涂层比合金涂层具有更优异的抗热腐蚀能力。显而易见,此类涂层抗热腐蚀的寿命主要取决于陶瓷涂层的完整性及其与基体的结合力和热物理性能的匹配。这也是为什么到目前为止陶瓷涂层尚未在工程中用于抗热腐蚀的主要原因。解决陶瓷涂层与合金基体的结合力及热物理性能匹配是发展抗热腐蚀陶瓷涂层的关键。

6.2.7　复合陶瓷微叠涂层

微叠层(Micro-laminated coatings)复合材料可能是未来航空发动机涡轮叶片所用材料的最新形式。微叠层复合材料是指将两种或两种以上不同材料按一定的层间距及层厚比交互重叠形成的多层材料。一般是由基体及增强材料制备而成,材料组分可以是金属、金属间化合物、聚合物或陶瓷。该材料的性质取决于每一组分的结构和特性、各自含量、层间距、彼此的互溶性以及在两组分之间形成的脆性金属间化合物等。层间距较小及多界面效应使得该材料在性能上优于相应的单体材料。小的层间距起到细化晶粒的作用,小尺寸微粒限制了缺陷尺寸,从而增强了材料的各方面性能。

制备微叠层的方法主要有等离子喷涂法、物理气相沉积法和磁控溅射方法(Magnetron sputtering)。等离子喷涂法是将熔融状态的喷涂材料用高速氮气、氩气气流使之雾化,并喷射在基体表面形成涂层的一种表面加工方法。物理气相沉积法是现代成膜技术之一。它是通过物理方法使源物质加热蒸发进而在基板上沉积成膜的一种制备材料的方法。近年来常用的是电子束物理气相沉积,采用多电子束、多坩埚蒸发沉积,可通过控制每个坩埚的蒸发速率制备不同层间距的层状材料。磁控溅射方法是获得纳米级微叠层材料较好的方法,磁控溅射技术与传统的蒸发与各种湿的化学薄膜沉积法相比具有以下优点:①膜层均匀致密;②膜层与基片结合好;③可以通过调节靶的组分、溅射参数以及溅射器的机械结构等方法来改善膜层的性质;④不受基片性质影响等。目前国外开始研究通过溶胶—凝胶法制备微叠层。

微叠层 Al_2O_3 – $PZrO_2$ 材料具有较低的热导率和较高的热胀性能,是比较好的热障涂层和抗热腐蚀涂层的候选材料。但其热胀性能低于它要保护的 Ni 基合金。所以需要加入 Y_2O_3 在热障涂层和金属基体之间有一层金属间化合物 MCrAlY(M = Co、Ni)。使得微叠层与基体之间热力学相容,有了这一过渡层,该材料更具有抗氧化性。微叠层 Al_2O_3 – $PZrO_2$ 材料的另一优点是在制备和使用过程中可以减少残余应力,增加涂层与基体之间的粘接性。图 6 – 2 为该微叠层结构示意图,其最外层为强化层。

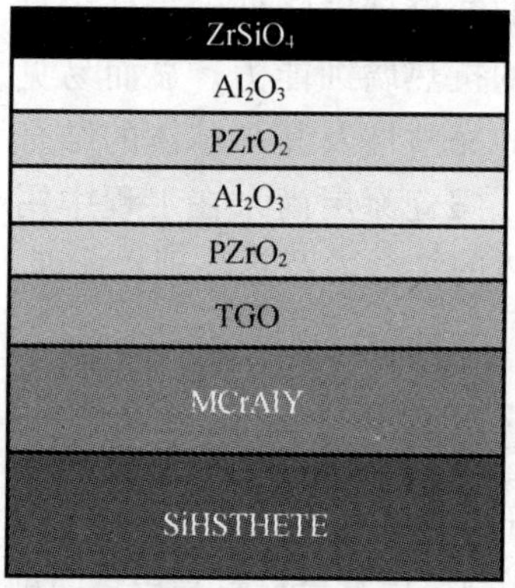

| ZrSiO₄ |
| Al₂O₃ |
| PZrO₂ |
| Al₂O₃ |
| PZrO₂ |
| TGO |
| MCrAlY |
| SiHSTHETE |

图 6 – 2　为叠层结构示意图

在 Al_2O_3 – $PZrO_2$ 微叠层材料的制备过程中,会出现裂缝等缺陷,缺陷的产生并不是很简单的,而是很复杂的过程。引起这种缺陷的原因,主要是由于层与层之间热力学膨胀不匹配,在冷却过程中会产生残余应力,从而引起裂缝的产生。同时在烧结过程中,层与层之间应力也会不匹配,虽然热力学膨胀不匹配和热应力不匹配在不同的阶段产生。但对于叠层结构来说都会形成缺陷。此外,层厚对残余应力和断裂行为也会产生很大的影响。综上所述,要制备性能较好的微叠层 Al_2O_3 – $PZrO_2$ 材料,需要克服涂层与基体金属之间的脱层现象,必须严格控制制备中的工艺参数,从而减少缺陷的产生。

近年来,为了适应燃气涡轮机更宽的工作环境,国外发展了智能涂层,该涂层仍以 MCrAlY 为基,设计为梯度结构,底层富 Cr,外层富 Al,在高于 900℃的温度下形成 Al_2O_3 保护膜,在低温热腐蚀条件下可形成 Cr_2O_3 保护膜。但合金涂层的抗热腐蚀性有限,目前如何通过合金涂层 MCrAlY 表面组装纳米氧化物微叠涂层,提高涡轮喷气发动机叶片的抗高温氧化性及耐热腐蚀性将是国内外研究的热点问题。当然解决好陶瓷涂层与合金涂层的结合力及热物理性能匹配是发展这类涂层的关键问题。北京科技大学及北京航空航天大学等单位在这方面做了大量工作,并获得了一些研究进展。如北京科技大学通过沉积纳米陶瓷薄膜和微叠层陶瓷涂层、阴极微弧电沉积陶瓷涂层,特别是通过沉积柱状晶合金涂层,并在特定的条件下实现沿柱状晶界形成蜂窝状的氧化铝模板,为模板组装微叠层复合热障陶瓷涂层奠定了可靠的技术基础。

据报道,美国科学家已开始研究通过溶胶－凝胶法制备微叠层状的热障涂层。种种迹象表明,在纳米层次上界面作用增强薄层的性质已偏离体材的性质,在导热、热障、变形、应力传递等方面出现新性质。比如纳米微叠层热障涂层比单层热障涂层的导热系数低一个数量级,预测可将涡轮叶片的使用温度提高260℃,而且抗氧化和抗热腐蚀性能更佳,具有抑制局部损伤扩展的能力,其负面影响较单层涂层更小。纳米氧化物微叠层涂层蕴藏着巨大的潜力,有利于解决陶瓷涂层与合金底层的结合力问题。

参 考 文 献

[1] 林翠,杜楠,赵晴. 高温涂层研究的新进展. 材料保护,2001;34(6):4 - 7.
[2] 李铁藩. 材料高温氧化与防护现状与展望[A]. 腐蚀科学与腐蚀工程技术新进展,中国腐蚀与防护成立 20 周年学术论文集[C],北京:化学工业出版社,1999.
[3] 李铁藩. 弥散 La_2O_3 质点的 NiAl 型复合涂层氧化行为的 HREM 研究[J]. 中国腐蚀与防护学报,1992,12(4):287 - 294.
[4] 李铁藩,马信清. 弥散 Gd_2O_3 质点改性的新型复合铝化物涂层的氧化行为[J]. 金属学报,1991,27(1):B25 - B29.
[5] 王福会. 抗高温氧化微晶涂层[A]. 1994 秋季中国材料研讨会议论文集[C],北京:化学工业出版社,1995.
[6] 楼翰一. K17F 高温合金溅射微晶层的抗高温氧化行为[J]. 金属学报,1994,30(3):B109 - B115.
[7] 何业东. 弥散氧化物 Ni - 20Cr - Y_2O_3 微晶涂层及其氧化性能[A]. 腐蚀科学与防腐蚀工程技术新进展. 中国腐蚀与防护学会成立)0 周年学术论文集[C]. 北京:化学工业出版社,1999.
[8] 黄新民,等. 纳米功能复合涂层[J]. 功能材料,2000,31(4):419 - 420.
[9] 陈华辉. 现代复合材料[M]. 北京:中国物资出版社,1998.
[10] 李铁虎. 提高 C/C 复合材料高温氧化性能的研究[J]. 宇航材料工艺,1993,23(1):2.

［11］ 张厚安. MoSi$_2$ 基复合材料低温氧化行为的研究［J］. 功能材料,2000,31(3):333-334.

［12］ 李贺军. C/C 复合材料防护涂层的抗氧化行为的研究［J］. 复合材料学报,2000,17(2):42-45.

［13］ 刘荣军. 包渗法制备 C$_f$/SiC 陶瓷基复合材料 MoSi$_2$-SiC-Si 防氧化涂层［J］. 宇航材料工艺, 2000,(3):45-48.